RÉSUMÉ DES LEÇONS

DONNÉES

A L'ÉCOLE *DES* PONTS ET CHAUSSÉES.

OUVRAGES PUBLIÉS PAR L'AUTEUR.

Résumé des leçons données a l'école des ponts et chaussées, sur l'application de la mécanique a l'établissement des constructions et des machines. Première partie, contenant les leçons sur la résistance des matériaux, et sur l'établissement des constructions en terre, en maçonnerie et en charpente. 2e édition, corrigée et augmentée; Paris, 1833. 9 fr.

Mémoire sur les ponts suspendus et rapport a M. Becquey, directeur général des ponts et chaussées et des mines, 2e édition augmentée d'une Notice sur le pont des Invalides; Paris, 1830, in-4. Accompagné d'un atlas in-fol. 28 fr.

Traité de la construction des ponts, par M. Gauthey, 3 vol. in-4 (Le 1er volume seulement vient d'être réimprimé avec des corrections et augmentations.) 72 fr,

Projet pour l'établissement d'une gare a Choisy, contenant l'exposé des travaux proposés *ou* entrepris jusqu'à présent à Paris, pour mettre les bateaux à l'abri des *débâcles*; suivi d'une notice descriptive du pont de Choisy. Paris, 1811, in-4. 9 fr.

La Science des Ingénieurs, par Bélidor, nouvelle édition, avec des notes et additions. Paris, 1830, in-4. 36 fr.

Architecture hydraudique, par Bélidor, nouvelle édition avec des notes et additions. Paris, 1819, in-4. 45 fr.

De l'établissement d'un chemin de fer entre Paris et le Havre, in-8°. 1 fr. 50 c.

SOUS PRESSE :

pour paraître dans le courant de 1838.

Navier. Résumé des leçons d'Analyse et de Mécanique, données à l'école royale Polytechnique. 2 vol. in-8°,

Le Résumé des leçons d'analyse, 1 vol., paraîtra en juillet prochain ; et le Résumé des leçons de mécanique, 1 vol., en septembre. Paris.

PARIS — IMPRIMERIE ET FONDERIE DE FAIN,
RUE RACINE, No 4, PLACE DE L'ODÉON.

RÉSUMÉ DES LEÇONS

DONNÉES

A L'ÉCOLE DES PONTS ET CHAUSSÉES,

SUR

L'APPLICATION DE LA MÉCANIQUE

A L'ÉTABLISSEMENT DES CONSTRUCTIONS

ET DES MACHINES.

DEUXIÈME PARTIE,

LEÇONS SUR LE *MOUVEMENT* ET LA RÉSISTANCE DES FLUIDES, LA CONDUITE ET LA DISTRIBUTION DES EAUX.

TROISIÈME PARTIE,

LEÇONS SUR L'ÉTABLISSEMENT DES MACHINES.

PAR NAVIER,

MEMBRE DE L'INSTITUT (ACADÉMIE DES SCIENCES), PROFESSEUR D'ANALYSE ET DE MÉCANIQUE A L'ÉCOLE POLYTECHNIQUE, INSPECTEUR DIVISIONNAIRE DES PONTS ET CHAUSSÉES.

A PARIS,

CHEZ CARILIAN-GOEURY,

LIBRAIRE DES CORPS ROYAUX DES PONTS ET CHAUSSÉES ET DES MINES,

QUAI DES AUGUSTINS, N° 41.

1838.

TABLE

DES MATIÈRES.

DEUXIÈME PARTIE. — HYDRAULIQUE.

Pages.

I. — Récapitulation succincte des notions principales de la dynamique ... 1

II. — Solution générale, dans l'hypothèse du parallélisme des tranches, *de la question du mouvement d'un fluide* incompressible coulant dans un vase ou un tuyau ... 7

III. — Du mouvement d'un fluide qui s'écoule hors d'un vase entretenu constamment plein ... 17

IV. — Du mouvement d'un fluide dans un vase qui se vide ... 27

V. — De l'écoulement du fluide lorsque l'entrée de l'orifice n'est pas évasée. — De la contraction de la veine fluide ... 33

Orifice ouvert dans une paroi plane ... 34

Orifice formé par un tuyau pénétrant dans l'intérieur du vase ... 39

Orifice en partie évasé ... 41

Influence des obstacles rencontrés par la veine sur la dépense des orifices ... 41

Figure des veines d'eau jaillissant dans l'air hors des orifices ... 42

VI. — De l'écoulement par un déversoir ... 45

VII. — Du mouvement d'un fluide dans un vase lorsque la section change d'un point à l'autre d'une

Pages

quantité finie 48

Écoulement par un ajutage cylindrique............ 54

VIII. — Du mouvement d'un fluide dans un vase en partie plongé dans un autre vase rempli du même fluide.. 59

IX. — Mouvement d'un fluide incompressible qui s'écoule d'un vase dans un autre.................. 63

X. — Effort supporté par un vase dans lequel coule un fluide incompressible................................ 69

XI. — De l'équilibre et du mouvement d'un fluide contenu dans un vase en mouvement................ 76

XII. — Du jaugeage des eaux dans les cuvettes de distribution. — Du pouce de fontainier............... 80

XIII. — Du mouvement uniforme de l'eau dans les tuyaux de conduite.. 83

Effet d'un étranglement ou d'un renflement pour altérer le mouvement de l'eau dans un tuyau de conduite.. 96

Effet d'un changement brusque de direction pour altérer le mouvement de l'eau dans un tuyau de conduite.. 97

Des jets d'eau alimentés par un tuyau de conduite.. 98

XIV. — Du mouvement de l'eau dans les rigoles et les canaux découverts.................................... 100

Relations entre la vitesse à la surface, la vitesse de fond et la vitesse moyenne, dans un courant où la pente et la section sont constantes............ 103

XV. — Effets produits par les barrages établis dans un courant d'eau 105

XVI. — Du régime des rivières 115

XVII. — Du mouvement d'un fluide élastique coulant dans un vase.. 121

Écoulement d'un fluide élastique hors d'un réservoir qui se vide par un orifice très-petit 126

Cas où il y a des changements brusques dans la grandeur des sections du vase 127

Pages.

Cas où l'écoulement s'opère par un ajutage cylindrique, dont l'entrée n'est pas évasée 131

XVIII. — Du mouvement d'un fluide élastique coulant dans un tuyau de conduite 133

XIX. — Du choc d'une veine de fluide 140

XX. — De la résistance des fluides dans le cas d'un corps plongé dans un fluide indéfini 143

Plans 146

Corps prismatiques 147

Corps prismatiques garnis de proues ou de poupes. 148

Sphère 148

Corps ayant la figure d'un vaisseau 149

De la résistance des bateaux dans les canaux étroits 149

XXI. — Du jaugeage des eaux courantes 151

FIN DE LA TABLE DE LA DEUXIÈME PARTIE.

TABLE

DES MATIÈRES.

TROISIÈME PARTIE. — MACHINES.

I. — Notions générales sur l'étude des machines..... 157

II. — Théorie géométrique des manivelles et du joint circulaire..... 160

III. — Théorie géométrique des engrenages..... 164

Tracé d'un engrenage..... 168

IV. — Du frottement et de la roideur des cordes..... 171

Frottement des surfaces planes qui ont demeuré en contact assez longtemps pour que la résistance ait atteint son maximum..... 174

Frottement des surfaces planes, quand le mouvement dure depuis un certain temps..... 175

Frottement des axes quand le mouvement dure depuis un certain temps..... 176

Frottement des voitures..... 177

De la roideur des cordes..... *Id.*

Tableau des poids nécessaires pour plier différentes cordes autour d'un arbre d'un mètre de diamètre..... 178

V. — Equilibre des machines simples, en ayant égard au frottement et à la roideur des cordes.. 179

Équilibre du treuil, de la poulie et du palan... 183

Frottement des engrenages..... 188

Frottement des engrenages coniques..... 198

Pages.

Équilibre de la vis.......... 205
Frottement de l'engrenage de la vis sans fin. 211
VI. — Évaluation numérique de l'action des moteurs, et du travail effectué par les machines.......... 218
VII. — Du mouvement des machines dans le cas où la vitesse des parties est constante, ou ne varie que par degrés insensibles.......... 220
VIII. — Du mouvement des machines dans le cas où il y a des chocs et où les vitesses varient d'une quantité finie dans un temps très-court.......... 224
Du choc d'une camme contre un pilon.......... 236
Du choc d'une camme contre un marteau.......... 241
IX. — De la manière de disposer les roues, pignons, cammes, etc., pour que les axes supportent les moindres efforts qu'il est possible.......... 248
X. — Des moyens de maintenir l'uniformité du mouvement dans les machines. — Établissement des volants. — Pendule conique.......... 250
XI. — Mesure de la quantité d'action exercée dans une machine.......... 260
XII. — Considérations générales sur l'action des moteurs. 261
XIII. — De l'action de l'homme et du cheval.......... 262
Tableau des quantités d'action que peuvent fournir moyennement l'homme et le cheval, dans divers genres de travaux.......... 264
XIV. — De l'action d'un courant ou d'une chute d'eau. — Des roues hydrauliques.......... 266
Roues verticales destinées à transmettre l'action d'un courant ou d'une chute d'eau d'une capacité donnée.......... 268
Norias ou chapelets employés comme moyens de transmettre l'action d'un courant ou d'une chute d'eau.......... 287
XV. — Des balanciers hydrauliques et machines à colonne d'eau.......... 288
XVI. — De l'action du vent.......... 293

Pages.

XVII. — De l'action de la chaleur développée par les combustibles 300
Quantité de chaleur développée par la combustion de divers corps 301
Quantités de chaleur nécessaires pour constituer l'air atmosphérique et la vapeur aqueuse dans des états donnés de température et de force élastique 302
Table des forces élastiques de la vapeur d'eau à diverses températures 303
Quantités d'actions qui peuvent être obtenues, en faisant varier par l'action de la chaleur le volume et la force élastique des gaz et des vapeurs. 312
Indication succincte des principales machines à vapeur qui ont été employées jusqu'à présent. 323

XVIII. — Des machines à élever de l'eau, dont le *moteur* est une chute d'eau 332
Machine de *Schemnitz* 333
Bélier hydraulique 340
Colonne oscillante 349
Appareil où l'eau est élevée par l'effet de la diminution de pression qui est produite par l'écoulement du fluide 350

XIX. — Des machines destinées à élever l'eau dont le moteur n'est pas une chute d'eau 351
Sceaux ou baquets à main, écopes, hollandaises, panier des Égyptiens ..... *Id.*
Bascule, balance à zigzag, machine de Conté, bascule à manége 352
Roue à palettes (appelée par les Anglais flash wheel) 353
Roue à godets 355
Roue à tympan ..... *Id.*
Sceaux élevés par le moyen d'une poulie ou d'un treuil 357
Noria 358
Chapelet incliné. Vis hollandaise 359
Chapelet vertical ..... *Ibid.*

Pages.

Pompes 360
Pompe aspirante et foulante 361
Pompe spirale 374
Roue à force centrifuge 378
Machine pitotienne 380
Vis d'Archimède 382
Machine de Vera 391
Canne hydraulique. Machine de Vialon ..... *Ibid.*
XX. — Des transports sur les routes de terre 394
Transport sur les routes ordinaires 395
Transport sur les chemins de fer 397
XXI. — Du transport par eau 406
Halage 408
Halage à points fixes 409
Halage par l'action du courant. Bateaux aquamoteurs 410
Bateaux à vapeur 414

FIN DE LA TABLE DE LA TROISIÈME PARTIE.

RÉSUMÉ DES LEÇONS

DONNÉES

A L'ÉCOLE DES PONTS ET CHAUSSÉES,

SUR

L'APPLICATION DE LA MÉCANIQUE

A L'ÉTABLISSEMENT DES CONSTRUCTIONS

ET DES MACHINES.

1836 — 1837.

DEUXIÈME PARTIE,

CONTENANT LES LEÇONS SUR LE MOUVEMENT ET LA RÉSISTANCE DES FLUIDES, ET SUR LA CONDUITE ET LA DISTRIBUTION DES EAUX.

TITRE I. *Récapitulation succincte des notions principales de la dynamique.*

1. L'objet de la dynamique est la connaissance des mouvements que prend un corps ou un système de corps, en vertu des forces à l'action desquelles il est soumis.

L'idée que l'on doit se former d'une force agissant sur un corps, est celle d'une cause dont l'effet s'exerce sur quelques-unes ou sur la totalité des parties du corps, et par suite de laquelle ces parties ont une tendance à acquérir, dans une certaine direction, une vitesse donnée dans un temps donné. Cette action peut s'exercer pendant un temps très-court (comme dans le cas d'un choc). Elle peut être permanente (comme l'action de la pesanteur). Elle peut être constante ou variable avec le temps.

2. Quand le corps sur lequel agit une force permanente est retenu immobile par un obstacle, il se produit contre cet obstacle une *pression*, qui est l'équivalent d'un *poids :* ce poids, rapporté à une unité convenue, est la mesure de la force.

Quand le corps cède librement à l'action de la force, il prend un mouvement, et sa vitesse croît dans chaque unité de temps d'une certaine quantité. Le produit de cette quantité par la masse du corps est la mesure de la force. Nommons

m la masse d'un corps (nombre proportionnel à son poids).

g la vitesse que le corps acquiert dans l'unité de temps, en vertu de l'action d'une force à laquelle il cède librement; (exprimée en unité linéaire).

P la pression que le corps exercerait contre un obstacle immobile, en vertu de l'action de la même force; (exprimée en unité de poids).

P' la pression que le corps exercerait en vertu de l'action de la même force, contre un obstacle qui reculerait en acquérant la vitesse g' dans l'unité de temps.

Et nous avons les relations :

$$P = mg; \quad \frac{P}{m} = g; \quad P' = m(g - g').$$

3. Quand l'action d'une force sur un corps, après avoir duré quelque temps, vient à cesser, le corps, s'il est libre, continue à se mouvoir suivant la direction et avec la vitesse qu'il avait à l'instant où la force a cessé d'agir. Cette propriété est ce que l'on nomme l'*inertie*.

4. Considérant un corps qui se meut, on nomme *quantité de*

mouvement de ce corps le produit de sa masse par sa vitesse.

5. On nomme *force vive* de ce corps le produit de sa masse par le carré de sa vitesse.

6. Considérant à la fois un corps qui se meut et une force qui agit sur lui : nommant m la masse du corps ; g la vitesse que le corps acquerrait dans l'unité de temps s'il cédait librement à l'action de la force ; supposant $P = mg$; nommant x un espace que le corps a parcouru, estimé dans le sens de la force ; on appelle *quantité d'action* imprimée au corps la quantité $\int mg.dx$, ou $\int P.dx$, c'est-à-dire l'intégrale des produits de la pression qui serait exercée par le corps en vertu de la force, et de l'espace parcouru dans le sens de cette force.

7. Le mouvement d'un corps, considéré comme un point matériel, se détermine par le *moyen d'un seul* principe; qui consiste en *ce que les mouvements imprimés simultanément par diverses forces* se composent suivant les mêmes lois que les pressions dans la statique.

8. A l'égard d'un système de corps liés entre eux d'une manière invariable ou non, il faut, au principe précédent, en joindre un autre dû à d'Alembert. En vertu de la liaison des corps, aucun ne peut céder librement aux forces qui agissent sur lui : le mouvement que chaque corps prendrait, s'il était libre, se compose en deux autres : l'un effectivement pris par le corps ; l'autre détruit par les liens qui l'unissent aux autres parties du système. Le principe consiste en ce que les quantités de mouvement détruites sont nécessairement telles qu'elles se font équilibre sur le système, conformément aux lois de la statique.

Nommons

x, y, z les coordonnées à la fin du temps t, de l'un des corps du système ;

m la masse de ce corps ;

ξ, η, ζ les vitesses que les forces qui lui sont appliquées imprimeraient à l'unité de masse suivant les axes des x, y, z dans l'unité de temps, si cette masse leur cédait librement;

S une somme faite pour tous les corps du système.

Nous aurons pour l'expression analytique du principe de d'Alembert

$$o = S\left\{m\left(\xi dt - \frac{d^2x}{dt}\right)\delta x + m\left(\eta dt - \frac{d^2y}{dt}\right)\delta y + m\left(\zeta dt - \frac{d^2z}{dt}\right)\delta z\right\}$$

ou

$$Sm\,\frac{\delta x d^2x + \delta y d^2y + \delta z d^2z}{dt^2} = Sm\,(\xi\delta x + \eta\delta y + \zeta\delta z).$$

Cette expression conduit, dans chaque cas particulier, à la connaissance des mouvements du système et des efforts supportés par les liens qui attachent les corps les uns aux autres.

9. En développant les conséquences qui résultent de l'expression précédente, on parvient à la connaissance de divers autres principes ou propriétés générales du mouvement d'un système de corps.

Le premier de ces *principes* est celui *de la conservation des forces vives* : il s'exprime analytiquement comme il suit. Considérant le système à deux époques successives de son mouvement, nous nommerons

x', y', z' les coordonnées du point où le corps dont la masse est m, se trouve situé à une première époque;

v' la vitesse variable de ce corps à cette première époque;

v la vitesse variable du corps à une époque subséquente, où ses coordonnées sont x, y, z.

$$P = m\xi,\quad Q = m\eta,\quad R = m\zeta$$

et nous aurons la relation

$$Smv^2 - Smv'^2 = 2Sm\left(\int_{x'}^{x} \xi dx + \int_{y'}^{y} \eta dy + \int_{z'}^{z} \zeta dz\right)$$

ou

$$Smv^2 - Smv'^2 = 2S\left(\int_{x'}^{x} Pdx + \int_{y'}^{y} Qdy + \int_{z'}^{z} Rdz\right).$$

équations qui signifient également que *la somme des forces vives acquises par tous les corps du système, entre deux époques successives de son mouvement, est égale au double de la somme des quantités d'action imprimées à ces corps* entre les mêmes époques.

L'existence de ce théorème suppose les conditions de la liaison des corps indépendantes du temps. On doit en général faire entrer sous les signes S, non-seulement les forces appliquées extérieurement au système, mais encore les forces provenant des actions mutuelles des corps. Ces dernières forces donneront des termes nuls dans le second membre des équations précédentes, lorsque les liens des corps seront inflexibles et inextensibles.

10. Lorsqu'à une époque du mouvement d'un système, il se produit un choc, soit entre les corps du système, soit contre des obstacles extérieurs; l'effet de ce choc est d'introduire, pendant sa durée, de nouvelles forces, dues à la résistance au changement de figure des corps entre lesquels le choc a lieu. Ces forces influent sur la valeur de la force vive du système, qui en général diffère, après le choc, de ce qu'elle aurait été si le choc n'eût pas eu lieu. Les forces intérieures développées par les chocs étant généralement inconnues, on ne peut appliquer le principe de d'Alembert à la recherche du mouvement du système pendant la durée du choc. Cependant, si le choc est regardé comme instantané, et si on assimile les forces dont il s'agit à des pressions intérieures supportées par des liens inflexibles et inexten-

sibles par lesquels les points du système sont unis, ce principe peut être appliqué. Il conduit alors à un théorème général, relatif au changement que subit la force vive d'un système à l'instant où un choc s'y produit.

En nommant

m la masse d'un des corps du système;

v la vitesse avant le choc représentée par MN (*fig* 1);

v' la vitesse après le choc représentée par MN';

v'' la vitesse perdue par l'effet du choc représentée par MN'';

on a :

$$v^2 = v'^2 + v''^2 - 2\,v'v'' \cos. \mathrm{N'MN''},$$

$$\mathrm{S}\,m\,v''.\,v' \cos. \mathrm{N'MN''}.\,dt = 0.$$

Il en résulte

$$\mathrm{S}mv'^2 = \mathrm{S}mv^2 - \mathrm{S}mv''^2.$$

pour l'expression analytique du théorème.

Cette équation signifie que la somme des forces vives, après le choc, est égale à celle des forces vives avant le choc, moins celle des forces vives dues aux vitesses perdues par l'effet du choc. Le théorème dont il s'agit est dû à Carnot.

11. Le second principe est celui de la *conservation du mouvement du centre de gravité*. Il consiste principalement en ce que le mouvement du centre de gravité d'un système de corps est toujours indépendant des liaisons qui existent entre eux, et en général de leurs actions mutuelles; et en ce que ce mouvement est le même que si toutes les forces appliquées aux corps avaient été transportées à ce centre, pour y être appliquées chacune suivant sa direction.

12. Le troisième principe est connu sous le nom de *principe des aires*. Il consiste en ce que, dans le mouvement d'un système de corps liés entre eux d'une manière quelconque, soumis à l'action d'une force d'attraction dirigée vers

un point fixe ou non, la somme des produits des masses des corps par les aires qu'ils décrivent autour de ces points, ces aires étant projetées sur un plan quelconque, est une quantité proportionnelle au temps, et indépendante de la nature du système et des mouvements particuliers de chaque corps.

13. Enfin le quatrième principe est celui de la *moindre action*. Il s'exprime analytiquement par l'équation

$$\mathrm{S}m\int v\,ds = \begin{cases}\text{maximum}\\ \text{ou}\\ \text{minimum}\end{cases}$$

ou

$$\mathrm{S}m\int v^2 dt = \int dt\,\mathrm{S}mv^2 = \begin{cases}\text{maximum}\\ \text{ou}\\ \text{minimum}\end{cases}$$

En nommant

m la masse d'un des corps du système;

ds l'élément de la courbe décrite par ce corps;

v la vitesse de ce corps suivant cette courbe, considérée comme fonction de s dans la première équation, et du temps t dans la seconde;

ce qui donne

$$ds = v\,dt.$$

L'intégrale indiquée par $\int$ est prise, non pas entre deux époques quelconques du mouvement du système, mais entre deux époques où le système se trouve dans des situations déterminées par lesquelles il est obligé de passer. Ce principe, comme celui des forces vives, suppose les conditions de la liaison des corps indépendantes du temps.

II. *Solution générale, dans l'hypothèse du parallélisme des tranches, de la question du mouvement d'un fluide incompressible coulant dans un vase ou un tuyau.*

14. Un fluide peut être regardé comme un assemblage de molécules qui peuvent se déplacer les unes par rapport

aux autres, sans offrir presque aucune résistance. L'application des lois de la dynamique à un tel corps offrant dans plusieurs questions utiles de trop grandes difficultés, on considère à sa place un système formé par des tranches infiniment minces, comprises entre des plans perpendiculaires à la direction du mouvement. Ces tranches sont regardées comme des corps solides; mais on leur attribue la faculté de se resserrer ou de s'élargir (en conservant leur volume), suivant que l'exigent les variations des sections transversales du vase dans lequel ces tranches se meuvent.

15. ABCD(*fig.* 2), est un vase dont l'axe est vertical et où l'étendue des sections horizontales ne varie que par degrés insensibles. Une portion de fluide $abcd$, placée dans ce vase est soumise à l'action de la pesanteur. On suppose que les tranches infiniment minces dans lesquelles le fluide est partagé ont toutes le même volume; et qu'à la fin de chaque élément du temps, une tranche occupe dans le vase l'espace qu'occupait la tranche qui la précède au commencement de cet élément. Il s'agit de connaître le mouvement du fluide, mouvement qui sera entièrement déterminé, si l'on connaît à chaque instant la valeur de la vitesse pour une section donnée du vase. On nommera

ω l'aire d'une section horizontale quelconque $\alpha\beta$, faite dans l'espace occupé par le fluide;

Ω l'aire d'une section déterminée du vase, par exemple, de la section inférieure C D;

O, O′ les aires variables des sections ab, cd, où se trouvent les surfaces supérieure et inférieure ab, cd du fluide;

z, la distance $m\mu$ de la section $\alpha\beta$ à la surface supérieure ab du fluide;

z', la distance $m\eta$ comprise entre les sections extrêmes

$a\,b$, $c\,d$, distance qui est variable avec la situation du fluide dans le vase;

ζ, ζ' les distances variables m N, n N des tranches extrêmes $a\,b$, $c\,d$ du fluide à la section fixe C D;

u la vitesse de la tranche placée en $\alpha\beta$ au bout du temps t;

$U = \frac{\omega u}{\Omega}$ la vitesse qui aurait lieu à la section Ω, pour qu'il passât dans cette section le même volume de fluide qui passe en même temps dans la section ω avec la vitesse u;

p la pression qui a lieu sur la surface supérieure de la tranche placée en $\alpha\,\beta$, rapportée à l'unité de surface;

P, P′ les pressions qui ont lieu contre les sections extrêmes $a\,b$, $c\,d$ du fluide (supposées constantes);

ρ la masse de l'unité de volume du fluide;

g la vitesse que la gravité *imprime aux corps pesants pendant l'unité du temps.*

On a d'abord;

Masse de la tranche placée en $\alpha\beta$. . . . . $\rho\omega dz$;
Action exercée sur cette tranche par la gravité. . $g\,.\,\rho\omega dz$;
Force à laquelle est dû le mouvement de la tranche. $\frac{du}{dt}.\rho\omega dz$;
Force perdue par la tranche. . . . . . . $\left(g - \frac{du}{dt}\right)\rho\omega dz$.

Et l'espace parcouru par la tranche dans le temps dt étant udt, on peut prendre pour le moment de cette force perdue $\left(g - \frac{du}{dt}\right)\rho\omega udt\,.\,dz$.

Ensuite d'après le principe de d'Alembert, il faut qu'il y ait équilibre dans le système, en supposant toutes les tranches animées des forces perdues. Il faut donc que la somme des moments de ces forces, plus les moments des forces dues aux pressions exercées sur les surfaces supérieure et inférieure, soit nulle. Ces dernières forces sont respectivement PO et $-$P′O′; et les espaces parcourus dans le temps dt par les surfaces extrêmes, $\frac{\Omega U dt}{O}$, $\frac{\Omega U dt}{O'}$. Donc le principe cité donne l'équation

$$(P-P')\Omega U dt + \int_0^{z'} \left(g - \frac{du}{dt}\right) \rho \omega u dt . dz = 0;$$

ou, parce que $\omega u dt$ est constante dans toute l'étendue du fluide,

$$(P-P') + \rho g z - \rho \int_0^{z'} \frac{du}{dt} dz = 0.$$

Mais $u = \frac{\Omega U}{\omega}$, $\frac{du}{dt} = \frac{\Omega}{\omega} \frac{dU}{dt} - \frac{\Omega U}{\omega^2} \frac{d\omega}{dz} \frac{dz}{dt}$. Donc $\int_0^{z'} \frac{du}{dt} dz = \int_0^{z'} \left(\Omega \frac{dU}{dt} \frac{dz}{\omega} - \Omega U \frac{d\omega}{\omega^2} \frac{dz}{dt}\right)$; et mettant $u = \frac{\Omega U}{\omega}$ à la place de $\frac{dz}{dt}$,

$$\int_0^{z'} \frac{du}{dt} dz = \int_0^{z'} \left(\Omega \frac{dU}{dt} \frac{dz}{\omega} - \Omega^2 U^2 \frac{d\omega}{\omega^3}\right)$$

$$= \Omega \frac{dU}{dt} \int_0^{z'} \frac{dz}{\omega} + \frac{U^2}{2} \left(\frac{\Omega^2}{O'^2} - \frac{\Omega^2}{O^2}\right).$$

Ainsi l'équation précédente devient

$$P - P' + \rho g (\zeta - \zeta') - \rho \Omega \frac{dU}{dt} \int_0^{z'} \frac{dz}{\omega} - \frac{\rho U^2}{2} \left(\frac{\Omega^2}{O'^2} - \frac{\Omega^2}{O^2}\right) = 0 \ldots \quad (1)$$

16. Il faut y joindre la relation

$$-O d\zeta = \Omega U dt, \ldots \ldots \ldots \ldots \quad (2)$$

au moyen de laquelle on éliminera dt. Connaissant le volume du fluide et la figure du vase, les quantités ζ',

O, $O'\int_0^{z'}\frac{dz}{\omega}$, sont des fonctions de ζ. L'équation (1) donnera U en ζ; l'équation (2) donnera ensuite ζ en t.

17. Pour connaître la pression qui a lieu dans la section $\alpha\beta$, il faut remarquer que la pression $p\omega$, considérée comme une force agissant de bas en haut sur la tranche placée en $\alpha\beta$, doit faire équilibre à la pression PO, agissant en ab, et aux forces perdues par les tranches comprises entre ab et $\alpha\beta$. Égalant à zéro la somme des moments de toutes ces forces, on a

$$0 = -p\omega . udt + \text{PO}.\frac{\Omega U dt}{O} + \int_0^{z'}\left(g - \frac{du}{dt}\right)\rho\omega udt . dz\,;$$

d'où (en supprimant les facteurs ωudt, ΩUdt, et effectuant comme ci-dessus l'intégration indiquée),

$$p = \text{P} + \rho gz - \rho\Omega\,\frac{dU}{dt}\int_0^{z}\frac{dz}{\omega} - \frac{\rho U^2}{2}\left(\frac{\Omega^2}{\omega^2} - \frac{\Omega^2}{O^2}\right)\ldots \quad (3).$$

Mettant dans cette équation pour $\frac{dU}{dt}$ sa valeur tirée de l'équation (1), et faisant pour abréger $N = \int_0^{z}\frac{dz}{\omega}$, $N' = \int_0^{z'}\frac{dz}{\omega}$, il vient

$$p = \text{P} - (\text{P} - \text{P}')\frac{N}{N'} + \rho g\left[z - (\zeta - \zeta')\frac{N}{N'}\right] - \frac{\rho U^2}{2}\left[\frac{\Omega^2}{\omega^2} - \frac{\Omega^2}{O^2} - \left(\frac{\Omega^2}{O'^2} - \frac{\Omega^2}{O^2}\right)\frac{N}{N'}\right] \quad (4)$$

Si la valeur de p donnée par cette équation était nulle ou négative, il faudrait en conclure que les tranches du fluide tendent à se séparer les unes des autres, ou du moins que le fluide tend à s'écarter des parois du vase, en sorte qu'il ne pourrait plus être considéré comme coulant dans le vase donné, et que son mouvement cesserait d'être représenté par les équations précédentes.

18. Dans le cas particulier où le vase est prismatique, $\omega=O=O'=\Omega, N=\frac{z}{\omega}, N'=\frac{z'}{\omega}$: les équations (1) et (2) deviennent

$$P-P+\rho g z'-\rho z'\frac{dU}{dt}=0, \qquad \text{et} \qquad -d\zeta=Udt.$$

Éliminant dt, et intégrant de manière que $\zeta=\zeta_{,}$, quand $U=0$, ou quand le mouvement commence, on trouve

$$U=\sqrt{2\left(g+\frac{P-P'}{\rho z'}\right)(\zeta_{,}-\zeta)}.$$

Le fluide se meut comme un corps solide soumis à l'action d'une force accélératrice constante qui lui imprimerait la vitesse $g+\frac{P-P'}{\rho z'}$ dans l'unité de temps.

L'expression de p du n° 17 donne

$$p=P-(P-P')\frac{z}{z'}:$$

la pression varie uniformément d'une extrémité à l'autre du fluide, elle serait nulle si les deux surfaces extrêmes n'étaient pas pressées.

19. Le principe de la conservation des forces vives conduit directement à l'équation (1). On a

Force vive de la tranche $\alpha\beta$ au bout du temps t. . . . . $\rho\omega dz\,.\,u^2=\rho\Omega^2U^2\frac{dz}{\omega}$;

Force vive totale du fluide. . . . $\rho\Omega^2U^2\int_0^{z'}\frac{dz}{\omega}$;

Force vive acquise par le fluide pendant l'élément du temps dt $\left(\text{parce que } d\int_0^{z'}\frac{dz}{\omega}=\left(\frac{1}{O'^2}-\frac{1}{O^2}\right)\Omega U dt\right)$

$$2\rho\Omega^2UdU\int_0^{z'}\frac{dz}{\omega}+\rho\Omega U^3dt\left(\frac{\Omega^2}{O'^2}-\frac{\Omega^2}{O^2}\right);$$

Quantité d'action imprimée à la tranche $\alpha\beta$ dans l'élément du temps dt par la gravité. $g\rho dz\omega . udt = g\rho dz . \Omega U dt$;

Quantité d'action totale imprimée au fluide par la gravité dans cet élément du temps. . . $\rho g z' \Omega U dt$;

Quantité d'action imprimée dans le même élément du temps par les pressions exercées sur les tranches extrêmes *ab*, *cd*. $PO\frac{\Omega U dt}{O} - P'O'\frac{\Omega U dt}{O'} = (P - P')\,\Omega U dt$;

Egalant, conformément au principe de la conservation des forces vives la force vive acquise pendant le temps dt, au double des quantités d'action imprimées pendant le même temps, on trouvera l'équation (1).

20. Considérons maintenant une portion de fluide *a b c d* coulant dans un tuyau ABCD (*fig.* 3) dont l'axe MN, *c'est-à-dire la ligne qui passe par les centres des sections transversales, est une courbe quelconque, et dont les sections transversales, supposées très-petites, ne varient que par degrés insensibles.* On assimilera le mouvement du fluide à celui d'un système de tranches infiniment minces, formées par des plans perpendiculaires à l'axe du tuyau. On nommera

Ω, ω, O, O' les aires des sections transversales CD, $\alpha\beta$, *a b*, *c d*;

z la différence du niveau $p\,\pi$ des centres des sections *a b*,

z' la différence de niveau pq des sections extrêmes;

ζ, ζ' Les distances verticales p N, q N des centres des sections extrêmes au centre de la section inférieure CD;

S la longueur de la portion $m\,\mu$ de l'axe du tuyau;

S' la longueur de la portion mn du même axe;

λ la longueur de la portion $m\,n$ N;

u, U, p, P, P', ρ, g et t auront les mêmes significations qu'au n° 15.

On aura, comme dans le n° (15),

Masse de la tranche placée en $\alpha\beta$. . . . . $\rho\omega ds$;

Action exercée par la gravité sur cette tranche, qui est assujétie à se mouvoir suivant l'axe du tuyau, $g\,\frac{dz}{ds}.\rho\omega ds$;

Force perdue par la tranche. $\left(gdz - \frac{du}{dt}\,ds\right)\rho\omega$;

Moment de cette force perdue. $\left(gdz - \frac{du}{dt}\,ds\right)\rho\omega . udt$;

et pour l'équation exprimant les conditions du mouvement,

$$P - P' + \rho g z' - \rho\int_0^{s'} \frac{du}{dt}\,ds = 0.$$

Remplaçant comme au n° (15),

$\frac{du}{dt}\,ds$ par $\Omega\,\frac{dU}{dt}\,\frac{ds}{\omega} - \Omega U\,\frac{d\omega}{\omega^2}\,\frac{ds}{dt}$; puis $\frac{ds}{dt}$ par u ou $\frac{\Omega U}{\omega}$,

on trouve, au lieu de l'équation (1),

$$P - P' + \rho g(\zeta - \zeta') - \rho\Omega\,\frac{dU}{dt}\int_0^{s'} \frac{ds}{\omega} - \frac{\rho U^2}{2}\left(\frac{\Omega^2}{O'^2} = \frac{\Omega^2}{O^2}\right) = 0; \quad (5)$$

où l'intégrale $\int_0^{s'} \frac{ds}{\omega}$ a remplacé $\int_0^{z'} \frac{dz}{\omega}$.

21. On doit joindre à cette équation la relation

$$-Od\lambda = \Omega U dt; \quad \ldots\ldots\ldots\ldots \quad (6)$$

λ est regardé comme une fonction de ζ donnée par la figure du tuyau.

22. On trouvera pour la valeur de la pression, comme dans le n° (17),

$$p = P + \rho g z - \rho\Omega\,\frac{dU}{dt}\int_0^{s} \frac{ds}{\omega} - \frac{\rho U^2}{2}\left(\frac{\Omega^2}{\omega^2} - \frac{\Omega^2}{O^2}\right); \quad \ldots \quad (7)$$

et en éliminant $\frac{dU}{dt}$,

$$p=\mathrm{P}-(\mathrm{P}-\mathrm{P}')\frac{\mathrm{N}}{\mathrm{N}'}+\rho g\left[z-(\zeta-\zeta')\frac{\mathrm{N}}{\mathrm{N}'}\right]-\frac{\rho\mathrm{U}^2}{2}\left[\frac{\Omega^2}{\omega^2}-\frac{\Omega^2}{\mathrm{O}^2}-\left(\frac{\Omega^2}{\mathrm{O}'^2}-\frac{\Omega^2}{\mathrm{O}^2}\right)\frac{\mathrm{N}}{\mathrm{N}'}\right]. \quad (8)$$

l'on a ici $\mathrm{N}=\int_0^s\frac{ds}{\omega}$, $\mathrm{N}'=\int_0^{s'}\frac{ds}{\omega}$.

23. On n'a point eu égard dans ce qui précède à l'action de la force centrifuge ; cette force n'influe pas sur le mouvement du fluide, parce que, étant dirigée perpendiculairement à la ligne décrite par les tranches, elle est détruite par la résistance de la paroi. Mais elle augmente la pression supportée par les parties du fluide et de la paroi d'une quantité qui peut être évaluée approximativement comme il suit :

$\alpha\beta$ (*fig.* 4) étant une section transversale faite *dans le tuyau* ; μ le centre de cette section ; $\mu\nu$ *la direction du* rayon de courbure de l'axe *du tuyau au* point μ, le centre de courbure *étant placé du côté* de ν, soit menée la tangente ef au contour de la section perpendiculairement à $\mu\nu$. Considérons un point quelconque i de la section, et abaissons de ce point sur ef la perpendiculaire ik, dont nous désignerons la longueur par y. A cause de la petitesse des sections du tuyau, on regarde toutes les molécules comprises dans la section $\alpha\beta$ comme se mouvant avec la vitesse $u=\frac{\Omega\mathrm{U}}{\omega}$, et comme décrivant des courbes identiques avec l'axe du tuyau, dont le rayon de courbure pour le point μ est r. L'action de la force centrifuge est dirigée dans le sens $\nu\mu$: la valeur de cette action, rapportée à l'unité de volume du fluide, est pour un point quelconque de la section,

$$\rho\frac{u^2}{r}=\rho\frac{\Omega^2}{\omega^2}\frac{\mathrm{U}^2}{r}.$$

La molécule de fluide placée en i, supportant l'effet de

cette action sur une colonne de fluide de la longueur ik ou y, la pression due à la force centrifuge qui aura lieu dans le point i, rapportée à l'unité de surface, sera donc

$$\rho y \frac{\Omega^2}{\omega^2} \frac{U^2}{r} \dots\dots\dots\dots \quad (9)$$

Cette quantité ajoutée à l'expression (8) de p, donnera la pression totale qui a lieu dans un point quelconque du fluide ou de la paroi.

24. Si toutes les sections du tuyau sont égales entre elles, on a $\omega = O = O' = \Omega$, $N = \frac{S}{\Omega}$, $N' = \frac{S'}{\Omega}$. Les équations (5) et (6) deviennent

$$P - P' + \rho g(\zeta - \zeta') - \rho \frac{dU}{dt} S' = 0\,;$$

$$-d\lambda = U dt\,;$$

d'où en éliminant dt,

$$U dU = -d\lambda \left(g \frac{\zeta - \zeta'}{S'} + \frac{P - P'}{\rho S'} \right).$$

S' est constante et dépend du volume du fluide, et de la grandeur de la section. $\zeta - \zeta'$ est variable, et s'exprimera en fonction de λ d'après la figure du tuyau.

L'expression (8) de p donne ici

$$p = P - (P - P') \frac{S}{S'} + \rho g \left[z - (\zeta - \zeta') \frac{S}{S'} \right].$$

Si l'axe du tuyau était une ligne droite formant l'angle φ avec l'horizon, $\frac{\zeta - \zeta'}{S'}$ serait constant et $= \sin \varphi$. Désignant par $\lambda_{,}$ la valeur de λ quand $U = 0$, on aurait alors

$$U = \sqrt{2\left(g \sin.\varphi + \frac{P - P'}{\rho S'}\right)(\lambda_{,} - \lambda)}$$

$$p = P - (P - P') \frac{S}{S'}.$$

Le mouvement du fluide est celui d'un corps cédant librement à l'action d'une force accélératrice qui lui imprime la vitesse $g \sin.\varphi + \frac{P-P'}{\rho S'}$ dans l'unité de temps. La pression varie uniformément d'une extrémité à l'autre de la colonne du fluide.

III. *Du mouvement d'un fluide qui s'écoule hors d'un vase entretenu constamment plein.*

25. Supposant en premier lieu que le fluide s'écoule hors d'un vase *abcd*(*fig.* 5), dont l'axe MN est vertical, par la section inférieure ou orifice *cd*; qu'à mesure que la tranche supérieure du fluide s'abaisse, elle est remplacée par une tranche égale, animée de la même vitesse; que l'entrée de l'orifice *cd* étant évasée, les filets de fluide sortent du vase avec des directions parallèles à l'axe MN; *l'équation* (1) du n° 15 donne toujours la *loi du mouvement*; mais l'on a $O'=\Omega$, $z'=\zeta$, $\zeta'=o$. *Cette équation* devient alors

$$\rho g\zeta + P - P' - \rho\Omega\frac{dU}{dt}\int_{0}^{\zeta}\frac{dz}{\omega} - \rho\frac{U^2}{2}\left(1-\frac{\Omega^2}{O^2}\right) = o \quad \ldots \quad (1)$$

ζ étant constante, on n'a plus à considérer l'équation (2). La valeur de la pression, déduite de l'équation (4) du n° 17, est

$$p=\rho g\left(z-\zeta\frac{N}{N'}\right)+P-(P-P')\frac{N}{N'}-\rho\frac{U^2}{2}\left[\frac{\Omega^2}{\omega^2}-\frac{\Omega^2}{O^2}-\left(1-\frac{\Omega^2}{O^2}\right)\frac{N}{N'}\right]. \quad (2)$$

On déduit de l'équation précédente (1),

$$dt=\frac{AdU}{B+CU^2},$$

en faisant

$$\begin{cases} A = 2\Omega\int_{0}^{\zeta}\frac{dz}{\omega} \\ B = 2g\left(\zeta+\frac{P-P'}{\rho g}\right) \\ C = \frac{\Omega^2}{O^2} - 1 \end{cases}$$

et l'on peut distinguer trois cas :

1° La section supérieure O est plus petite que l'orifice Ω, et C positif;

2° O et Ω sont égaux, et C nul;

3° O est plus grand que Ω, et C négatif.

26. Quand C est positif, on a (en supposant $t=0$ quand $U=0$) :

$$t=\frac{A}{\sqrt{BC}}\text{arc}\left(\text{tang.}=U\sqrt{\frac{C}{B}}\right);\quad \text{d'où}\quad U=\sqrt{\frac{B}{C}}\,\text{tang.}\frac{\sqrt{BC}}{A}.t$$

la vitesse croît très-rapidement avec le temps. Elle est infinie quand

$$\frac{\sqrt{BC}}{A}.t=\frac{\pi}{2}.$$

27. Quand $C=0$, on a

$$t=\frac{A}{B}U,\qquad \text{d'où}\qquad U=\frac{g\left(\zeta+\frac{P-P'}{\rho g}\right)}{\Omega\int_0^{\zeta}\frac{dz}{\omega}}.t.$$

La vitesse croît proportionnellement au temps. Si $P=P'$, elle est

$$U=\frac{g\zeta}{\Omega\int_0^{\zeta}\frac{dz}{\omega}}.t;$$

et si le vase est un cylindre ou un prisme vertical, $U=gt$.

28. Quand C est négatif, ce qui est toujours le cas des applications, on a

$$t=\frac{A}{2\sqrt{BC}}\log.\frac{\sqrt{B}+U\sqrt{C}}{\sqrt{B}-U\sqrt{C}},\qquad \text{d'où}\qquad U=\frac{e^{\frac{2\sqrt{BC}}{A}.t}-1}{e^{\frac{2\sqrt{BC}}{A}.t}+1}\sqrt{\frac{B}{C}}.$$

e est la base des logarithmes hyperboliques

$$= 2{,}718282 \ldots\ldots\ldots\ldots \quad (3)$$

La section supérieure O surpassant sensiblement Ω, la vitesse U croît très-rapidement avec le temps. Après un temps très-court, la valeur de U ne diffère pas sensiblement de la limite de cette valeur, qui est

$$U = \sqrt{\frac{B}{C}}, \quad \text{ou} \quad U = \sqrt{\frac{2g\left(\zeta + \frac{P - P'}{\rho g}\right)}{1 - \frac{\Omega^2}{O^2}}} \ldots \quad (4)$$

Si les pressions exercées contre les tranches extrêmes O et Ω sont égales ou nulles, la limite de la valeur de U est simplement

$$U = \sqrt{\frac{2g\zeta}{1 - \frac{\Omega^2}{O^2}}} \ldots\ldots\ldots\ldots \quad (5)$$

Ainsi, abstraction faite des premiers instants qui suivent celui où l'on a débouché l'orifice, le mouvement du fluide est uniforme. La valeur de la vitesse est celle que donnerait l'équation de ce mouvement, en y faisant $\frac{dU}{dt} = 0$. Cette valeur est indépendante de la figure du vase : elle contient seulement la hauteur du fluide ζ, et le rapport $\frac{\Omega}{O}$ des sections extrêmes. En multipliant la valeur de U par l'aire Ω de l'orifice, on aura le volume de fluide qui sort du vase dans l'unité de temps, ou la dépense de l'orifice.

29. En substituant dans l'expression (4) de p du n° 17 la valeur qui vient d'être trouvée pour U, on a

$$p = \rho g z + P - (\rho g z + P - P')\,\frac{\frac{O^2}{\omega^2} - 1}{\frac{O^2}{\Omega^2} - 1}, \ldots\ldots \quad (6)$$

ou

$$p=\rho gz+P-\frac{\rho U^2}{2}\left(\frac{\Omega^2}{\omega^2}-\frac{\Omega^2}{O^2}\right). \quad \ldots\ldots\ldots (7)$$

Ainsi, quand le mouvement est uniforme, la pression qui a lieu dans une section transversale donnée ne dépend pas de la figure du vase, mais seulement de l'aire ω de cette section, de sa distance z à la surface supérieure du fluide, et du rapport $\frac{\Omega}{O}$.

30. Considérons maintenant, comme dans le n° 20, un tuyau *abcd* (*fig.* 6) de figure quelconque, dont la section est très-petite, et varie d'un point à l'autre par degrés insensibles. Supposons la paroi évasée à la section extrême ou orifice d'écoulement *cd*. Le tuyau est entièrement rempli de fluide, et la tranche, qui sort à chaque instant en *cd*, est remplacée en *ab* par une tranche du même volume, ayant la vitesse qui convient à cette section. Les conditions du mouvement du fluide sont exprimées par l'équation (5) du n° 20. En y faisant $O'=\Omega$, $S'=\lambda$, $\zeta'=0$, cette équation deviendra

$$P-P'+\rho g\zeta-\rho\Omega\frac{dU}{dt}\int_0^\lambda\frac{ds}{\omega}-\frac{\rho U^2}{2}\left(1-\frac{\Omega^2}{O^2}\right)=0, \quad \ldots (8)$$

où ζ représente la différence de niveau *np* des centres des sections extrêmes.

Cette équation donnera lieu à des résultats semblables à ceux qui ont été exposés n°s 26, 27 et 28. Lorsque Ω sera $<O$, l'écoulement pourra être regardé, abstraction faite des premiers instants du mouvement, comme s'opérant uniformément avec la vitesse,

$$U=\sqrt{\frac{2g\left(\zeta+\frac{P-P'}{\rho g}\right)}{1-\frac{\Omega^2}{O^2}}}; \quad \ldots\ldots\ldots (9)$$

et si les pressions sur les sections extrêmes sont nulles ou égales entre elles

$$U = \sqrt{\frac{2g\zeta}{1-\frac{\Omega^2}{O^2}}} \dots\dots\dots\dots \quad (10)$$

31. En substituant cette valeur de U dans l'expression (8) de p du n° 22, on aura

$$p = P + \rho gz - (\rho gz + P - P') \frac{\frac{\Omega^2}{\omega^2} - \frac{\Omega^2}{O^2}}{1 - \frac{\Omega^2}{O^2}}, \dots\dots \quad (11)$$

ou

$$p = P + \rho gz - \frac{\rho U^2}{2}\left(\frac{\Omega^2}{\omega^2} - \frac{\Omega^2}{O^2}\right) \dots\dots\dots\dots \quad (12)$$

z représente la différence de niveau $p\pi$ *entre les centres de la section supérieure et de la section*, $\alpha\beta$ pour laquelle on *calcule la pression.*

32. Soit maintenant le vase ABCD (*fig.* 7), entretenu constamment plein au niveau AB, d'où le fluide s'écoule par l'orifice CD, dont l'entrée est évasée. Quoique le mouvement du fluide dans l'intérieur du vase ne puisse en général être connu exactement, on ne peut douter, si la section supérieure AB est plus grande que l'orifice CD, que la vitesse à cet orifice ne devienne sensiblement constante au bout d'un temps très-court, après lequel l'état du fluide peut être regardé comme ne variant pas avec le temps. Par conséquent, abstraction faite des premiers instants du mouvement, on peut admettre que les molécules du fluide, partant de la surface AB, se rendent à l'orifice en décrivant des courbes dont la figure est invariable. De plus, l'expérience montre que cette surface se maintient sensiblement plane et horizontale, à moins qu'elle ne soit très-peu élevée au-dessus de l'orifice CD, cas que nous

excluons ici. Il suit de là que l'on peut regarder le mouvement du fluide dans le vase comme ayant lieu dans une infinité de canaux $m\mu n$, dont la grosseur est infiniment petite; dont les extrémités sont dans la surface supérieure horizontale AB, et dans le plan CD de l'orifice; et dont la première et la dernière section ont entre elles les mêmes rapports que les sections AB et CD. Par conséquent, appliquant ici les résultats précédents, la vitesse du fluide, en un point quelconque n du plan de l'orifice, sera donnée par les expressions (9) et (10) du n° 30, suivant que les pressions extérieures exercées en AB et CD seront inégales ou égales entre elles. ζ représentera la distance pn du point n à la surface supérieure du fluide.

33. A l'égard de la pression qui a lieu dans chaque point μ de l'intérieur du vase, on ne peut la déterminer en général; parce que, pour appliquer les formules du n° 31, il faudrait outre la distance $p\pi$ désignée par z, connaître le rapport des sections du filet $m\mu n$ en μ et en n. De plus, il faudrait connaître la figure de tous les filets placés du côté de la concavité du filet $m\mu n$, pour être à même d'apprécier l'effet de la force centrifuge, conformément au n° 23. On peut remarquer toutefois que, dans une partie du vase qui aurait sensiblement la figure d'un tuyau rectiligne, où la force centrifuge pourrait être négligée, et où les molécules appartenant à une même section perpendiculaire à l'axe du tuyau auraient dans le sens de cet axe des vitesses peu différentes entre elles, les formules du n° 31 s'appliqueraient sans beaucoup d'erreur, en prenant ω pour la section perpendiculaire à l'axe du tuyau à laquelle appartient le point pour lequel on calcule la pression, et pour z la distance de ce point à la surface supérieure du fluide.

34. Le volume de fluide dépensé dans l'unité de temps se calcule en multipliant l'aire de l'orifice par la valeur

moyenne des vitesses qui ont lieu dans les divers points de cet orifice. Pour un orifice dont le plan est vertical, en supposant que, dans la formule (10) du n° 30, on néglige sous le radical le terme $\frac{\Omega^2}{O^2}$, cette vitesse moyenne est exprimée par

$$\frac{\int_0^b dy \int_{z''}^{z'} dz \sqrt{2gz}}{\int_0^b dy \int_{z''}^{z'} dz};$$

y, z étant les coordonnées d'un point quelconque de l'orifice rapportées à l'axe horizontal des y qui est dans le plan de la surface du fluide et à l'axe vertical des z, (*fig.* 8);

z', z'' les ordonnées pm', pm'' du contour de l'orifice correspondantes à l'abscisse y;

b la plus grande valeur AP de y.

La hauteur due à la vitesse moyenne que l'on désignera par ζ est

$$\zeta = \left(\frac{\int_0^b dy \int_{z''}^{z'} dz \sqrt{z}}{\int_0^b dy \int_{z''}^{z'} dz} \right)^2.$$

35. Si la figure de l'orifice est un rectangle ayant les côtés horizontaux et verticaux (*fig.* 9),

$$\zeta = \frac{4}{9}\left(\frac{c^{\frac{3}{2}} - c'^{\frac{3}{2}}}{c - c'}\right)^2, \qquad \text{ou} \qquad \zeta = A^2\,C.$$

c étant la distance AC du côté inférieur de l'orifice à la surface supérieure du fluide;

c' la distance AC' du côté supérieur de l'orifice à la même surface;

C la distance du centre de l'orifice à la même surface;
A un facteur dont l'expression est

$$\frac{2}{3}\,\frac{C}{c-c'}\left[\left(1+\frac{c-c'}{2C}\right)^{\frac{3}{2}}-\left(1-\frac{c-c'}{2C}\right)^{\frac{3}{2}}\right].$$

On évitera le calcul du facteur A en faisant usage de la table suivante, qui a été donnée par M. de Prony :

$\frac{c-c'}{2C}$	A	Log. A
0,	1	0
0, 1	0, 99958	$\bar{1}$, 99982
0, 2	0, 99832	$\bar{1}$, 99927
0, 3	0, 99619	$\bar{1}$, 99834
0, 4	0, 99312	$\bar{1}$, 99700
0, 5	0, 98904	$\bar{1}$, 99521
0, 6	0, 98383	$\bar{1}$, 99292
0, 7	0, 97724	$\bar{1}$, 99000
0, 8	0, 96896	$\bar{1}$, 98631
0, 9	0, 95828	$\bar{1}$, 98149
1	0, 94281	$\bar{1}$, 97442

36. Si la figure de l'orifice est un triangle dont la base soit horizontale et le sommet tourné vers le haut (*fig.* 10),

$$\zeta=\frac{16}{225}\,\frac{\left(2C^{\frac{5}{2}}+3C'^{\frac{5}{2}}-5CC'^{\frac{3}{2}}\right)^2}{(C-C')^4}.$$

C étant la distance de AC de la base à la surface supérieure du fluide;
C' la distance AC' du sommet du triangle à la même surface.

37. Si cette figure est un triangle dont la base soit horizontale et le sommet tourné vers le bas (*fig.* 11),

$$\zeta=\frac{16}{225}\,\frac{\left(3C^{\frac{5}{2}}+2C'^{\frac{5}{2}}-5C^{\frac{3}{2}}C'\right)^2}{(C-C')^4},$$

C étant la distance AC du sommet du triangle à la surface supérieure du fluide;

C′ la distance de la base à la même surface.

38. Si cette figure est un cercle (*fig.* 12), la vitesse moyenne est exprimée par

$$\frac{2\sqrt{2g}}{\pi R^2}\int_0^\pi d\omega \int_0^R dr.r\sqrt{C+r\cos.\omega}\ .$$

C étant la distance AO du centre du cercle à la surface supérieure du fluide;

R le rayon OM du cercle;

r la distance Om d'un point quelconque m du cercle au centre O;

ω angle MOB du rayon vecteur OM, avec la verticale AB passant par le centre du cer cle;

on a

$$am = C + r\cos.\omega,$$

ou, en développant en série le radical,

$$\frac{2\sqrt{2gC}}{\pi R^2}\int_0^\pi d\omega\int_0^R dr.r\left(1+\frac{1}{2}\frac{r}{C}\cos.\omega-\frac{1}{8}\frac{r^2}{C^2}\cos.^2\omega+\frac{1}{16}\frac{r^3}{C^3}\cos.^3\omega-\frac{5}{128}\frac{r^4}{C^4}\cos.^4\omega+\text{etc.}\right).$$

Effectuant les intégrations indiquées (en remarquant que $\int_0^\pi d\omega \cos.^n \omega$ est nulle quand n est impair, et $=\frac{\pi}{2}\cdot\frac{3}{4}\cdot\frac{5}{6}\cdot\frac{7}{8}\cdot\ldots\cdot\frac{n-1}{n}$ quand n est pair) l'expression de la vitesse moyenne devient

$$\sqrt{2gC}\left(1-\frac{1}{32}\frac{r^2}{C^2}-\frac{5}{1024}\frac{r^4}{C^4}-\text{etc.}\right);$$

et par conséquent

$$\zeta = C\left(1-\frac{1}{16}\frac{r^2}{C^2}-\frac{9}{1024}\frac{r^4}{C^4}-\text{etc.}\right).$$

39. On n'a besoin d'employer ces formules qu'autant que le sommet de l'orifice est très-près de la surface supérieure du fluide. Quand la distance du centre de l'orifice à cette surface surpasse la hauteur de l'orifice, on peut prendre cette distance pour la valeur de ζ.

Si le plan de l'orifice n'était pas vertical, on trouverait la valeur convenable pour ζ en projetant cet orifice sur un plan vertical, et appliquant à cette projection les règles des articles précédents.

40. Si l'orifice d'écoulement Ω est très-petit par rapport à la section supérieure du vase, on peut négliger $\frac{\Omega^2}{O^2}$ dans les formules (9) et (10) du n° 30. Elles deviennent alors

$$U = \sqrt{2g\left(\zeta + \frac{P - P'}{\rho g}\right)}, \ldots\ldots\ldots \quad (13)$$

$$U = \sqrt{2g\zeta} \ldots\ldots\ldots\ldots\ldots \quad (14)$$

Ces formules peuvent être employées quelles que soient la figure du vase et la position de l'orifice, à l'exception des cas où cet orifice serait très-près de la surface supérieure du fluide; il faudrait alors calculer ζ par les formules données ci-dessus. La vitesse d'écoulement, si les pressions P, P' sont nulles ou égales entre elles, est due à la hauteur du fluide sur le centre de l'orifice, ce qui est le théorème donné par Toricelli.

La formule (12) du n° 31 devient

$$p = P + \rho g z - \frac{\rho\Omega^2 U^2}{2\omega^2} \ldots\ldots\ldots \quad (15)$$

La pression est due à la hauteur à laquelle elle serait due si le fluide était stagnant, moins la hauteur à laquelle est due la vitesse du fluide au point que l'on considère. On peut appliquer ce résultat à un vase dont l'axe est vertical, ou à un tuyau dont les sections transversales sont petites; en tenant compte si l'axe du tuyau est courbe, de l'effet de la force centrifuge, conformément au n° 23. Dans d'autres cas, il faut avoir égard à ce qui est dit au n° 33.

41. Les résultats précédents, lorsque la figure de la paroi près de l'orifice est telle que les filets du fluide sortent du vase avec des directions sensiblement parallèles entre elles, et lorsque l'orifice n'est pas très-près de la surface supérieure du fluide, sont confirmés par l'expérience. D'après diverses expériences de Dominique et Thérèse Michelotti, d'Eythelwein et de Venturi, sur des orifices carrés et circulaires, la vitesse d'écoulement est à peine inférieure de 2 ou 3 centièmes à la valeur calculée par la formule (14). La différence peut être attribuée à l'effet du fottement du fluide sur la paroi.

IV. *Du mouvement d'un fluide dans un vase qui se vide* (*fig.* 13).

42. On considère en premier lieu, comme dans le n° 15, un vase ABCD dont l'axe est vertical, en supposant le fluide remplacé par un système de tranches horizontales. Ce fluide s'écoule par la section inférieure ou orifice CD, dont l'entrée est évasée. La surface supérieure *ab* s'abaisse progressivement dans le vase. Les considérations qui ont conduit à l'équation (1) du n° 15 s'appliquent encore ici. Mais l'on a $O' = \Omega$, $z' = \zeta$, $\zeta' = 0$; et cette équation devient

$$P - P' + \rho g \zeta - \rho \Omega \frac{dU}{dt} \int_0^\zeta \frac{dz}{\omega} - \frac{\rho U^2}{2}\left(1 - \frac{\Omega^2}{O^2}\right) = 0, \quad . \ . \ (1)$$

où ζ, $\int_0^\zeta \frac{dz}{\omega}$, O sont des quantités variables, données en fonctions de ζ d'après la figure du vase.

On doit joindre à cette équation l'équation (2) du n° 16

$$-O\,d\zeta=\Omega U\,dt. \quad \ldots\ldots\ldots\ldots \quad (2)$$

L'objet de la question est de déterminer les valeurs que prennent successivement la vitesse d'écoulement U, et la hauteur ζ du fluide dans le vase, à mesure que le temps t augmente. Eliminant dt entre les équations (1) et (2), et faisant $U=\sqrt{2gH}$, en désignant par H la hauteur due à la vitesse U, il vient

$$\left(\zeta+\frac{P-P'}{\rho g}\right)d\zeta+\frac{\Omega^2\,dH}{O}\int_0^\zeta\frac{dz}{\omega}-\left(1-\frac{\Omega^2}{O^2}\right)H\,d\zeta=0, \quad (3)$$

ou

$$Q\,d\zeta+dH+H.P\,d\zeta=0,$$

en nommant P, Q les fonctions suivantes :

$$P=-\frac{O\left(1-\frac{\Omega^2}{O^2}\right)}{\Omega^2\int_0^\zeta\frac{dz}{\omega}}$$

$$Q=\frac{O\left(\zeta+\frac{P-P'}{\rho g}\right)}{\Omega^2\int_0^\zeta\frac{dz}{\omega}}.$$

Multipliant par $e^{\int P\,d\zeta}$, e étant la base des logarithmes hyperboliques, et intégrant, on a

$$\int d\zeta.\,Q\,e^{\int P\,d\zeta}+H\,e^{\int P\,d\zeta}=const.,$$

d'où

$$H=e^{-\int P\,d\zeta}\left(const.-\int d\zeta.\,Q\,e^{\int P\,d\zeta}\right). \quad \ldots \quad (4)$$

La constante se détermine de manière que $H=0$ quand

$\zeta = Z$, la quantité Z étant la hauteur initiale du fluide dans le vase. H étant connue en fonction de ζ, l'équation (2) donnera ensuite

$$dt = -\frac{O\,d\zeta}{\Omega\sqrt{2gH}}, \qquad \text{d'où} \qquad t = const. - \frac{1}{\Omega\sqrt{2g}}\int\frac{O\,d\zeta}{\sqrt{H}}. \quad (5)$$

La constante se détermine de manière que l'on ait en même temps $\zeta = Z$, $t = 0$. On obtiendra donc ainsi les relations cherchées entre les quantités H, ζ et t.

43. Quant à la valeur de la pression, l'équation (4) du n° 17 devient ici

$$p = P - (P - P')\frac{N}{N'} + \rho g\left(z - \zeta\frac{N}{N'}\right) - \frac{\rho U^2}{2}\left[\frac{\Omega^2}{\omega^2} - \frac{\Omega^2}{O^2} - \left(1 - \frac{\Omega^2}{O^2}\right)\frac{N}{N'}\right], (6)$$

où

$$N = \int_0^z \frac{dz}{\omega}, \quad N' = \int_0^\zeta \frac{dz}{\omega}.$$

44. Soit, par exemple (*fig.* 14), le cas d'un vase prismatique, sauf dans une hauteur fort petite au dessus de l'orifice CD, dont l'entrée est évasée. O et ω sont constantes, et l'on a $\int_0^\zeta \frac{dz}{\omega} = \frac{\zeta}{O}$, en négligeant la partie de cette intégrale qui répond à cette petite hauteur. Supposant $P - P' = 0$, et faisant pour abréger $\frac{O}{\Omega} = k$, l'équation (3) devient

$$k^2\zeta\,d\zeta + \zeta\,dH + (1 - k^2)H\,d\zeta = 0.$$

Multipliant par ζ^{-k^2}, et intégrant comme il a été dit ci-dessus, on a

$$H = \frac{k^2\zeta}{k^2 - 2}\left(1 - \left(\frac{\zeta}{Z}\right)^{k^2 -}\right),$$

$$t = const. - \sqrt{\frac{k^2-2}{2g}} \int \frac{d\zeta}{\sqrt{\zeta\left(1-\left(\frac{\zeta}{Z}\right)^{k^2-2}\right)}}.$$

Dans le cas particulier, où $O = \Omega\sqrt{2}$ et $k^2 = 2$, l'équation (3) devient

$$2\zeta d\zeta + \zeta dH - H dz = 0.$$

Multipliant par ζ^{-2}, et intégrant, on a

$$H = 2\zeta \log. \frac{Z}{\zeta}$$

$$t = const. - \sqrt{\frac{Z}{g}} \int dx \left(\log. \frac{1}{x}\right)^{-\frac{1}{2}}.$$

La constante doit être déterminée de manière que $t = 0$ quand $x = 1$. On a supposé $\frac{\zeta}{Z} = x^2$.

La formule du n° 43 donne pour la pression

$$p = P + \rho g H \left(1 - \frac{1}{k^2}\right) \frac{Z}{\zeta},$$

$$p = P + \rho g z \frac{k^2-1}{k^2-2} \left(1 - \left(\frac{\zeta}{Z}\right)^{k^2-2}\right);$$

et lorsque $k^2 = 2$,

$$p = P + \rho g z \log. \frac{Z}{\zeta}.$$

45. En considérant maintenant, comme dans le n° 20, le cas d'un fluide coulant hors d'un tuyau (*fig.* 15), dont les sections transversales sont très-petites, l'entrée de l'orifice découlement CD étant évasée, l'équation (5) de ce numéro, en y faisant $O' = \Omega$, $z' = \zeta$, $\zeta' = 0$, $s' = \lambda$, donnera

$$P - P' + \rho g \zeta - \rho \Omega \frac{dU}{dt} \int_0^\lambda \frac{ds}{\omega} - \frac{\rho U^2}{2} \left(1 - \frac{\Omega^2}{O^2}\right) = 0.$$

On aura d'ailleurs l'équation (6) du n° 21,

$$-\mathrm{O}d\lambda=\Omega \mathrm{U}dt, \quad \text{ou} \quad -\frac{\mathrm{O}d\zeta}{\cos.\varphi}=\Omega \mathrm{U}dt;$$

φ est l'angle que l'axe du tuyau forme au point m avec la verticale. Ces deux équations conduiraient à des résultats semblables à ceux du n° 42.

La valeur de la pression est également donnée par une expression pareille à celle du n° 43, dans laquelle les quantités N, N′ représenteraient respectivement les intégrales $\int_0^s \frac{ds}{\omega}$, $\int_0^\lambda \frac{ds}{\omega}$.

46. Si l'on veut enfin considérer le cas où le fluide s'écoule hors d'un vase d'une figure quelconque, on peut toujours, à la vérité, en prenant le *système à un instant déterminé*, regarder *le fluide comme se mouvant dans une infinité de canaux* dont les extrémités sont la surface supérieure et dans le plan de l'orifice, comme on l'a fait au n° 32. Mais ici, d'une part, ces canaux ne peuvent être regardés comme des tuyaux d'une figure invariable, ce qui serait nécessaire pour appliquer les résultats précédents ; et, d'autre part, la figure de ces canaux, dont dépend le calcul de l'intégrale $\int\frac{ds}{\omega}$, n'est pas connue. Ainsi, toutes les fois que la figure du vase ne permet pas de supposer que le fluide se meut par tranches planes, le mouvement du fluide et la pression ne peuvent être déterminés dans un vase qui se vide. Ce cas diffère essentiellement à cet égard du cas où le vase est entretenu constamment plein.

47. Si l'orifice d'écoulement Ω était très-petit par rapport à toutes les sections du vase, on pourrait négliger le terme contenant $\frac{d\mathrm{U}}{dt}$ dans les équations des n°s 42 et 45, comme

étant très-petit du second ordre. Ces équations donneraient alors

$$U=\sqrt{2g\left(\zeta+\frac{P-P'}{\rho g}\right)};$$

et si les pressions aux sections extrêmes sont nulles ou égales entre elles

$$U=\sqrt{2g\zeta}.$$

La vitesse à l'orifice est due, à chaque instant, à la hauteur de la surface du fluide sur le centre de l'orifice. Ces résultats peuvent être appliqués à un vase de figure quelconque, en déterminant ζ conformément aux n°s 34 et suivants.

48. L'équation 6 du n° 43 devient ici

$$p=P-(P-P')\frac{N}{N'}+\rho g\left(z-\zeta\frac{N}{N'}\right)+\frac{\rho U^2}{2}\frac{N}{N'};$$

et en mettant pour U la valeur précédente

$$p=P+\rho gz.$$

La pression a la même valeur que si le fluide était stagnant.

49. Si l'orifice d'écoulement étant très-petit, la figure du vase était prismatique, comme on l'a supposé n° 44, la formule (5) du n° 42 donnerait, en supposant $P-P'=0$,

$$t=\frac{2O}{\Omega\sqrt{2g}}(\sqrt{Z}-\sqrt{\zeta})$$

pour le temps pendant lequel la surface du fluide s'abaisse de la hauteur Z à la hauteur ζ; et

$$t=\frac{O}{\Omega}\sqrt{\frac{2Z}{g}}$$

pour la durée totale de l'écoulement. Si le vase était entretenu constamment plein, le temps nécessaire pour écouler le volume OZ serait $\frac{O}{\Omega}\sqrt{\frac{Z}{2g}}$. Donc le temps nécessaire pour vider le vase est double du temps qui serait nécessaire pour écouler le même volume de fluide, si le vase était entretenu constamment plein.

50. Le mouvement de la surface du fluide, dans un vase qui se vide, est donné par l'équation 5 du n° 42. Si le vase est prismatique (l'orifice d'écoulement étant regardé comme très-petit), ce mouvement est uniformément retardé. On peut déterminer la figure du vase de manière que ce mouvement s'opère suivant une loi donnée. Si l'on voulait que la surface du fluide s'abaissât constamment de la quantité α dans l'unité de temps, on poserait

$$\alpha = \frac{\Omega}{O}\sqrt{2g\zeta}, \qquad \text{d'où} \qquad O^2 = \frac{\Omega^2 . 2g\zeta}{\alpha^2};$$

et si *toutes les sections du vase sont des cercles dont r est le rayon variable*,

$$r^4 = \frac{\Omega^2 . 2g\zeta}{\pi^2 . \alpha^2}.$$

Ces notions s'appliquent à l'établissement des clepsydres.

V. *De l'écoulement du fluide lorsque l'entrée de l'orifice n'est pas évasée. — De la contraction de la veine fluide.*

51. Considérons un fluide qui s'écoule par un orifice hors d'un vase entretenu constamment plein. D'après le n° 32 on connaîtra, quelle que soit la figure de la paroi, la vitesse des parties du fluide au passage de l'orifice; par exemple, si l'orifice est petit par rapport à la section supérieure, on sait que ces vitesses sont dues, pour chaque point de l'orifice, à la distance de ce point à la surface supérieure du

fluide. Donc, si la figure de la paroi, comme on l'a supposé dans les articles précédents, est telle que les directions des filets du fluide coupent le plan de l'orifice à angles droits, on en conclura le volume de fluide qui sortira du vase dans un temps donné. Mais dans le cas général, où la direction des filets est oblique sur le plan de l'orifice, la connaissance des vitesses des molécules ne suffit plus, puisque le produit de l'écoulement doit s'estimer par l'aire des parties du plan de l'orifice multipliées par la vitesse du fluide décomposée perpendiculairement à ce plan.

Les molécules du fluide, en contact avec la paroi, se meuvent nécessairement suivant des directions tracées sur cette paroi. Ainsi les molécules, appartenant à la surface de la veine fluide, tendent à sortir du vase suivant des directions tangentes à la paroi. Si ces directions ne sont point parallèles à l'axe de l'orifice, la veine fluide tend à s'élargir ou à se resserrer au delà de cet orifice : cet effet est ce qu'on nomme la *contraction de la veine*. Ce phénomène est fort compliqué, d'autant plus que le mouvement du fluide au passage d'un orifice ne dépend pas seulement de la figure de la paroi du vase : il dépend encore des circonstances du mouvement du fluide dans la partie de la veine qui est hors du vase, puisque la dépense n'est pas la même lorsque la veine se meut librement dans l'air, ou lorsqu'on présente à cette veine un obstacle qui l'oblige à affecter une figure différente. L'étude de ces effets, et la connaissance de la dépense de fluide, qui a lieu dans divers cas, est jusqu'à présent une recherche purement expérimentale.

Orifice ouvert dans une paroi plane.

52. C'est celui que l'on a le plus fréquemment soumis à l'expérience. Bien que l'on sache que l'hypothèse du parallélisme des tranches ne représente pas les effets qui ont lieu

au passage de cet orifice, on peut rechercher à quel résultat conduirait ici cette hypothèse.

Soit (*fig.* 16) le vase vertical A B C D dont le fond E F est un plan horizontal. Ce vase est entretenu constamment plein au niveau A B, et le fluide sort par l'orifice C D ouvert dans le fond. Ce cas diffère de celui traité n° 25, en ce que la tranche de fluide $eEFf$, parvenue sur le fond du vase, doit se contracter subitement pour s'adapter à la section CD, en se plaçant dans la position $cc'd'd$, et par conséquent acquérir dans un temps infiniment petit une vitesse finie. Conservant les dénominations précédentes, et appelant O' l'aire de la section EF, on aura $\frac{\Omega U}{O'}$ pour la vitesse au passage de cette section, et $U - \frac{\Omega U}{O'}$ pour la variation *finie de vitesse* que doivent subir les *tranches de fluide.*

La *force capable de* produire cette variation dans le temps *infiniment* petit dt, serait capable d'imprimer dans l'unité de temps la vitesse $\frac{U - \frac{\Omega U}{O'}}{dt}$; et la masse de la tranche étant $\rho\Omega U dt$ l'action de cette force sur la tranche qui traverse l'orifice est $\rho\Omega U dt . \frac{U - \frac{\Omega U}{O'}}{dt}$. Le moment de cette action doit être ajouté, dans l'équation formée n° 15, aux moments de toutes les autres forces qui produisent les variations de vitesse des tranches du fluide. On aura d'ailleurs ce moment en remarquant que l'on doit regarder l'action dont il s'agit comme s'exerçant sur la masse de la portion de fluide qui passe de la position $eEFf$ à la position $cc'd'd$, et que le volume des tranches étant $\Omega U dt$, on a $eE = \frac{\Omega U dt}{O'}$, $cc' = U dt$; en sorte que l'espace parcouru par le centre de cette portion de fluide pendant l'élément du temps dt, et suivant la longueur de l'axe du vase, est $\frac{1}{2} U dt - \frac{1}{2} \frac{\Omega U dt}{O'}$. Donc le moment cherché est

$$\rho\Omega U dt . \frac{U - \frac{\Omega U}{O'}}{dt} . \frac{1}{2}\left(U dt - \frac{\Omega U dt}{O'}\right), \text{ ou } \frac{1}{2} . \rho\Omega U dt . U^2 \left(1 - \frac{\Omega}{O'}\right)^2,$$

quantité qui doit être ajoutée, avec le signe —, et en y supprimant le facteur $\Omega U dt$, au premier membre de l'équation (1) du n° 25. Cette équation deviendra alors pour le cas d'un mouvement permanent, et en supposant $P - P' = 0$,

$$g\zeta - \frac{U^2}{2}\left[1 - \frac{\Omega^2}{O'^2} + \left(1 - \frac{\Omega}{O'}\right)^2\right] = 0.$$

En employant le principe de la conservation des forces vives, on remarquera que la tranche qui franchit l'orifice, dont la masse est $\rho\Omega U dt$, subissant dans sa vitesse, pendant un temps infiniment petit, une variation finie exprimée par $U - \frac{\Omega U}{O'}$, le système doit perdre dans ce temps, d'après le théorème de Carnot, la force vive qui serait due à cette vitesse qui est exprimée par

$$\rho\Omega U dt . \left(U - \frac{\Omega U}{O'}\right)^2.$$

En ajoutant cette force vive perdue aux forces vives acquises, dont l'expression a été trouvée n° 19, on obtiendra le même résultat que ci-dessus.

On déduit de l'équation précédente

$$U = \sqrt{\frac{2g\zeta}{1 - \frac{\Omega^2}{O'^2} + \left(1 - \frac{\Omega}{O'}\right)^2}},$$

quantité plus petite que la valeur $U = \sqrt{\frac{2g\zeta}{1 - \frac{\Omega^2}{O^2}}}$ qui aurait lieu si l'entrée de l'orifice était évasée.

Si l'orifice Ω était très-petit par rapport aux sections O et O', la première valeur se réduirait à $\sqrt{g\zeta}$, et la seconde à $\sqrt{2g\zeta}$. L'effet du défaut d'évasement de l'orifice serait donc de diminuer la dépense du fluide dans le rapport de $\sqrt{2}$ à 1. Ce rapport est compris dans les valeurs qui sont indiquées par les expériences; et c'est celui qui avait été adopté par Newton, d'après une expérience dont le résultat ne doit pas toutefois être appliqué à tous les cas.

53. On peut aussi chercher à apprécier l'effet de la contraction de la veine de la manière suivante. *L'orifice étant supposé horizontal*, soit (*fig.* 17) *MN la projection verticale*, et *n la projection horizontale* de l'axe de cet orifice. Supposons *que l'on* fasse passer par cet axe un nombre infini de plans verticaux : C D représentera en projection verticale l'intersection du plan de l'orifice par l'un de ces plans, et *cnc'*, *dnd'* représenteront en projection horizontale la portion du plan de l'orifice, qui sera comprise entre deux de ces plans très-voisins l'un de l'autre. Admettons que l'on ait partagé l'aire *cc'nd'd* en un nombre infini de parties *pq*, dont les aires soient égales entre elles, et qui seront regardées comme les intersections d'autant de filets de fluide par le plan de l'orifice. Supposons enfin que les directions respectives de ces filets soient telles que, si l'on menait du point N à chacune de ces directions des parallèles, la demi-circonférence verticale, dont le point N est le centre, se trouverait partagée par ces parallèles en parties égales. Appelant V la vitesse commune des filets aux points où ils coupent le plan de l'orifice; φ l'angle formé par la direction OP de l'un de ces

filets avec l'axe MN; on aura V cos. φ pour la vitesse du filet estimée perpendiculairement au plan de l'orifice. La dépense de fluide sera égale à l'aire de l'orifice multipliée par la valeur moyenne de V cos. φ, qui est

$$\frac{2}{\pi}\int_0^{\frac{\pi}{2}} d\varphi \,.\, V \cos.\varphi = \frac{2}{\pi} V\,.$$

Donc la dépense sera moindre que celle qui aurait lieu si l'entrée de l'orifice était évasée dans le rapport de 2 à π ou 1 à 0,6366. Ce résultat est indépendant de la figure du contour de l'orifice. L'expérience montre effectivement que la diminution de dépense, provenant de la contraction, demeure sensiblement la même pour des orifices de diverses figures, à moins que le contour ne présente des angles rentrants. D'ailleurs, le résultat que l'on vient d'obtenir tient le milieu entre ceux qui se sont présentés le plus fréquemment. On doit présumer que les hypothèses précédentes s'écartent peu de la vérité.

54. On désignera ici, pour abréger, par m, le rapport de la dépense effective à ce qu'on nomme la *dépense naturelle*, c'est-à-dire à celle qui aurait lieu si l'entrée de l'orifice était évasée; en sorte que le résultat du n° 52 donnerait $m = \frac{1}{\sqrt{2}} = 0,707$; et le résultat du n° 53 donnerait $m = \frac{2}{\pi} = 0,637$.

D'après les expériences nombreuses qui ont été faites sur les orifices ouverts dans une paroi plane, on doit distinguer :

1° Ceux dont le diamètre moyen surpasse $0^{m},015$ environ;

2° Ceux dont le diamètre est au-dessous de cette quantité.

Dans le premier cas, la valeur du rapport m peut être supposée $= 0,61$, lorsque la charge sur le centre de l'orifice est au moins 100 fois le diamètre de cet orifice. La charge diminuant, m augmente, et devient $= 0,62$, quand la charge est 10 fois le diamètre environ; puis $=$ 0,66, quand la charge sur le sommet de l'orifice n'est plus qu'une petite partie du diamètre.

Dans le deuxième cas, la valeur de m augmente à mesure que le diamètre de l'orifice diminue, jusqu'à devenir égale à 0,7 au moins, lorsque ce diamètre est d'un millimètre.

Ces résultats conviennent également aux orifices circulaires, carrés et rectangulaires. Ils laissent peu d'erreur à craindre dans les applications.

55. On augmente la dépense d'un orifice ouvert dans une paroi plane (*fig.* 18) en plaçant en dedans du vase une *fausse paroi* qui empêche que la *contraction ne s'établisse* sur toute l'*étendue du contour* de l'orifice.

Dans une expérience de Venturi, sur un orifice en demi-cercle, la contraction n'ayant pas lieu le long du diamètre, on a trouvé $m = 0,808$ au lieu de $m = 0,62$.

D'après des expériences de M. Bidone sur un orifice carré, on a, lorsque la contraction s'opère,

sur les quatre côtés $m = 0,62$
sur trois côtés. 0,64
sur deux côtés. 0,66
sur un côté seulement. . . 0,69.

Orifice formé par un tuyau pénétrant dans l'intérieur du vase.

56. On suppose que la veine de fluide (*fig.* 19), sort sans toucher aux parois du tuyau, circonstance qu'il est toujours aisé de produire, surtout si l'écoulement s'opère de bas en

haut. Ce cas est remarquable en ce que la contraction est la plus grande, et par conséquent la valeur du rapport m la plus petite qu'il soit possible. On peut déterminer cette valeur comme il suit :

Soit (*fig.* 20) le vase ABFE posé sur un plan horizontal parfaitement poli, entretenu constamment plein au niveau AB, et dont le fluide s'écoule par l'orifice vertical CD formé par un tuyau pénétrant dans l'intérieur du vase, et dont l'aire est très-petite par rapport à la section supérieure AB. On suppose que la veine de fluide, après s'être contractée à la sortie de l'orifice CD, soit contenue dans un tuyau horizontal parfaitement poli. Nommant toujours Ω l'aire de l'orifice CD, ζ la hauteur de la surface supérieure AB sur le centre de l'orifice, m le rapport de la dépense effective à la dépense naturelle, on remarquera que, par l'effet de l'écoulement du fluide, le vase est repoussé en sens contraire avec une force dont la grandeur est déterminée par la condition que la quantité de mouvement imprimée au vase, dans un temps donné, soit égale à la quantité de mouvement du fluide qui est sorti dans le même temps. La vitesse du fluide, après la contraction, est $\sqrt{2g\zeta}$; la masse de fluide qui sort dans le temps dt est $\rho m\Omega\sqrt{2g\zeta}\,.\,dt$, et la quantité de mouvement de cette masse $\rho m\Omega\,.\,2g\zeta\,.\,dt$. La force capable de produire cette quantité de mouvement est donc $\rho m\Omega\,.\,2g\zeta$. Mais d'autre part le vase ne peut être repoussé en sens contraire du mouvement du fluide, qu'en vertu de la différence des pressions supportées par les deux faces opposées AE, BF; et comme, à raison de la forme de l'orifice et de sa petitesse, on peut supposer ici que les parois sont pressées partout comme si le fluide était en repos, cette différence est égale à la pression supportée par GH, c'est-à-dire

$\rho\Omega \,.\, g\zeta$. On a donc la relation

$$\rho m\Omega \,.\, 2g\zeta = \rho\Omega \,.\, g\zeta, \qquad \text{d'où} \qquad m = \frac{1}{2}.$$

Ce résultat est exactement confirmé par une expérience de Borda, à qui l'on doit la démonstration précédente. On en conclut que, dans tous les cas possibles, le rapport m est compris entre $\frac{1}{2}$ et 1.

Orifice en partie évasé.

57. On peut, à défaut de données fournies directement par l'expérience, appliquer ici les notions exposées n° 53. Nommant (*fig.* 21) φ' l'angle formé avec l'axe MN de l'orifice par les tangentes *menées à la courbe* AC ou BD de la *paroi dans les points* extrêmes C ou D, la vitesse moyenne de l'écoulement serait

$$\frac{1}{\varphi'}\int_0^{\varphi'} d\varphi \,.\, V\cos.\varphi = \frac{V\sin.\varphi'}{\varphi'}, \qquad \text{d'où} \qquad m = \frac{\sin.\varphi'}{\varphi'}.$$

On pourrait ensuite modifier ce résultat d'après la grandeur absolue de l'orifice et la grandeur de la charge, comme on a vu n° 54 que le résultat du n° 53 devait être modifié.

Influence des obstacles rencontrés par la veine sur la dépense des orifices.

58. Lorsqu'on présente un plan quelconque à la rencontre d'une veine fluide, la dépense de l'orifice est diminuée si le plan est fort près de l'orifice. D'après une expérience de M. Hachette sur un orifice de $0^{m},02$ de diamètre,

ouvert dans une paroi plane, la diminution de dépense devient sensible quand la distance du plan est double du diamètre de l'orifice. La distance du plan étant le $\frac{1}{5}$ du diamètre, la dépense est diminuée dans le rapport de 3 à 2 environ.

Figure des veines d'eau jaillissant dans l'air hors des orifices.

59. Soit en premier lieu (*fig.* 22) une veine jaillissant de haut en bas d'un orifice circulaire horizontal CD, dont l'entrée est évasée. Le mouvement des tranches de fluide, au delà de l'orifice, s'accélère par l'effet de l'action de la pesanteur, et l'aire des sections diminue en conséquence. On a donc, en conservant l'hypothèse du parallélisme des tranches,

$$u = \sqrt{U^2 + 2gx},$$

$$O = \frac{\Omega U}{\sqrt{U^2 + 2gx}}.$$

En nommant

Ω l'aire de l'orifice CD;

U la vitesse du fluide à cet orifice, calculée d'après les articles précédents;

O l'aire d'une section quelconque cd de la veine;

u la vitesse du fluide dans la section cd;

x la distance Nn.

Si le jet de fluide était dirigé verticalement de bas en haut, il faudrait changer le signe de x dans les formules précédentes.

Lorsque l'entrée de l'orifice CD n'est pas évasée (*fig.* 23), la veine se contracte au delà de cet orifice. A une distance

NN', qui est à peu près égale au diamètre de l'orifice quand il est fort petit, et à la moitié de ce diamètre dans le cas contraire, les filets de fluide sont sensiblement parallèles à l'axe Nn. La dépense en CD étant $m\Omega U$, en attribuant à m la signification indiquée n° 54, et nommant α la distance NN', la vitesse en C'D' sera $\sqrt{U^2+2g\alpha}$; et l'aire de cette section, $m\Omega \frac{U}{\sqrt{U^2+2g\alpha}}$. La vitesse dans la section cd sera $\sqrt{U^2+2gx}$; et l'aire de cette section, $m\Omega \frac{U}{\sqrt{U^2+2gx}}$, en désignant toujours par x la distance Nn.

Lorsque la veine de fluide jaillit dans une direction horizontale d'un orifice dont le plan est vertical, l'axe de cette veine tend à s'infléchir suivant une courbe parabolique dont le paramètre est le quadruple de la *hauteur due* à la vitesse U; l'amplitude de cette courbe est un peu diminuée par la résistance de l'air. On peut appliquer à ce dernier cas les notions précédentes, en remarquant que α peut être supposé nul, et que x représentera la distance verticale d'un point quelconque de l'axe de la veine à l'axe horizontal de l'orifice.

Tout ce qui précède est d'accord avec l'expérience. On a reconnu généralement, soit par la comparaison de la dépense avec la grandeur du diamètre des veines, soit par l'observation de l'amplitude des courbes paraboliques que les veines tracent dans l'air, que la vitesse de la section C'D' était égale à la vitesse qui serait donnée par les formules des articles précédents si l'on regardait cette section comme un orifice dont l'entrée est évasée.

60. Les notions précédentes conviennent également aux cas où la veine de fluide jaillit d'un orifice dont la figure n'est pas circulaire. Mais on observe dans ce cas un

phénomène remarquable, connu sous le nom d'*inversion de la figure de la veine*, et qui consiste en général en ce que la figure de la section transversale de la veine, à mesure qu'on s'éloigne de l'orifice, se modifie de manière que les lignes diamétrales les plus longues dans l'orifice deviennent les plus courtes; en sorte que la veine présente des côtes saillantes dans les directions correspondantes aux milieux des côtes de l'orifice, et réciproquement.

D'après une expérience de Venturi sur un orifice rectangulaire A (*fig.* 24), arrondi aux extrémités, ayant 18 lignes de longueur et moins de 6 lignes de hauteur, la section de la veine, au delà de l'orifice est d'abord représentée par B; à 4 pouces et demi de distance, par C; puis par D.

D'après plusieurs expériences par diverses personnes, un orifice carré de $0^m,30$ de côté, étant représenté en M (*fig.* 25), la section de la veine, à $0^m,105$ de la paroi intérieure du vase est N; à $0^m,417$ elle est P; à $0^m,5$ elle est Q; à $0^m,582$ elle est R. Les ailes ou côtes horizontales et verticales se dilatent de plus en plus. Une veine sortant d'un orifice triangulaire *a* (*fig.* 26) finit par prendre la figure *b*; les côtes ou ailes se dilatent de plus en plus en s'éloignant de l'orifice.

61. Lorsque par l'effet d'une fausse paroi (*voyez* n° 55), ou parce que l'orifice est contigu à l'une des faces du vase la contraction ne s'opère pas sur toute l'étendue du contour de l'orifice, la direction de l'axe de la veine n'est plus perpendiculaire au plan de l'orifice. La veine se dilate davantage du côté où il n'y a pas de contraction.

VI. *De l'écoulement par un déversoir.*

62. Un déversoir est un orifice rectangulaire dont le côté supérieur est plus élevé que le niveau de la surface du fluide dans le vase. Cette surface s'infléchit alors au-devant de l'orifice, et ce cas diffère des précédents, en ce que la hauteur de la veine n'est pas déterminée à l'avance. On supposera que le déversoir (*fig.* 27), par lequel le fluide s'écoule hors d'un vase entretenu constamment plein au niveau AB, est évasé par le fond et les côtés, et de plus, que l'aire de cet orifice est fort petite par rapport à la section supérieure du vase. Si l'on connaissait la hauteur CD de la veine, on pourrait évaluer la dépense d'après les nos 34 et suivants. Pour déterminer cette hauteur, on supposera que le mouvement du fluide est *assujetti à la condition* que la somme *des forces vives qui ont été* acquises par les molécules, *lorsqu'elles* sont parvenues à la section CD, soit la *plus* grande possible. A cause de l'évasement de l'orifice on peut admettre que tous les filets de fluide coupent la section CD suivant des directions perpendiculaires à cette section. La somme des forces vives des parties du fluide qui franchissent la section CD sera alors proportionnelle à la fonction

$$\frac{\left(C^{\frac{3}{2}}-C'^{\frac{3}{2}}\right)^3}{(C-C')^2}.$$

En nommant

b la largeur horizontale du déversoir;

C la hauteur BC de la surface AB du fluide sur le fond du déversoir;

C' la hauteur BD de la même surface AB sur le côté supérieur de la section CD.

En égalant à zéro la différentielle de cette fonction prise par rapport à C′, on a

$$5C'^{\frac{3}{2}} - 9CC'^{\frac{1}{2}} + 4C^{\frac{3}{2}} = 0, \qquad \text{d'où} \qquad C' = 0,2753 . C;$$

en sorte que la hauteur CD de la veine est les 0,7247 de la hauteur BC de la surface du fluide sur le fond du déversoir.

63. La hauteur due à la vitesse moyenne du fluide au passage du déversoir est

$$\zeta = \frac{4}{9}\left(\frac{1-(0,2753)^{\frac{3}{2}}}{1-(0,2753)}\right)^2 . C;$$

et le volume de fluide dépensé dans l'unité de temps,

$$\frac{2}{3}\sqrt{2g}\left[1-(0,2753)^{\frac{3}{2}}\right] bC^{\frac{3}{2}} = 2,5261 . bC^{\frac{3}{2}},$$

le mètre étant l'unité linéaire, et la seconde sexagésimale l'unité de temps.

64. On n'a pas d'expériences sur des réservoirs dans le cas où la paroi est évasée. D'après une suite d'expériences faites sur des orifices de ce genre ouverts dans une paroi plane, le docteur Robison a trouvé que la hauteur BD (*fig.* 28) était presque les $\frac{2}{7} = 0,2857$ de la hauteur BC; ce qui s'accorde sensiblement avec le résultat précédent. Dans ce dernier cas, la contraction sur le fond et sur les côtés de l'orifice diminue la dépense. D'après diverses expériences de Smeaton, de Dubuat et de M. Bidone, on voit que la diminution est d'autant plus grande, que la largeur du déversoir est plus petite par rapport à la hauteur BC. Nommant toujours m le rapport de la dépense

effective à la dépense qui aurait lieu si l'orifice était évasé, et qui serait donnée par le résultat du numéro précédent, on peut prendre $m = 0{,}65$, si la largeur du déversoir ne surpasse pas la hauteur BC. La valeur de m augmentera ensuite quand cette largeur sera plus grande, jusqu'à devenir $m = 0{,}75$ lorsque la largeur sera égale à cinq fois environ la hauteur BC, et $m = 0{,}8$ lorsque la largeur sera égale à dix fois environ la même hauteur.

D'après des expériences récentes de M. Poncelet sur un orifice en mince paroi, la hauteur de la veine n'est pas dans un rapport constant avec la charge sur le fond de l'orifice. La largeur de l'orifice étant $0^m{,}2$ et la charge sur le fond variant de $0^m{,}029$ à $0^m{,}131$, le rapport de la hauteur de la veine à cette charge a varié de 0,78 à 0,9. Ces expériences s'accordent d'ailleurs à peu près avec les règles que l'on indique ici pour le calcul de la dépense.

65. *Si le vase se vide par le déversoir*, la surface supérieure *AB* du fluide dans le vase s'abaisse, C varie, on a la relation

$$2{,}5261 \,.\, bC^{\frac{3}{2}} \,.\, dt = -\,OdC\,; \quad \text{d'où} \quad t = -\frac{1}{2{,}5261\,.\,b}\int_0^C \frac{OdC}{C^{\frac{3}{2}}},$$

pour l'expression du temps que la surface du fluide emploie à s'abaisser de toute la hauteur première C.

66. Lorsque le vase est cylindrique ou prismatique, O est constante, et l'on a

$$t = \frac{2O}{b\,.\,2{,}5261}\left(\frac{1}{\sqrt{0}} - \frac{1}{\sqrt{C}}\right):$$

ainsi le fluide ne peut descendre dans le vase jusques au niveau du fond du déversoir qu'après un temps infini.

VII. *Du mouvement d'un fluide dans un vase, lorsque la section change d'un point à un autre d'une quantité finie.*

67. Considérons (*fig.* 29), le vase ABCD, dont l'axe MN est vertical, qui est entretenu constamment plein au niveau AB, et dont le fluide s'écoule par l'orifice CD, après avoir traversé l'orifice intérieur GH ouvert dans le diaphragme EF. Supposons la paroi évasée aux sections GH et CD.

Nommons

Ω l'aire de la section CD;

ω l'aire d'une section quelconque $\alpha\beta$ ou $\gamma\delta$ faite dans le vase au-dessus ou au-dessous du diaphragme;

O l'aire de la section supérieure AB;

Ω' l'aire de la section GH;

O' l'aire de la section IK que les tranches du fluide occupent immédiatement après la section GH;

z la distance $M\mu$ ou $M\nu$ de la section ω à la surface supérieure du fluide;

ζ la distance MN de la section CD à la même surface;

U la vitesse du fluide dans la section CD;

p la pression dans la section ω.

(Si, comme le représente la figure 30, la figure de la paroi n'est pas évasée aux orifices CD, GH, les résultats suivants conviendraient à ce cas en regardant la vitesse U comme ayant lieu dans la section *cd*, ζ comme étant la hauteur M*n* du fluide sur cette section, appliquant aux sections *cd* et *gh* tout ce qui est dit pour les sections CD et GH de la première figure, et écrivant $m\Omega$ et $m'\Omega'$ au lieu de Ω et Ω', les coefficients m, m' ayant la signification indiquée au n° 54.)

On remarquera ici, comme dans le n° 52, que les parties du fluide qui passent immédiatement de la section GH à la section IK, perdent subitement la vitesse $\frac{\Omega U}{\Omega'} - \frac{\Omega U}{O'}$, perte qui serait le résultat d'une force capable d'imprimer la vitesse $\frac{1}{dt}\left(\frac{\Omega U}{\Omega'} - \frac{\Omega U}{O'}\right)$ dans l'unité de temps.

La masse des tranches étant $\rho\Omega U dt$; et remarquant qu'en passant de la section GH à la section IK, les parties du fluide parcourent dans le sens de l'axe MN un espace égal à la différence des demi-épaisseurs des tranches qui occupent successivement ces deux sections, on aura, pour le moment de la tranche supposée animée de la force dont il s'agit,

$$\rho\Omega U dt \cdot \frac{1}{dt}\left(\frac{\Omega U}{\Omega'} - \frac{\Omega U}{O'}\right) \cdot \left(\frac{1}{2}\,\frac{\Omega U dt}{\Omega'} - \frac{1}{2}\,\frac{\Omega U dt}{O'}\right) = \rho\Omega U dt \cdot \frac{U^2}{2}\left(\frac{\Omega}{\Omega'} - \frac{\Omega}{O'}\right)^2.$$

Ajoutant ce moment, avec le signe —, au second membre de l'équation (1) du n° 25, supprimant le facteur $\Omega U dt$, supposant $P - P' = 0$, et faisant $dU = 0$, cette équation deviendra

$$g\zeta - \frac{U^2}{2}\left[1 - \frac{\Omega^2}{O^2} + \left(\frac{\Omega}{\Omega'} - \frac{\Omega}{O'}\right)^2\right] = 0.$$

En employant le principe de la conservation des forces vives, on remarque que l'état du fluide étant supposé permanent, la force vive acquise par le système dans l'élément du temps dt n'est autre chose que l'excès de la force vive de la tranche qui sort en CD sur la force vive de la la tranche qui entre en AB; excès dont la valeur est $\rho\Omega U dt \cdot U^2\left(1 - \frac{\Omega^2}{O^2}\right)$. De plus la tranche qui passe de la section G H à la section IK perdant instantanément la vitesse $\frac{\Omega U}{\Omega'} - \frac{\Omega U}{O'}$, il en résulte dans le système, conformément au théorème de Carnot, une perte de force vive exprimée par $\rho\Omega U dt \,.\, U^2 \left(\frac{\Omega}{\Omega'} - \frac{\Omega}{O'}\right)$. D'un autre côté, on trouvera, comme dans le n° 19, qu'en faisant $P - P' = 0$, la quantité d'action imprimée au système pendant l'élément du temps dt, est $\rho g\zeta \,.\, \Omega U dt$. Égalant le double de cette quantité d'action à la somme des forces vives acquises et perdues, on retrouvera l'équation précédente. Comme il ne peut rester de doute sur l'accord de ces deux méthodes, on se contentera par la suite d'employer le principe de la conservation des forces vives. Cette équation donne

$$U = \sqrt{\frac{2g\zeta}{1 - \frac{\Omega^2}{O^2} + \left(\frac{\Omega}{\Omega'} - \frac{\Omega}{O'}\right)^2}}.$$

L'effet de la présence des diaphragmes EF est de rendre plus petite la vitesse d'écoulement; et en diminuant l'orifice intérieur Ω', on peut rendre cette vitesse aussi petite qu'on le voudra.

68. La valeur de la pression, pour une section quelconque $\alpha\beta$ placée au-dessus de IK, est donnée par la formule trouvée n° 29,

$$p = P + \rho g z - \frac{\rho U^2}{2}\left(\frac{\Omega^2}{\omega^2} - \frac{\Omega^2}{O^2}\right).$$

A l'égard des sections $\gamma\delta$ placées au-dessous de IK, en introduisant dans l'équation d'équilibre du n° 17 le terme relatif à la force nécessaire pour opérer le changement brusque de la vitesse que subit le fluide en passant de la section GH à la section IK, on trouvera

$$p = P + \rho g z - \frac{\rho U^2}{2}\left[\frac{\Omega^2}{\omega^2} - \frac{\Omega^2}{O^2} + \left(\frac{\Omega}{\Omega'} - \frac{\Omega}{O'}\right)^2\right].$$

En considérant d'ailleurs l'équilibre de la portion de fluide comprise entre les sections $\gamma\delta$ et CD, on trouverait également pour la pression qui a lieu dans la section $\gamma\delta$

$$p = P - \rho g(\zeta - z) + \frac{\rho U^2}{2}\left(1 - \frac{\Omega^2}{\omega^2}\right).$$

Ces deux expressions deviennent identiques quand on y met pour U la valeur trouvée n° 67. L'effet de la présence du diaphragme est de diminuer la pression dans la partie inférieure du vase.

69. Les *résultats précédents* conviennent également à un *tuyau de figure* quelconque, dont les sections transversales sont très-petites. On peut les appliquer à un vase de figure quelconque, quelle que soit la situation de l'orifice d'écoulement, avec les restrictions indiquées n° 33.

70. L'orifice d'écoulement CD étant supposé fort petit par rapport aux sections AB et IK, les formules précédentes se réduisent à

$$U = \sqrt{\frac{2g\zeta}{1 + \frac{\Omega^2}{\Omega'^2}}},$$

$$p = P + \rho g z - \frac{\rho U^2 \Omega^2}{2\omega^2},$$

(entre les sections AB et GH)

$$p = P + \rho g z - \frac{\rho U^2}{2}\left(\frac{\Omega^2}{\omega^2} + \frac{\Omega^2}{\Omega'^2}\right)$$

$$p = P - \rho g(\zeta - z) + \frac{\rho U^2}{2}\left(1 - \frac{\Omega^2}{\omega^2}\right)$$

entre les sections IK et CD.

71. S'il y avait dans le vase plusieurs diaphragmes, le passage du fluide des sections GH, NO, TU, ... (*fig.* 31) dans les sections plus grandes IK, PQ, VX, ... donnant lieu à autant de pertes de force vive qui devraient être évaluées comme on l'a fait n° 67, on trouverait pour l'expression de la vitesse d'écoulement

$$U = \sqrt{\frac{2g\zeta}{1 - \frac{\Omega^2}{O^2} + \left(\frac{\Omega}{\Omega'} - \frac{\Omega}{O'}\right)^2 + \left(\frac{\Omega}{\Omega''} - \frac{\Omega}{O''}\right)^2 + \left(\frac{\Omega}{\Omega'''} - \frac{\Omega}{O'''}\right)^2 + \text{etc.}}}$$

$\Omega', \Omega'', \Omega'''$ étant les aires des sections GH, NO, TU;
O', O'', O''' les aires des sections IK, PQ, VX,

la valeur de la pression deviendrait

$$p = P + \rho g z - \frac{\rho U^2}{2}\left(\frac{\Omega^2}{\omega^2} - \frac{\Omega^2}{O^2}\right)$$

entre les sections AB et GH,

$$p = P + \rho g z - \frac{\rho U^2}{2}\left[\frac{\Omega^2}{\omega^2} - \frac{\Omega^2}{O^2} + \left(\frac{\Omega}{\Omega'} - \frac{\Omega}{O'}\right)^2\right]$$

entre les sections IK et NO,

$$p = P + \rho g z - \frac{\rho U^2}{2}\left[\frac{\Omega^2}{\omega^2} - \frac{\Omega^2}{O^2} + \left(\frac{\Omega}{\Omega'} - \frac{\Omega}{O'}\right)^2 + \left(\frac{\Omega}{\Omega''} - \frac{\Omega}{O''}\right)^2\right]$$

entre les sections PQ et TU,

etc., ...

72. L'orifice d'écoulement Ω étant supposé très-petit

par rapport aux sections O, O′, O″, O‴, ... les formules précédentes se réduisent respectivement à

$$U = \sqrt{\frac{2g\zeta}{1+\frac{\Omega^2}{\Omega'^2}+\frac{\Omega^2}{\Omega''^2}+\frac{\Omega^2}{\Omega'''^2}+\text{etc.}}};$$

$$p = P + \rho g z - \frac{\rho U^2 \Omega^2}{2\omega^2},$$

entre les sections AB et GH,

$$p = P + \rho g z - \frac{\rho U^2}{2}\left(\frac{\Omega^2}{\omega^2}+\frac{\Omega^2}{\Omega'^2}\right),$$

entre les sections IK et NO,

$$p = P + \rho g z - \frac{\rho U^2}{2}\left(\frac{\Omega^2}{\omega^2}+\frac{\Omega^2}{\Omega'^2}+\frac{\Omega^2}{\Omega''^2}\right),$$

entre les sections PQ et TU,

etc......

73. Si le vase n'est pas entretenu constamment plein, et se vide par l'orifice CD, les conditions du mouvement pourront être déduites de l'équation (1) du n° 42, en ajoutant au premier membre autant de termes, tels que $-\frac{\rho U^2}{2}\left(\frac{\Omega}{\Omega'}-\frac{\Omega}{O'}\right)^2$, qu'il y aura de diaphragmes entre la surface supérieure du fluide et l'orifice. Il faut remarquer d'ailleurs que, si l'orifice d'écoulement Ω est supposé très-petit, il peut ici ne pas être permis de négliger dans cette équation le terme affecté de $\frac{dU}{dt}$, comme on l'a fait au n° 47, parce que l'existence des orifices intérieurs Ω', Ω'',....

peut rendre très-grande l'intégrale $\int_0^z \frac{dz}{\omega}$. L'expression de U, du n° 72 ne pourrait être regardée comme donnant à chaque instant la vitesse d'écoulement, qu'autant que Ω serait aussi très-petit par rapport à Ω', Ω'',.....

74. Les résultats précédents s'accordent sensiblement avec les effets naturels. On en déduit l'explication de divers phénomènes remarquables, entre autres d'un fait observé par Mariotte, et qui consiste en ce que, le vase ABFE (*fig.* 32) se vidant par l'orifice CD, le jet de fluide qui jaillit de cet orifice s'élève à une petite hauteur telle que T, tant que la surface ab du fluide dans le vase est au-dessus du diaphragme IK; tandis que ce jet s'élève subitement en U, presque au niveau de ce diaphragme, aussitôt que la surface du fluide est descendue au-dessous de l'orifice intérieur GH. En effet, dans le premier cas, le jet tend à s'élever à la hauteur $\frac{\zeta}{1+\frac{\Omega^2}{m^2\Omega'^2}}$, Ω, et Ω' étant les aires des sections CD et GH, supposées très-petites par rapport aux autres sections du vase; et, dans le second cas, le jet tend à s'élever à la hauteur ζ, en désignant toujours par ζ la hauteur de la surface du fluide sur le plan de l'orifice.

Écoulement par un ajutage cylindrique (*fig.* 33).

75. En conservant ici les dénominations du n° 67, il faut supposer $\Omega' = O' = \Omega$; et comme la paroi n'est pas évasée avant la section GH, on doit écrire $m\Omega'$ au lieu de Ω'. Il ne peut y avoir de contraction au delà de CD.

La formule du n° 67 devient

$$U = \sqrt{\frac{2g\zeta}{1 - \frac{\Omega^2}{O^2} + \left(\frac{1}{m} - 1\right)^2}}$$

En nommant

Ω l'aire de la section CD du tuyau;

O l'aire de la section supérieure AB;

ζ la hauteur MN;

m le coefficient de la contraction déterminé d'après le n° 54, à moins que le tuyau GHCD ne pénètre dans l'intérieur du vase, auquel cas on ferait $m = \frac{1}{2}$, d'après le n° 56.

Les formules du n° 68 donnent

$$p = \text{P} + \rho g z - \frac{\rho \text{U}^2}{2}\left(\frac{\Omega^2}{\omega^2} - \frac{\Omega^2}{\text{O}^2}\right)$$

entre les sections AB et gh, (dans l'intervalle GHIK on doit mettre pour ω les sections de la veine GHhg),

$$p = \text{P} - \rho g(\zeta - z)$$

entre les sections IK et CD.

La pression diminue de CD en IK; et elle est dans cet intervalle moindre que la pression extérieure P.

76. Si la section du tuyau est très-petite par rapport à la section supérieure du vase, on a

$$\text{U} = \sqrt{\frac{2gz}{1 + \left(\frac{1}{m} - 1\right)^2}}$$

$$p = \text{P} + \rho g z - \frac{\rho \Omega^2 \text{U}^2}{2\omega^2}$$

entre les sections AB et gh;

$$p = \text{P} - \rho g(\zeta - z)$$

entre les sections IK et CD.

Ces dernières formules peuvent être employées, quelle que soit la figure du vase.

77. Si l'ajutage cylindrique est horizontal (*fig.* 34), les résultats précédents pourront également être appliqués, ζ représentant la hauteur NP de la surface supérieure du fluide sur l'axe du tuyau, à moins que la surface supérieure AB du fluide ne soit très-peu élevée au-dessus de HD, auquel cas il faudrait calculer une vitesse moyenne d'après les valeurs de ζ qui conviennent aux divers points de la section du tuyau, comme on a fait n°s 34 et suivants. D'après cela on voit qu'en adaptant à un petit orifice un ajutage cylindrique horizontal, on augmente la dépense dans le rapport de m à $\frac{1}{\sqrt{1+\left(\frac{1}{m}-1\right)^2}}$, et on diminue la vitesse du fluide dans le rapport de 1 à $\frac{1}{\sqrt{1+\left(\frac{1}{m}-1\right)^2}}$. Le fluide sort en plus grande quantité, mais l'amplitude de la courbe décrite par la veine est moindre. Dans la portion IKDC du tuyau, la pression intérieure est égale à la pression extérieure P.

78. Quand on adapte un ajutage cylindrique à un orifice ouvert dans une paroi plane, l'écoulement n'est nullement modifié tant que la longueur du tuyau ne surpasse pas son diamètre, parce que la veine du fluide, par l'effet de la contraction, jaillit sans toucher à la paroi du tuyau. Si la longueur du tuyau surpasse une fois et demie son diamètre, on peut ordinairement, par la manière dont on débouche l'orifice, faire couler le fluide à plein tuyau, et l'on observe alors l'augmentation de dépense indiquée par les résultats précédents. Il y a cependant des cas où il n'est pas possible de produire ce mode d'écoule-

ment ; en effet, la première expression de p du n° 76 donne pour la pression dans la section gh, en faisant $\omega = m\Omega$, $z = \zeta$, et mettant pour U sa valeur,

$$p = P + \rho g z \left(1 - \frac{\frac{1}{m^2}}{1 + \left(\frac{1}{m} - 1\right)^2} \right) = P - \rho g \zeta \, \frac{2m - 2m^2}{1 - 2m + 2m^2},$$

expression qui deviendra négative si ζ est suffisamment grand, ce qui indique que la veine doit se détacher de la paroi, et que le fluide ne peut couler à plein tuyau. Cette expression est toujours négative quand $P = 0$; et l'on observe effectivement que l'augmentation de dépense, causée par un ajutage cylindrique, n'a pas lieu dans le vide de la machine pneumatique. Ces effets peuvent, d'ailleurs, être un peu modifiés par l'*adhérence* du fluide aux parois qu'il *mouille*.

L'augmentation de dépense due à un ajutage cylindrique est la plus grande possible quand la longueur du tuyau est égale à deux fois et demie son diamètre environ. Au delà de cette longueur, la dépense est diminuée par l'effet du frottement du fluide sur la paroi. On nommera μ le rapport de la dépense qui a lieu par un ajutage cylindrique à la dépense qui aurait lieu si la vitesse du fluide était due à la charge. Il résulte, des nombreuses expériences qui ont été faites sur ce mode d'écoulement, que, dans les mêmes cas où l'on prendrait pour un orifice ouvert dans une paroi plane $m = 0,61$ ou $m = 0,62$ (*Voyez* ci-dessus n° 54), on peut prendre pour un ajutage cylindrique $\mu = 0,81$ ou $\mu = 0,82$; ce qui revient à regarder la vitesse avec laquelle le fluide jaillit par cet ajutage comme étant les 0,81 ou les 0,82 de la vitesse due à la charge.

D'après la théorie précédente on a entre les coefficients m et μ la relation

$$\mu = \frac{1}{\sqrt{1 + \left(\frac{1}{m} - 1\right)^2}}.$$

En faisant $m = 0{,}62$, cette formule donne $\mu = 0{,}85$, tandis que l'expérience donne $\mu = 0{,}82$. La petite différence de ces deux nombres peut être attribuée en partie au frottement du fluide sur la paroi du tuyau.

79. Les conditions de l'écoulement d'un fluide par des ajutages coniques convergents ou divergents peuvent également être déduites des formules des n°s 67 et 68. Mais on ne parvient à des résultats aussi précis que dans le cas précédent. Il existe plusieurs observations sur les circonstances de l'écoulement, et particulièrement sur les valeurs qu'affecte la pression dans les ajutages, qui s'accordent généralement avec la théorie.

Venturi, et divers autres physiciens, ont fait un objet de recherches de la figure de l'ajutage, qui, étant adapté à un orifice en mince paroi, augmenterait dans la plus grande proportion possible la dépense de cet orifice. On a formé en général cet ajutage par une portion de tuyau cylindrique prolongé par un cône divergent. L'effet d'une semblable disposition est de composer un autre vase dans lequel l'orifice d'écoulement est plus grand que l'orifice donné. On peut ainsi augmenter la dépense jusqu'à une certaine limite, qui a lieu lorsque la veine de fluide cesse de remplir la section extrême de l'ajutage, limite qui répond dans les formules au cas où la pression p devient négative.

VIII. *Du mouvement d'un fluide dans un vase en partie plongé dans un autre vase rempli du même fluide.*

80. Soit le vase ABCD (*fig.* 35), dont l'axe est vertical, et qui est entretenu constamment plein au niveau AB. Le fluide s'écoule par l'orifice CD, dont l'entrée est évasée dans le vase inférieur EFGH. Ce dernier vase, par l'effet de cet écoulement, est entretenu constamment plein au niveau EF. On suppose que les sections des deux vases ne varient que par degrés insensibles. Il s'agit de connaître la vitesse qui a lieu en CD, et la pression dans l'intérieur des deux vases. On nommera

Ω l'aire de la section CD;
O l'aire de la section AB;
Ω' l'aire de la section IK du vase inférieur;
O' l'aire de la section EF, du même vase, déduction faite de l'espace occupé par le vase ABCD;
ω, ω' les aires d'une section horizontale quelconque $\alpha\beta$ faite dans le vase ABCD, et $\varepsilon\varphi$ faite dans le vase EFGH, déduction faite de l'espace occupé par le vase ABCD;
z, z' les distances des sections $\alpha\beta$ et AB, et des sections $\varepsilon\varphi$ et EF;
ζ, ζ' les distances MN et ON de la section CD à la surface supérieure du fluide dans les deux vases;
U la vitesse du fluide à la section CD;
p la pression dans la section $\alpha\beta$ ou dans la section $\varepsilon\varphi$;
P la pression atmosphérique qui s'exerce extérieurement sur les surfaces AB, EF;
ρ, g, t auront les mêmes significations qu'au n° 15.

(Si l'entrée de l'orifice CD n'était pas évasée, il faudrait écrire $m\Omega$ au lieu de Ω, et regarder la hauteur ζ et la vitesse U comme appartenant à la section dans laquelle la veine s'est contractée.)

Le mouvement du fluide est supposé devenu permanent. Les tranches descendent dans le vase ABCD, passent immédiatement de la section CD à la section IK, et s'élèvent dans le second vase de IK en EF. On verra, comme dans le n° 67, que la force vive acquise par le système dans un élément de temps dt est $\rho\Omega U dt U^2\left(\frac{\Omega^2}{O'^2}-\frac{\Omega^2}{O^2}\right)$; et que la force vive perdue par l'effet du changement brusque de vitesse des tranches qui passent de CD en IK est $\rho\Omega U dt . U^2\left(1-\frac{\Omega}{\Omega'}\right)^2$. D'autre part, la somme des quantités d'action exercées par la gravité sur les tranches de fluide contenues dans le vase ABCD est $\rho g\zeta . \Omega U dt$; et sur les tranches contenues dans le vase EFGH, $-\rho g\zeta' . \Omega U dt$. Les quantités d'action dues aux pressions exercées en AB et EF se détruisent mutuellement. L'équation du mouvement du fluide est

$$2g(\zeta-\zeta')=U^2\left\{\frac{\Omega^2}{O'^2}-\frac{\Omega^2}{O^2}+\left(1-\frac{\Omega}{\Omega'}\right)^2\right\},$$

d'où

$$U=\sqrt{\frac{2g(\zeta-\zeta')}{\frac{\Omega^2}{O'^2}-\frac{\Omega^2}{O^2}+\left(1-\frac{\Omega}{\Omega'}\right)^2}}.$$

81. Quant à la pression, on trouvera ici de la même manière que dans le n° 68

$$p=P+\rho g z-\frac{\rho U^2}{2}\left(\frac{\Omega^2}{\omega^2}-\frac{\Omega^2}{O^2}\right),$$

pour une section du vase supérieur comprise entre AB et CD.

$$p = \mathrm{P} + \rho g \zeta - \frac{\rho \mathrm{U}^2}{2}\left[\frac{\Omega^2}{\Omega'^2} - \frac{\Omega^2}{\mathrm{O}^2} + \left(1 - \frac{\Omega}{\Omega'}\right)^2\right],$$

$$p = \mathrm{P} + \rho g \zeta' - \frac{\rho \mathrm{U}^2}{2}\left(\frac{\Omega^2}{\Omega'^2} - \frac{\Omega^2}{\mathrm{O}'^2}\right),$$

pour la section IK du vase inférieur. Ces deux valeurs deviennent identiques quand on y remplace U par l'expression précédente. La seconde donne la pression pour les sections du vase inférieur placées au dessous de IK, en y mettant z' au lieu de ζ';

$$p = \mathrm{P} + \rho g(\zeta - \zeta' + z') - \frac{\rho \mathrm{U}^2}{2}\left\{\frac{\Omega^2}{\omega'^2} - \frac{\Omega^2}{\mathrm{O}^2} + \left(1 - \frac{\Omega}{\Omega'}\right)^2\right\}$$

$$p = \mathrm{P} + \rho g z' - \frac{\rho \mathrm{U}^2}{2}\left(\frac{\Omega^2}{\omega'^2} - \frac{\Omega^2}{\mathrm{O}'^2}\right),$$

pour les sections *du vase inférieur* comprises entre IK et la *surface supérieure* EF.

82. L'orifice de communication CD étant supposé très-petit par rapport aux sections AB, EF, IK, on a

$$\mathrm{U} = \sqrt{2g(\zeta - \zeta')};$$

la vitesse à cet orifice est due à la différence des pressions dans les deux vases;

$$p = \mathrm{P} + \rho g z - \frac{\rho \Omega^2 \mathrm{U}^2}{2\omega^2},$$

pour une section du vase supérieur comprise entre AB et CD;

$$p = \mathrm{P} + \rho g \zeta - \frac{\rho \mathrm{U}^2}{2}$$

$$p = \mathrm{P} + \rho g \zeta',$$

pour la section IK du vase inférieur. La seconde donne

la pression pour les sections du vase inférieur placées au-dessous de IK, en y mettant z' au lieu de ζ'. La pression y est la même que si l'orifice CD était fermé, et le fluide stagnant;

$$p = P + \rho g(\zeta - \zeta' + z') - \frac{\rho U^2}{2}\left(\frac{\Omega^2}{\omega'^2} + 1\right),$$

$$p = P + \rho g z' - \frac{\rho U^2 \Omega^2}{\omega'^2},$$

pour les sections du second vase placées entre IK et EF.

83. Les résultats précédents peuvent être appliqués, quelles que soient les figures des vases et la position de l'orifice, lorsque ce dernier est très-petit. Les résultats relatifs à la pression sont sujets néanmoins aux restrictions qui ont été indiquées nº 33. L'exactitude de l'expression précédente de la vitesse U avait été vérifiée par une expérience de Newton, et l'a été depuis par beaucoup d'autres.

Dans le cas où le fluide (*fig.* 36) s'écoulerait d'un vase supérieur dans un vase inférieur par un orifice latéral CD, et où le niveau EF de la surface supérieure du fluide dans le second vase se trouverait comprise entre le point le plus élevé et le point le plus bas du contour de l'orifice, on pourrait regarder l'orifice CD comme composé de deux parties dont on calculerait séparément la dépense.

1° Dans la partie CF on considérerait la vitesse comme étant due à la différence des niveaux AB, EF;

2° La partie FD serait considérée comme un orifice dont le fluide sort en jaillissant dans l'air.

Les mêmes principes peuvent être appliqués à la considération du mouvement varié du fluide dans deux vases qui communiquent entre eux par un orifice, et dont l'un se vide tandis que l'autre s'emplit. On a vérifié que plusieurs résultats de la théorie s'accordaient avec l'expérience.

IX. *Mouvement d'un fluide incompressible qui s'écoule d'un vase dans un autre.*

84. On considérera seulement (*fig.* 37) le cas de deux vases qui communiquent entre eux par un orifice très-petit par rapport aux sections transversales. On supposera que l'orifice de communication Ω, et l'orifice d'écoulement Ω', sont dans un même plan horizontal. Il s'agit, d'après les positions des surfaces ab, ef du fluide dans chaque vase, à un instant donné, de connaître ces positions à tout autre instant. Nommons

- O, O' les aires variables des sections supérieures ab, ef dans chaque vase;
- Ω, Ω' les aires des orifices de communication et d'écoulement (s'il y avait contraction au passage de ces orifices, on écrirait $m\Omega$, $m'\Omega'$ au lieu de Ω et Ω', m et m' ayant la signification indiquée au n° 54.)
- ζ, ζ' les hauteurs du fluide dans chaque vase sur les centres de ces orifices au bout du temps t.
- Z, Z' les mêmes hauteurs à l'instant où l'on commence à compter le temps t.
- $Q\,dt$ le volume de fluide reçu par le vase supérieur dans le temps dt, volume qui peut être constant ou variable avec t.

On aura $\sqrt{2g(\zeta-\zeta')}$ pour la vitesse à l'orifice Ω, et $\sqrt{2g\zeta'}$ pour la vitesse à l'orifice Ω'; par conséquent

$$O\,d\zeta = Q\,dt - \Omega\,dt\sqrt{2g(\zeta-\zeta')},$$

$$O'd\zeta' = \Omega\, dt\sqrt{2g(\zeta - \zeta')} - \Omega' dt\sqrt{2g\zeta'},$$

équations qui renferment la solution de la question.

Supposant que Q ne varie point avec t, on en déduira, en éliminant dt,

$$\frac{O\,d\zeta}{Q - \Omega\sqrt{2g(\zeta - \zeta')}} - \frac{O'\,d\zeta'}{\Omega\sqrt{2g(\zeta - \zeta')} - \Omega'\sqrt{2g\zeta'}} = 0,$$

Mettant pour O et O′ leurs valeurs en ζ et ζ', on obtiendra une relation entre ces deux quantités; puis, au moyen des équations précédentes, les relations cherchées entre ζ et t, ζ' et t. Mais cette équation n'est pas intégrable sous forme finie, et elle ne l'est même pas quand O et O′ sont constantes.

85. Si le vase supérieur ne reçoit point de fluide, $Q = 0$, et l'équation se réduit à

$$\frac{O\,d\zeta}{\Omega\sqrt{\zeta - \zeta'}} + \frac{O'\,d\zeta'}{\Omega\sqrt{\zeta - \zeta'} - \Omega'\sqrt{\zeta'}} = 0,$$

Si O et O′ sont constantes, et qu'on fasse $\zeta = \zeta' x$, puis $x - 1 = u^2$, elle devient

$$\frac{2O(\Omega u - \Omega')\,u\,du}{O(u^2+1)(\Omega u - \Omega') - O'\Omega u} + \frac{d\zeta'}{\zeta'} = 0,$$

où les variables sont séparées, et qui peut s'intégrer sous forme finie.

86. Si le vase supérieur ne reçoit point de fluide, et si le vase inférieur n'en perd point, l'équation du nº 84 devient

$$O\,d\zeta + O'\,d\zeta' = 0,$$

d'où, si O et O' sont constantes,

$$O(Z-\zeta)-O'(\zeta'-Z')=o,$$

et

$$\zeta=\frac{OZ-O'(\zeta'-Z')}{O}, \qquad \zeta'=\frac{O(Z-\zeta)+O'Z'}{O'}.$$

On a la relation

$$\Omega dt\sqrt{2g(\zeta-\zeta')}=O'd\zeta',$$

d'où

$$dt=\frac{O'd\zeta'}{\Omega\sqrt{2g(\zeta-\zeta')}}=\frac{O'\sqrt{O}}{\Omega\sqrt{2g}}\,\frac{d\zeta'}{\sqrt{OZ+O'Z'-(O+O')\zeta'}};$$

et en intégrant

$$t=\frac{2O'\sqrt{O}}{\Omega(O+O')\sqrt{2g}}\left[\sqrt{O'(Z-Z')}-\sqrt{OZ+O'Z'-(O+O')\zeta'}\right]$$

pour le temps que la surface du fluide dans le second vase emploie à monter de la hauteur Z' à la hauteur ζ'.

On a également la relation

$$\Omega dt\sqrt{2g(\zeta-\zeta')}=-Od\zeta,$$

d'où

$$dt=-\frac{Od\zeta}{\Omega\sqrt{2g(\zeta-\zeta')}}=-\frac{O\sqrt{O'}}{\Omega\sqrt{2g}}\,\frac{d\zeta}{\sqrt{(O+O')\zeta-OZ-O'Z'}},$$

et en intégrant

$$t=\frac{2O\sqrt{O'}}{\Omega(O+O')\sqrt{2g}}\left[\sqrt{O'(Z-Z')}-\sqrt{(O+O')\zeta-OZ-O'Z'}\right]$$

pour le temps que la surface du fluide dans le premier

vase emploie à descendre de la hauteur Z à la hauteur ζ.

On aura le temps que le fluide emploie à se mettre de niveau dans les deux vases en posant $\zeta = \zeta'$, d'où

$$\zeta = \zeta' = \frac{OZ + O'Z'}{O + O'}.$$

Mettant ces valeurs dans les expressions de t, il vient pour la durée totale du mouvement

$$t = \frac{2OO'}{\Omega(O+O')}\sqrt{\frac{Z-Z'}{2g}}.$$

87. Si le vase supérieur est entretenu constamment plein pendant que le fluide s'écoule hors du vase inférieur, $\zeta = Z$, et le mouvement est exprimé par la seule équation

$$O'd\zeta' = \Omega dt\sqrt{2g(Z-\zeta')} - \Omega' dt\sqrt{2g\zeta'};$$

d'où

$$dt = \frac{O'}{\sqrt{2g}} \cdot \frac{d\zeta'}{\Omega\sqrt{Z-\zeta'} - \Omega'\sqrt{\zeta'}};$$

l'intégration donnera la valeur de t en ζ'.

Le fluide, après un certain temps, prendra une hauteur constante dans le deuxième vase; on en trouvera l'expression en posant $d\zeta' = 0$, d'où

$$\zeta' = \frac{\Omega^2 Z}{\Omega^2 + \Omega'^2}.$$

La vitesse de l'orifice Ω' sera alors constante et égale à $\sqrt{\frac{2gZ}{1+\frac{\Omega'^2}{\Omega^2}}}$.

88. Si, *le* premier vase étant entretenu constamment plein, le second ne perd point de fluide, l'équation du n° précédent se réduit à

$$dt = \frac{O'}{\sqrt{2g}} \cdot \frac{d\zeta'}{\Omega\sqrt{Z-\zeta'}};$$

d'où, si O' est constante,

$$t = \frac{2O'}{\Omega\sqrt{2g}}\left[\sqrt{Z-Z'} - \sqrt{Z-\zeta'}\right]$$

pour le temps que la surface du fluide emploie à s'élever dans le second vase de la hauteur Z' à la hauteur ζ'. Le fluide sera de niveau dans les deux vases au bout du temps

$$T = \frac{2O'}{\Omega}\sqrt{\frac{Z-Z'}{2g}}.$$

Ainsi, d'après ce qu'on a vu n° 49, le vase inférieur emploie pour s'emplir par l'orifice Ω le même temps qu'il emploierait à se vider par cet orifice.

Lorsque, dans les applications, les sections O, O' ne seront pas constantes, il sera facile de calculer par approximation les valeurs des intégrales dont dépendent les durées des écoulements, en employant les formules rapportées dans la *première partie des Résumés des leçons*, 2e édition, page 225. Mais il faudra avoir soin de partager ces intégrales en plusieurs parties, lorsque les sections changeront brusquement de grandeur; et de n'appliquer les formules qu'à une portion d'intégrale dans laquelle O et O' ne varient que par degrés insensibles. On aura égard, pour estimer le produit des orifices, à ce qui a été dit n° 83, en partageant, s'il est nécessaire, la durée de l'écoulement en plusieurs parties auxquelles on appliquera un mode de calcul différent.

89. Lorsqu'il y a plusieurs vases communiquant entre eux par de petits orifices, la connaissance du mouvement du fluide s'obtient au moyen des mêmes principes. On considérera seulement (*fig.* 38) le cas où le vase supérieur étant entretenu constamment plein au niveau ab, l'état du système est devenu permanent, en sorte que le fluide se maintient dans les autres vases à des niveaux constants ef, ik, déterminés par la condition que la dépense qui a lieu par tous les orifices soit la même. Supposant seulement trois vases, et nommant

Ω, Ω' Ω'' les aires des orifices C, G, L;

Z la hauteur de la surface ab sur le centre du dernier orifice L;

x la distance des surfaces ab et ef;

y la distance des surfaces ef et ik;

z la hauteur de la surface ik sur le centre de l'orifice L;

Q le volume de fluide dépensé dans l'unité de temps par cet orifice;

on aura

$$Q=\Omega\sqrt{2gx},\quad Q=\Omega'\sqrt{2gy},\quad Q=\Omega''\sqrt{2gz},\quad x+y+z=Z;$$

d'où l'on déduit

$$x=Z\,\frac{\Omega'^2\,\Omega''^2}{\Omega^2\Omega'^2+\Omega^2\Omega''^2+\Omega'^2\Omega''^2},$$

$$y=Z\,\frac{\Omega^2\Omega''^2}{\Omega^2\Omega'^2+\Omega^2\Omega''^2+\Omega'^2\Omega''^2},$$

$$z=Z\,\frac{\Omega^2\Omega'^2}{\Omega^2\Omega'^2+\Omega^2\Omega''^2+\Omega'^2\Omega''^2},$$

$$Q = \Omega\Omega'\Omega'' \sqrt{\frac{2gZ}{\Omega^2\Omega'^2 + \Omega^2\Omega''^2 + \Omega'^2\Omega''^2}}.$$

On parvient à des résultats analogues, dans le cas où il y a un plus grand nombre de vases.

X. *Effort supporté par un vase dans lequel coule un fluide incompressible.*

90. Soit en premier lieu, comme dans le n° 15, un vase ABCD (*fig.* 39) dont l'axe est vertical, et dans lequel se meut une masse de fluide, soumise à l'action de la pesanteur, et comprise entre les plans horizontaux ab, cd, supposant le fluide et le vase même entourés par l'atmosphère, conservant les dénominations du n° 15, appelant

Π le poids du fluide contenu dans le vase;

F la force avec laquelle le vase est sollicité verticalement de haut en bas par l'effet de l'action de la gravité sur le fluide, et du mouvement du fluide.

On remarquera que l'action exercée sur la paroi par chaque tranche n'est autre chose que la force perdue par cette tranche ; d'où

$$F = \int_0^{z'} \left(g - \frac{du}{dt}\right)\rho\omega\, dz = \Pi - \rho \int_0^{z'} \frac{du}{dt}\,\omega\, dz.$$

En opérant comme on l'a fait n° 15, on a

$$\int_0^{z'} \frac{du}{dt}\,\omega\, dz = \int_0^{z'} \left(\Omega\,\frac{dU}{dt}\,dz - \Omega^2 U^2\,\frac{d\omega}{\omega^2}\right) = \Omega z'\frac{dU}{dt} + \Omega^2 U^2\left(\frac{1}{O'} - \frac{1}{O}\right);$$

et par conséquent

$$F = \Pi - \rho\Omega z' \frac{dU}{dt} - \rho\Omega^2 U^2 \left(\frac{1}{O'} - \frac{1}{O}\right),$$

formule où l'on doit mettre pour U sa valeur déterminée de la manière indiquée dans le n° 16.

91. Si le vase est supposé entretenu constamment plein, comme dans le n° 25, l'orifice d'écoulement CD étant évasé, on a

$$F = \Pi - \rho\Omega\zeta \frac{dU}{dt} - \rho\Omega^2 U^2 \left(\frac{1}{\Omega} - \frac{1}{O}\right),$$

et lorsque le mouvement du fluide est devenu uniforme,

$$F = \Pi - \rho\Omega^2 U^2 \left(\frac{1}{\Omega} - \frac{1}{O}\right) = \Pi - 2\rho g \Omega\zeta \frac{O}{O+\Omega}.$$

Si l'orifice d'écoulement Ω était très-petit, cette valeur deviendrait, à fort peu près,

$$F = \Pi - 2\rho g \Omega\zeta,$$

c'est-à-dire le poids du fluide contenu dans le vase, moins le double de celui de la colonne dont l'orifice est la base.

Si le vase se vidait, comme on l'a supposé n°s 42 et suivants, on mettrait pour O, ζ et U dans la première formule du n° précédent les valeurs qui auraient lieu simultanément à un instant donné, conformément à la théorie exposée dans le titre IV.

Si l'orifice d'écoulement n'était pas évasé, on écrirait dans les formules $m\Omega$ au lieu de Ω (*voyez* n° 54), et l'on regarderait ζ et U comme appartenant à la section dans laquelle la veine s'est contractée.

92. En second lieu considérons, comme dans le n° 20,

une portion de fluide $ab\,dc$ (*fig.* 40) coulant dans un tuyau dont les sections transversales sont très-petites, et dont l'axe est une courbe quelconque, que nous supposons rapportée à deux coordonnées horizontales x et y, et à la coordonnée verticale z. En conservant les dénominations du n° 20, on nommera

α, β, γ les angles formés par la tangente de l'axe du tuyau menée au point μ avec les axes des x, des y et des z;

A, B, C; A′, B′, C′ les angles formés par la tangente de l'axe du tuyau menée au point m et au point n avec les mêmes axes;

x', y', z' les distances des points m et n mesurées parallèlement aux axes des x, des y et des z;

ξ, η, ζ les distances des points m et N *mesurées suivant les mêmes directions;*

r *le rayon de courbure* de l'axe du tuyau au point μ;

Π le poids du fluide contenu dans le tuyau.

L'effort exercé sur le tuyau par la tranche du fluide placée en $\alpha\beta$ est produit :

1° Par la force perdue par cette tranche, dont l'expression est $\left(g \cos\gamma - \frac{du}{dt}\right).\rho\omega ds$, et qui est dirigée dans le sens de l'axe du tuyau;

2° Par la composante $g \sin\gamma\,.\,\rho\omega ds$ de l'action de la gravité sur la même tranche, qui est dirigée perpendiculairement à cet axe, dans le même plan vertical que la précédente;

3° Par la force centrifuge $\frac{u^2}{r}.\rho\omega ds$ dont la tranche est animée (*voyez* n° 23), qui est dirigée dans le sens du rayon de courbure, qui forme avec les axes des angles dont les cosinus sont respectivement

$$-\frac{r}{ds}d.\cos\alpha,\ -\frac{r}{ds}d.\cos\beta,\ -\frac{r}{ds}d.\cos\gamma.$$

Cela posé, pour connaître l'effort exercé contre le tuyau dans une direction horizontale parallèle aux x, on décomposera suivant cette direction les forces agissant sur la tranche de fluide dont il s'agit, et comme pour les composantes dans le sens des x des deux forces $g\cos\gamma\,\rho\omega\,ds$, $g\sin\gamma\,\rho\omega\,ds$ (qui elles-mêmes proviennent du poids de la tranche), la somme est nulle, puisqu'elle doit donner en définitive la projection du poids de la tranche sur cet axe des x qui est horizontal, on obtiendra

$$-\cos\alpha\,\frac{du}{dt}.\rho\omega ds - u^2 d.\cos\alpha.\rho\omega.$$

Puis remarquant, comme au n° 20, que $\frac{du}{dt}=\frac{\Omega}{\omega}\frac{dU}{dt}-\frac{\Omega U}{\omega^2}\frac{d\omega}{ds}\frac{ds}{dt}$; et remplaçant toujours $\frac{ds}{dt}$ par u, ou $\frac{\Omega U}{\omega}$, cette expression devient

$$-\rho\Omega\frac{dU}{dt}ds.\cos\alpha+\rho\Omega^2U^2\cos\alpha\frac{d\omega}{\omega^2}-\frac{\rho\Omega^2U^2}{\omega}d.\cos\alpha,$$

ou bien

$$-\rho\Omega\frac{dU}{dt}ds.\cos\alpha - d.\left(\rho\Omega^2U^2.\frac{\cos\alpha}{\omega}\right).$$

En intégrant donc entre les limites iudiquées, il viendra pour l'effort horizontal cherché

$$-\rho\Omega x'\frac{dU}{dt}-\rho\Omega^2U^2\left(\frac{\cos A'}{O'}-\frac{\cos A}{O}\right). \quad \ldots \quad (1)$$

On trouverait de la même manière pour l'effort exercé

dans une direction horizontale parallèle aux y

$$-\rho\Omega y'\frac{dU}{dt}-\rho\Omega^2U^2\left(\frac{\cos B'}{O'}-\frac{\cos B}{O}\right),\ldots\ldots(2)$$

et dans une direction verticale parallèle aux z

$$\Pi-\rho\Omega z'\frac{dU}{dt}-\rho\Omega^2U^2\left(\frac{\cos C'}{O'}-\frac{\cos C}{O}\right).\ldots\ldots(3)$$

en considérant alors que les forces élémentaires provenant du poids donnent d'abord pour somme de leurs composantes verticales, le poids de la tranche, et ensuite pour intégrale le poids du fluide, ou Π.

93. S'il s'agit d'un tuyau entretenu constamment plein, les formules précédentes conviendront à ce cas en y faisant $O'=\Omega$, et mettant ξ, η et ζ à la place de x', y', z'. On aura donc alors pour les *efforts* exercés respectivement dans le *sens des* x, *des* y et *des* z

$$-\rho\Omega\xi\frac{dU}{dt}-\rho\Omega^2U^2\left(\frac{\cos A'}{\Omega}-\frac{\cos A}{O}\right).\ldots\ldots(4)$$

$$-\rho\Omega\eta\frac{dU}{dt}-\rho\Omega^2U^2\left(\frac{\cos B'}{\Omega}-\frac{\cos B}{O}\right).\ldots\ldots(5)$$

$$\Pi-\rho\Omega\zeta\frac{dU}{dt}-\rho\Omega^2U^2\left(\frac{\cos C'}{\Omega}-\frac{\cos C}{O}\right)\ldots\ldots(6)$$

Lorsque, dans un tuyau entretenu constamment plein, le mouvement du fluide sera devenu uniforme, on emploiera les formules précédentes, en y supprimant les termes qui contiennent $\frac{dU}{dt}$.

Si le tuyau se vide, on emploiera encore les mêmes formules, en y mettant pour O, ξ, η, ζ, U et Π les valeurs qui ont lieu simultanément à un instant donné.

94. Pour un vase de figure quelconque, l'effort supporté dans une direction donnée étant la somme des efforts exercés suivant cette direction par tous les filets du fluide contenus dans le vase, les formules du n° précédent peuvent être appliquées lorsque le mouvement du fluide est supposé uniforme. La valeur de U sera déterminée conformément aux n°s 32 et suivants.

Par conséquent, un fluide s'écoulant d'un vase entretenu constamment plein, par un orifice dont le plan est vertical, qui n'est pas très-près de la surface supérieure du fluide, et dont l'entrée est évasée, on a, par les formules (6) et (5), effort exercé verticalement, de haut en bas

$$\Pi + \frac{\rho\Omega^2 U^2}{O}, \quad \text{ou} \quad \Pi + 2\rho g . \Omega\zeta \frac{O\Omega}{O^2 - \Omega^2}; \quad \ldots \quad (7)$$

effort exercé horizontalement, en sens contraire du mouvement du fluide,

$$\rho\Omega U^2, \quad \text{ou} \quad 2\rho g \Omega\zeta \frac{O^2}{O^2 - \Omega^2}. \quad \ldots \ldots \quad (8)$$

Si l'orifice d'écoulement Ω est très-petit, le dernier effort, nommé ordinairement force de réaction, est $2\rho g\Omega\zeta$. Ce résultat s'accorde avec ce qui a été trouvé d'une autre manière n° 56.

95. Si l'on considère maintenant, comme dans le n° 67, le cas d'un vase dont l'axe est vertical (*fig.* 41), et qui présente un changement brusque dans la grandeur de ses sections, conservant les dénominations de ce n°, on remarquera qu'ici l'effort exercé sur le vase de haut en bas, est augmenté de la force nécessaire pour opérer le changement brusque de vitesse des tranches qui passent immédiatement de la section GH à la section IK. Cette force étant exprimée par $\rho\,\Omega U dt \, . \, \frac{1}{dt}\left(\frac{\Omega U}{\Omega'} - \frac{\Omega U}{O'}\right)$, ou

$\rho\Omega U^2\left(\frac{\Omega}{\Omega'}-\frac{\Omega}{O'}\right)$, cette quantité doit être ajoutée aux expressions de F des nos 89 et 90. Par conséquent, le vase étant entretenu constamment plein, et le mouvement du fluide uniforme, on a

$$F = \Pi - \rho\Omega^2 U^2\left[\frac{1}{\Omega}-\frac{1}{O}-\left(\frac{1}{\Omega'}-\frac{1}{O'}\right)\right], \ldots \quad (9)$$

formule dans laquelle on doit mettre pour U la valeur trouvée n° 67. Par l'effet du passage du fluide de la section GH dans la section plus grande IK, l'effort exercé sur le vase de haut en bas est augmenté. Cet exemple montre comment il faudrait opérer s'il y avait plusieurs diaphragmes, ou dans d'autres cas analogues.

96. Si l'on considérait un vase dont *le fluide* s'écoule par un ajutage *cylindrique horizontal*, il faudrait *retrancher de l'expression* (8) de la force de réaction qui a lieu dans le cas de l'écoulement par un orifice dont l'entrée est évasée la valeur $\rho\Omega U^2\left(\frac{1}{m}-1\right)$ de la force perdue par la tranche qui entre dans l'ajutage. Cette force de réaction se réduira donc à

$$\rho\Omega U^2\left(2-\frac{1}{m}\right),$$

ou, en mettant à la place de U la valeur trouvée n° 75,

$$2\rho g\Omega\zeta\frac{2-\frac{1}{m}}{1-\frac{\Omega^2}{O^2}+\left(\frac{1}{m}-1\right)};$$

et si l'orifice Ω est très-petit par rapport à la section supérieure O,

$$2\rho g \Omega \zeta \frac{2m^2 - m}{2m^2 - 2m + 1}.$$

Les résultats de cet article sont confirmés par diverses expériences dues à Daniel Bernouilly et à M. Brunacci.

XI. *De l'équilibre et du mouvement d'un fluide contenu dans un vase en mouvement.*

97. Considérant en premier lieu un vase mu verticalement de bas en haut avec une vitesse dont la valeur au bout du temps t est V, on remarque que les parties du fluide supposées animées des forces perdues $g + \frac{dV}{dt}$ doivent être en équilibre. Par conséquent la pression intérieure, au lieu d'être simplement due à l'action de la pesanteur, est due à l'action d'une force capable d'imprimer la vitesse $g + \frac{dV}{dt}$ dans l'unité du temps.

Si le vase est mu de haut en bas avec la vitesse V, la pression intérieure est due à l'action d'une force capable d'imprimer la vitesse $g - \frac{dV}{dt}$ dans l'unité du temps.

Dans le premier cas, la pression est diminuée si le mouvement du vase est retardé; et, dans le deuxième cas, elle est augmentée. Quand le mouvement du vase est uniforme, l'état du fluide est le même que si le vase était en repos.

98. Soit ABCD (*fig.* 42) un vase dont l'axe est vertical, qui contient une certaine quantité de fluide coulant par l'orifice CD, et qui est mu verticalement de bas en haut par l'action du poids G. Conservant les dénominations du n° 15, nommant

M la masse du poids G ;

μ la masse du vase ABCD, et qui y est contenu au bout du temps t ;

V la vitesse commune du poids G et du vase au bout du temps t ;

et négligeant la considération de la masse du cordon et des poulies, on aura $(M+\mu)V^2$ pour la force vive du système au bout du temps t; par conséquent $(M+\mu)$ $2VdV + d\mu . V^2$ pour la force vive acquise dans l'intervalle du temps dt. La quantité d'action imprimée par la gravité dans cet intervalle est $g(M-\mu)Vdt$. On a donc d'abord la relation,

$$(M-\mu)g = (M+\mu)\frac{dV}{dt} + \frac{1}{2}\frac{d\mu}{dt}.V.$$

D'après ce qui précède, et d'après l'équation (1) du n° 42, on aura de plus pour les conditions du mouvement du fluide dans le vase

$$\left(g+\frac{dV}{dt}\right)\zeta - \Omega\frac{dU}{dt}\int_0^z \frac{dz}{\omega} - \frac{U^2}{2}\left(1-\frac{\Omega^2}{O^2}\right) = 0,$$

équation à laquelle il faut joindre la suivante

$$\Omega U dt = -O d\zeta.$$

Au moyen de ces trois équations, on déterminerait V, U et ζ en fonction de t.

Si le vase était entretenu constamment plein, μ, ζ et U seraient constantes. La première et la seconde des équations précédentes donneraient, en supposant l'orifice Ω fort petit,

$$\frac{dV}{dt} = \frac{M-\mu}{M+\mu}g, \qquad U = \sqrt{2\left(g+\frac{dV}{dt}\right)\zeta},$$

d'où

$$U = \sqrt{2g\zeta \cdot \frac{2M}{M+\mu}}.$$

Si $M = 0$, le mouvement du vase est celui d'un corps cédant librement à l'action de la pesanteur, et le fluide ne sort pas de ce vase. Si $M = \mu$, le vase est immobile, et le fluide s'écoule avec la vitesse $\sqrt{2g\zeta}$. Si M est très-grand par rapport à μ, le vase se meut de bas en haut en acquérant la vitesse g dans l'unité de temps, et l'écoulement s'opère avec une vitesse plus grande que la précédente dans le rapport de $\sqrt{2}$ à 1.

99. En considérant maintenant (*fig.* 43) un vase mu horizontalement avec la vitesse V, on devra concevoir chaque molécule du fluide qui y est contenu comme perdant, dans chaque élément du temps, la vitesse verticale $g\,dt$, et la vitesse horizontale $-dV$, dirigée dans le sens du mouvement du vase. Donc l'équilibre doit subsister, chaque molécule étant animée de la force $\sqrt{g^2 + \left(\frac{dV}{dt}\right)^2}$ dont la direction forme avec la verticale un angle ayant pour tangente trigonométrique $\frac{1}{g} \cdot \frac{dV}{dt}$; et par conséquent la surface ab du fluide doit être perpendiculaire à cette direction. La pression, dans un point m du fluide, est le produit de $\rho \sqrt{g^2 + \left(\frac{dV}{dt}\right)^2}$ par la distance mp de ce point à la surface; ou, ce qui revient au même, le produit de ρg par la distance verticale mq.

Si le fluide s'écoulait hors du vase, on pourrait appliquer ici les résultats des articles précédents, en supposant ce fluide divisé par des tranches parallèles à la surface ab;

et ses parties soumises à la force $\sqrt{g^2+\left(\frac{dV}{dt}\right)^2}$ dirigée perpendiculairement à ces tranches. Si le fluide sort du vase par un orifice très-petit, la vitesse est due à la distance verticale du centre de cet orifice à la surface.

100. Soit enfin (*fig.* 44) un vase de figure quelconque, mu circulairement autour de l'axe vertical MN, et contenant une certaine quantité de fluide. On suppose le mouvement du vase uniforme, et que le frottement ou les autres résistances aient communiqué ce même mouvement au fluide. Nommons

v la vitesse de rotation des points du fluide situés à une distance de l'axe MN égale à l'unité;

x la distance mp d'un point quelconque m de la surface au même axe;

y la hauteur Mp du point m au-dessus du point M où la surface coupe l'axe MN.

L'équilibre doit subsister, chaque molécule étant animée de la force verticale de la pesanteur g, et de la force centrifuge $\frac{v^2 x^2}{x}$ ou $v^2 x$ qui est dirigée suivant le rayon du cercle décrit par cette molécule. Donc la surface du fluide, qui doit être perpendiculaire à la résultante de ces deux forces, est une surface de révolution dont la courbe méridienne aMb est assujettie à la condition.

$$\frac{dy}{dx} = \frac{v^2 x}{g}, \qquad \text{d'où} \qquad y = \frac{v^2 x^2}{2g},$$

ce qui apprend que cette courbe est une parabole. On parvient au même résultat en remarquant que, dans le canal Mqm, dont les deux extrémités aboutissent à la surface, le poids $\rho g y$ de la colonne verticale mq doit faire équilibre à l'action de la force centrifuge sur le fluide contenu dans la colonne horizontale Mq, action exprimée par $\frac{1}{2}\rho v^2 x^2$, ce qui donne $gy = \frac{1}{2} v^2 x^2$.

La pression qui a lieu dans un point quelconque de la masse du fluide est due à la distance verticale de ce point à la surface.

XII. *Du jaugeage des eaux dans les cuvettes de distribution. — Du pouce de fontainier.*

101. Lorsque l'eau doit être conduite par des tuyaux dans divers lieux, soit qu'elle provienne de sources naturelles, ou qu'elle soit élevée par des machines, elle est d'abord rassemblée dans un réservoir ou *cuvette*. Ce réservoir présente l'appareil convenable pour que l'eau soit *jaugée*, et répartie aux divers tuyaux qui doivent être alimentés dans des proportions déterminées.

Le principe de l'opération du jaugeage est la considération d'une unité particulière, servant à évaluer le produit d'un écoulement. Cette unité est un volume d'eau donné écoulé en un temps donné.

Jusqu'à ces derniers temps, l'unité adoptée vulgairement en France et nommée *pouce d'eau*, était le produit d'un écoulement par un orifice circulaire vertical d'un pouce de diamètre, ayant une ligne de charge sur le sommet de l'orifice. On ne spécifiait pas l'épaisseur de la paroi, et, quoique l'orifice fût généralement pratiqué dans une paroi mince, il y avait cependant des cuvettes de distribution, où l'on employait un ajutage cylindrique d'un pouce de longueur. La valeur du pouce d'eau n'a pas été fixée avec précision.

		MÈTRES CUBES EN 24 HEURES.
D'après Mariotte (*Traité du mouvement des eaux*, page 260), évaluation adoptée par Bélidor, Perronet, Gauthey, etc.	14 pintes pesant 2 livres par minute ou 576 pieds cubes en 24 heures. . .	m.c. 19, 7437
D'après Couplet (*Mémoires de l'Académie des sciences*, 1732). . .	13 $\frac{1}{3}$ pintes de 48 pouces cubes par minute. . . .	18, 2804
Évaluation communément admise dans ces derniers temps.	14 pintes de 48 pouces cubes par minute, ou 560 pieds cubes en 24 h. . .	19, 19527
Expérience de Bossut (*Hydrodynamique*, tom. II, p. 30), l'orifice étant pratiqué dans une paroi mince	628 pouces cubes par minute	17, 9388

Pour jauger les écoulements plus grands qu'un pouce d'eau, on multipliait les orifices d'un pouce de diamètre. Pour les écoulements plus petits, on employait des orifices circulaires ayant 1, 1 $\frac{1}{2}$, 2, 2 $\frac{1}{2}$, 3,..... 11 $\frac{1}{2}$ lignes de diamètre, et 7 lignes de charge sur leur centre; on considérait ces orifices comme donnant des produits proportionnels au quarré du diamètre, et on évaluait ces produits en *lignes d'eau*, chaque ligne d'eau étant $\frac{1}{144}$ du pouce d'eau (*Architecture hydraulique* de Bélidor, tome II, page 368). Cette méthode est fautive, indépendamment de l'incertitude résultant de l'influence de l'épaisseur de la paroi.

102. M. de Prony a proposé d'employer à la place du pouce d'eau une unité adaptée au système métrique, et qu'il nomme *module*. Sa valeur serait de 20$^{\text{m.c.}}$ en 24 heures, ou 0$^{\text{m.c.}}$,00023148 en une seconde. Cette quantité d'eau s'écoulerait par un orifice circulaire de 0^{m},02 de diamètre, ayant sur son centre une charge de 0^{m},05,

garni d'un ajutage cylindrique dont la longueur serait de $0^m,017$ (l'eau doit couler dans l'ajutage à plein tuyau). (*Académie des sciences*, 1817, page 428.)

M. de Prony a employé pour les expériences qui ont servi à déterminer les dimensions de cet orifice un appareil ingénieux (*fig.* 45), destiné à maintenir constante la hauteur du fluide dans un réservoir, au moyen de flotteurs prismatiques qui se chargent du poids de l'eau écoulée, et qui s'enfoncent à mesure que l'écoulement s'effectue de manière à compenser exactement l'effet de cet écoulement.

103. Les cuvettes de distribution présentent généralement la disposition suivante (*fig.* 46 et 47). Le tuyau qui fournit l'eau aboutit à une première cuvette A A, partagée en deux parties par une languette L L, dont l'objet est de détruire la vitesse avec laquelle l'eau jaillit du tuyau; en sorte que la surface du fluide soit en repos contre la paroi extérieure MM, dans laquelle sont pratiqués des orifices d'écoulement. L'eau tombe de ces orifices dans une seconde cuvette BB, également partagée par une languette, et en sort par d'autres orifices qui la répartissent aux divers concessionnaires.

(*Voyez* l'*Architecture hydraulique* de Bélidor, t. II.)

On débouche un nombre suffisant des orifices pratiqués dans la paroi de la première cuvette A A, pour qu'il y ait sur leur centre la charge d'eau fixée par la nature de l'unité adoptée; on connaît ainsi le produit du tuyau qui alimente le réservoir. Ce produit, qui en général peut varier d'après diverses circonstances, doit être réparti par les orifices pratiqués dans la paroi de la seconde cuvette BB dans des proportions déterminées par les actes de concession, et qui doivent demeurer constantes lorsque le produit varie.

L'emploi des orifices de divers diamètres, dont les centres sont situés ou non dans un même plan horizontal, ne satisfait pas à cette condition importante. On doit avoir égard aussi à la manière dont les orifices sont placés; car plusieurs orifices très-voisins donnent un moindre produit que s'ils étaient fort éloignés les uns des autres. On ne peut satisfaire rigoureusement à la condition dont il s'agit, qu'en employant, pour distribuer les eaux reçues dans la seconde cuvette BB, des orifices égaux et également espacés, le produit de chacun étant égal à la moindre subdivision du module adopté. Alors les quantités d'eau réparties demeureront toujours exactement dans les mêmes rapports.

On ne satisferait pas à cette condition avec la même exactitude par la disposition proposée par *Bélidor*, qui consistait à distribuer l'eau *par des fentes rectangulaires, ayant des largeurs proportionnées* à la valeur de chaque concession. Cette disposition serait toutefois bien préférable à celles qui sont en usage.

XIII. *Du mouvement uniforme de l'eau dans les tuyaux de conduite.*

104. Pour acquérir des notions exactes sur cette matière, il est nécessaire de considérer d'abord l'écoulement de l'eau par un tuyau de conduite qui établit la communication entre deux vases, en faisant abstraction de l'effet de l'adhérence des molécules du fluide entre elles et avec celles de la paroi du tuyau.

Nous considérerons (*fig.* 48) le système formé du tuyau MN, ayant partout un égal diamètre, et établissant la communication entre deux vases entretenus constamment pleins, aux niveaux ab, ef. La section ef

étant supposée plus petite que la section ab, le mouvement du fluide deviendra toujours uniforme. Nommons

ω l'aire d'une section transversale quelconque faite dans les vases ou les tuyaux ;

O l'aire de la section ab ;

O' l'aire de la section ef ;

Ω l'aire de la section constante du tuyau ;

o l'aire de la section gh ;

m le coefficient de la contraction qui a lieu en M ;

z la distance mp du centre d'une section quelconque m au niveau supérieur ab ;

ζ la distance QR des niveaux du fluide dans les deux vases ;

U la vitesse du fluide dans le tuyau ;

s la longueur Mm du tuyau, depuis l'extrémité supérieure M jusqu'à une section quelconque m ;

λ la longueur totale MN du tuyau ;

ρ la masse de l'unité de volume du fluide ;

g la vitesse imprimée par la gravité en une seconde $= 9^{m},809$.

Si les extrémités M, N du tuyau sont évasées, l'écoulement du fluide est soumis aux lois générales établies dans les n°s 20 et 30. La vitesse à la section ef sera donc (en supposant égales les pressions extérieures exercées en ab, ef)

$$\sqrt{\frac{2g\zeta}{1-\frac{O'^2}{O^2}}},$$

et par conséquent la vitesse dans le tuyau

$$U=\frac{O'}{\Omega}\sqrt{\frac{2g\zeta}{1-\frac{O'^2}{O^2}}}=\sqrt{\frac{2g\zeta}{\frac{\Omega^2}{O'^2}-\frac{\Omega^2}{O^2}}} \quad \ldots\ldots \quad (1)$$

105. La valeur de la pression sera donnée par la formule (8) du n° 22, dans laquelle on doit faire $\zeta'=0$, $P=P'$, et substituer pour U la valeur précédente, ce qui donnera

$$p=P+\rho g z-\rho g\zeta\frac{\frac{\Omega^2}{\omega^2}-\frac{\Omega^2}{O^2}}{\frac{\Omega^2}{O'^2}-\frac{\Omega^2}{O^2}},$$

ou

$$p=P+\rho g z-\frac{1}{2}\rho U^2\left(\frac{\Omega^2}{\omega^2}-\frac{\Omega^2}{O^2}\right),$$

formules dans lesquelles il faut faire $\omega=\Omega$ pour toutes les sections appartenant au tuyau MN. On a par conséquent, dans toute l'étendue MN du tuyau,

$$p=P+\rho g z-\frac{1}{2}\rho U^2\left(1-\frac{\Omega^2}{O^2}\right); \quad \ldots\ldots \quad (2)$$

et si la section Ω du tuyau est fort petite par rapport à la section O du vase supérieur,

$$p=P+\rho g z-\frac{1}{2}\rho U^2 \quad \ldots\ldots\ldots\ldots \quad (3)$$

106. Si le tuyau n'est point évasé à ses extrémités, la loi du mouvement s'établit comme il suit, en ayant égard aux pertes de force vive qui ont lieu en M et en N. On a

force vive acquise par le système dans le temps dt. . . . . . . $\rho\Omega U dt.U^2\left(\frac{\Omega^2}{O'^2}-\frac{\Omega^2}{O^2}\right)$;

force vive perdue dans le même temps en M. . . . . $\rho\Omega U dt.U^2\left(\frac{1}{m}-1\right)^2$;

force vive perdue dans le même temps

en N. . . . . $\rho\Omega U dt . U^2 \left(1-\frac{\Omega}{o}\right)^2$;

quantité d'action imprimée à une tranche quelconque par la gravité dans le temps dt. . . $\rho g \omega ds . \frac{dz}{ds} \frac{\Omega U dt}{\omega} = \rho g dz \Omega U dt$;

somme des quantités d'action imprimées à toutes les tranches. . . . . $\rho g \zeta . \Omega U dt$.

L'équation du mouvement du fluide est donc

$$2\rho g \zeta . \Omega U dt = \rho \Omega U dt \; U^2 \left[\frac{\Omega^2}{O'^2} - \frac{\Omega^2}{O^2} + \left(\frac{1}{m} - 1\right)^2 + \left(1 - \frac{\Omega}{o}\right)^2\right];$$

d'où l'on tire

$$U = \sqrt{\frac{2g\zeta}{\frac{\Omega^2}{O'^2} - \frac{\Omega^2}{O^2} + \left(\frac{1}{m} - 1\right)^2 + \left(1 - \frac{\Omega}{o}\right)^2}} \quad . \; . \; . \; (4)$$

Si le vase inférieur est supprimé, et si le fluide dégorge dans l'air à l'extrémité N, on a $\Omega = o = O'$, et

$$U = \sqrt{\frac{2g\zeta}{1 - \frac{\Omega^2}{O^2} + \left(\frac{1}{m} - 1\right)^2}}, \quad . \; . \; . \; . \; . \; (5)$$

Si la section du tuyau est très-petite par rapport aux sections des deux vases, ce qui est le cas ordinaire, on a

$$U = \sqrt{\frac{2g\zeta}{1 + \left(\frac{1}{m} - 1\right)^2}} \quad . \; . \; . \; . \; . \; . \; . \; . \; . \; (6)$$

Si la section du tuyau étant toujours très-petite par rapport aux sections du vase supérieur, le vase inférieur est supprimé, et si le fluide dégorge dans l'air, on a comme ci-dessus

$$U = \sqrt{\frac{2g\zeta}{1+\left(\frac{1}{m}-1\right)^2}}.$$

107. Le tuyau n'étant point évasé à ses extrémités, la valeur de la pression, pour une section quelconque du tuyau comprise entre les extrémités M, N, sera donnée, conformément aux n°s 68 et 70, par la formule

$$p = P + \rho g z - \frac{\rho U^2}{2}\left[1 - \frac{\Omega^2}{O^2} + \left(\frac{1}{m} - 1\right)^2\right] \ldots \quad (7)$$

dans laquelle m représente, conformément au n° 54, le coefficient de la contraction qui a lieu à l'extrémité M du tuyau. Cette formule convient également au cas où le vase inférieur est supprimé, et où l'on doit employer pour U l'expression (5).

Si la section du tuyau est très-petite par rapport à la section O du vase supérieur, la formule précédente se réduit à

$$p = P + \rho g z - \frac{\rho U^2}{2}\left[1 + \left(\frac{1}{m} - 1\right)^2\right], \ldots \quad (8)$$

où l'on doit mettre pour U l'expression (6).

Le vase inférieur étant supprimé, les formules (7) et (8), en y mettant respectivement pour U les expressions (5) et (6), donneraient également

$$p = P + \rho g (z - \zeta).$$

Ainsi la pression serait plus petite que la pression atmosphérique extérieure dans toutes les parties du tuyau situées au-dessus du niveau de son extrémité inférieure (ce résultat n'a pas lieu en réalité, parce que, comme on le verra plus loin, les valeurs précédentes de la vitesse sont beaucoup plus grandes que les valeurs données par l'observation).

108. En soumettant à l'expérience le genre d'écoulement dont il s'agit, on trouve pour la vitesse de l'eau dans les tuyaux des valeurs plus petites que celles qui seraient données par les formules des nos 104 et 105. La différence, qui est d'autant plus grande que le tuyau est plus long et le diamètre de ce tuyau plus petit, est produite par l'adhérence des molécules du fluide entre elles et aux parois du tuyau. L'effet de cette adhérence n'est pas sensible quand le fluide s'écoule hors d'un grand vase par un orifice; mais il le devient quand le fluide parcourt un long tuyau.

L'action des forces *moléculaires* qui altèrent ainsi le mouvement du fluide a été soumise à un *calcul exact*, dans le cas où le fluide coule dans un tuyau rectiligne, et où toutes les molécules se meuvent parallèlement à l'axe du tuyau. La valeur de la vitesse d'écoulement est donnée alors par une expression qui se réduit, quand le diamètre du tuyau est extrêmement petit, à

$$U = \frac{g\zeta}{E\lambda} \frac{D}{4}.$$

U, ζ, g, λ ont les significations indiquées n° 104;
D diamètre du tuyau;
E constante à déterminer par expérience, dépendant seulement de l'adhérence réciproque du fluide et de la paroi, et variable avec la température.

Ce résultat s'accorde avec des expériences très-curieuses

faites par M. Girard, sur l'écoulement de divers fluides par des tubes capillaires (*voyez* les *Mémoires de l'Institut*, 1813 — 1816).

109. Cette théorie ne peut convenir aux cas ordinaires des applications. Le mouvement plus compliqué que prend alors le fluide n'ayant point été soumis au calcul, on n'a plus d'autre guide que les résultats des expériences.

Les expériences connues donnent la loi de l'écoulement avec une exactitude suffisante, lorsque la longueur du tuyau est au moins égale à 400 fois son diamètre, et lorsque la vitesse d'écoulement U ne surpasse pas $2^m,5$. Il résulte des recherches de M. Prony, que les résultats de ces expériences sont représentés, en admettant que les forces, produisant la viscosité du fluide et son adhésion à la paroi du tuyau, impriment dans chaque *élément dt* du temps une quantité d'*action exprimée par*

$$-\rho\chi\lambda(\alpha U+\beta U^2)U\,dt.$$

χ étant le contour de la section transversale du tuyau

$$\left(\text{on a } \frac{\chi}{\Omega}=\frac{4}{D}\right).$$

α, β des coefficients constants qui doivent être déterminés de manière à satisfaire aux expériences.

En introduisant ce terme dans l'équation du mouvement du fluide trouvée n° 106, elle devient

$$2g\zeta=\frac{8\lambda}{D}(\alpha U+\beta U^2)+U^2\left[\frac{\Omega^2}{O'^2}-\frac{\Omega^2}{O^2}+\left(\frac{1}{m}-1\right)^2+\left(1-\frac{\Omega}{o}\right)^2\right]; \quad (9)$$

et si la section du tuyau est très-petite par rapport aux sections des vases,

$$2g\zeta = \frac{8\lambda}{D}(\alpha U + 6U^2) + U^2\left[\left(\frac{1}{m} - 1\right)^2 + 1\right], \quad \ldots \quad (10)$$

d'où l'on déduira pour U une valeur plus petite que l'expression (4) du n° 106.

110. La section du tuyau étant supposée fort petite par rapport aux sections des vases qu'il réunit, et le diamètre de ce tuyau étant au plus égal à $\frac{1}{140}$ de sa longueur, l'expérience apprend que le dernier terme du second membre de l'équation (10) peut être négligé par rapport au premier, ce qui donne

$$2g\zeta = \frac{8\lambda}{D}(\alpha U + 6U^2), \qquad \text{ou} \qquad \frac{gD\zeta}{4\lambda} = \alpha U + 6U^2. \quad (11)$$

Les valeurs de α et 6, déterminées de manière à satisfaire le mieux possible aux résultats des expériences, sont

$$\alpha = 0{,}00017, \qquad 6 = 0{,}003416.$$

La valeur de U, donnée par l'équation précédente, est

$$U = -\frac{\alpha}{2\,6} + \sqrt{\frac{gD\zeta}{4 6.\lambda} + \frac{\alpha^2}{4 6^2}} = -0{,}024883 + \sqrt{0{,}0006192 + 717{,}86.D\frac{\zeta}{\lambda}}; \quad (12)$$

ou, à très peu près,

$$U = -\frac{\alpha}{2 6} + \sqrt{\frac{gD\zeta}{4 6.\lambda}} = -0{,}025 + 26{,}79\sqrt{\frac{D\zeta}{\lambda}} \ldots \quad (13)$$

On trouvera des tables des valeurs correspondantes de U et $\frac{D\zeta}{4\lambda}$ dans les *Recherches physico-mathématiques sur la théorie des eaux courantes* par M. de Prony, et dans l'écrit cité ci-dessous n° 112.

111. On a, pour calculer le diamètre d'un tuyau qui doit servir à écouler le volume d'eau Q dans une seconde sexagésimale, l'équation

$$\frac{\zeta}{\lambda} D^5 - \alpha' Q D^2 - 6' Q^2 = 0 \left\{ \begin{array}{l} \alpha' = \dfrac{16\alpha}{\pi g} = 0{,}00008827\,; \\ 6' = \dfrac{64 6}{\pi^2 g} = 0{,}002258\,; \\ Q = \Omega U = \dfrac{\pi D^2}{4} U. \end{array} \right.$$

112. Dans des mémoires publiés en 1814 et 1815 dans le recueil de l'Académie de Berlin, M. Eytelwein a appliqué les expériences connues sur le mouvement de l'eau dans les tuyaux à la détermination des coefficients α et 6 de l'équation (10) du n° 109, en y conservant le terme $U^2\left[\left(\frac{1}{m}-1\right)^2+1\right]$. Posant, pour abréger $\left(\frac{1}{m}-1\right)^2+1=\frac{1}{\mu^2}$, cette équation devient

$$2g\zeta = \frac{8\lambda}{D}(\alpha U + 6 U^2) + \frac{U^2}{\mu^2} \quad \ldots\ldots\ldots \quad (14)$$

M. Eytelwein suppose $\mu = \frac{13}{16} = 0{,}8125$, afin qu'en faisant $\lambda = 0$, l'équation donne pour U la valeur indiquée par l'expérience dans le cas où le fluide s'écoule par un ajutage cylindrique d'une très-petite longueur (*voyez* n° 78), et il trouve pour les valeurs qu'il convient d'attribuer aux coefficients α et 6, afin de représenter le mieux possible les résultats des expériences (le mètre étant l'unité linéaire),

$$\alpha = 0{,}000219304, \qquad 6 = 0{,}0027496.$$

L'équation précédente, résolue par rapport à U,

donne

$$U = \frac{-\lambda + \sqrt{\lambda^2 + \left(\frac{6}{2\alpha^2}\lambda + \frac{D}{16\mu^2\alpha^2}\right) 2gD\zeta}}{\frac{26}{\alpha}\lambda + \frac{D}{4\mu^2\alpha}};$$

ou, en substituant les valeurs précédentes de α et 6,

$$U = \frac{-\lambda + \sqrt{\lambda^2 + (560776 . \lambda + 38617582 . D) D\zeta}}{25,075 . \lambda + 1726,82 . D} \quad . . (15)$$

Voyez l'écrit intitulé *Recueil de cinq tables pour faciliter et abréger les calculs des formules relatives au mouvement des eaux*, etc..., publié en septembre 1825, par M. de Prony (les mémoires de M. Eytelwein ont été traduits dans les *Annales des mines*, t. 12, 1826).

113. Si λ est très-grand par rapport à D, on peut réduire cette expression à

$$U = \frac{-1 + \sqrt{1 + 560776 \frac{D\zeta}{\lambda}}}{25,075 + 1726,82 \frac{D}{\lambda}},$$

ou

$$U = \frac{-0,03988 + \sqrt{0,0015904 + 891,85 \frac{D\zeta}{\lambda}}}{1 + 68,865 \frac{D}{\lambda}} \quad . . . (16)$$

114. Si l'on veut se contenter d'une formule approchée plus simple que les précédentes, on négligera le terme αU dans l'équation (14) qui se réduira alors à

$$2g\zeta = \left(\frac{8\lambda}{D} 6 + \frac{1}{\mu^2}\right) U^2 \quad . . . . (17)$$

M. Eytelwein trouve que la valeur qui convient le mieux au coefficient β, pour représenter les résultats des expériences, est alors

$$\beta = 0{,}00349987.$$

On a pour l'expression de la vitesse

$$\mathrm{U} = \sqrt{\frac{2g}{8\beta} \cdot \frac{\mathrm{D}\zeta}{\lambda + \frac{\mathrm{D}}{8\mu^2\beta}}}, \quad \text{ou} \quad \mathrm{U} = 26{,}44\sqrt{\frac{\mathrm{D}\zeta}{\lambda + 54.\mathrm{D}}}. \quad (18)$$

115. Quant à la pression, en considérant en premier lieu un tuyau évasé à l'extrémité supérieure, on trouvera ici en employant le raisonnement des nos 17 et 22, remarquant que le moment des forces retardatrices agissant sur les tranches placées au-dessus de la section que l'on considère est $-\rho\chi s(\alpha U + \beta U^2)U dt$, et que le mouvement du fluide est censé uniforme,

$$p = \mathrm{P} + \rho g z - \frac{\rho \mathrm{U}^2}{2}\left(1 - \frac{\Omega^2}{\mathrm{O}^2}\right) - \frac{\rho\chi s}{\Omega}(\alpha \mathrm{U} + \beta \mathrm{U}^2), \quad (19)$$

pour la valeur de la pression dans la section du tuyau placée à la hauteur z au-dessous du niveau de l'eau dans le réservoir supérieur et à la distance s de l'extrémité supérieure du tuyau.

Si le tuyau n'est point évasé à l'extrémité supérieure, la formule précédente, conformément à ce qu'on a vu n° 68, devient

$$p = \mathrm{P} + \rho g z - \frac{\rho \mathrm{U}^2}{2}\left[1 - \frac{\Omega^2}{\mathrm{O}^2} + \left(\frac{1}{m} - 1\right)^2\right] - \frac{\rho\chi s}{\Omega}(\alpha \mathrm{U} + \beta \mathrm{U}^2), \quad (20)$$

et si la section du tuyau est très-petite par rapport à la

section supérieure O du réservoir

$$p = P + \rho g z - \frac{\rho U^2}{2\mu^2} - \frac{4\rho s}{D}(\alpha U + 6 U^2)$$

μ ayant la signification indiquée n° 112.

Si, comme cela arrivera dans beaucoup de cas, on peut négliger le terme $-\frac{\rho U^2}{2\mu^2}$, cette équation devient, en ayant égard à l'équation (11) du n° 110,

$$p = P + \rho g \left(z - \zeta \frac{s}{\lambda}\right) \ldots\ldots\ldots \quad (22)$$

Soit tracée (*fig.* 49). du niveau P du réservoir supérieur à l'extrémité inférieure du tuyau, la ligne droite PN. Dans la plupart des tuyaux de conduite, le rapport $\frac{s}{\lambda}$, ou $\frac{Mm}{MN}$, différera peu du rapport des lignes Pp, PR. Donc NR représentant ζ et mp représentant z, la ligne $\zeta \frac{s}{\lambda}$ sera représentée à fort peu près par pq. Par conséquent la pression en m sera due, d'après la formule précédente, à la hauteur mq; en sorte qu'adaptant en M un tuyau vertical à une petite ouverture faite dans la paroi, le fluide s'élèvera dans ce tuyau jusqu'à la rencontre de la ligne PN. En comparant ce résultat à celui du n° 107, on reconnaît l'augmentation que les forces retardatrices causent dans la pression qui a lieu dans le tuyau.

116. Supposant que l'eau sort d'un vase par un ajutage cylindrique, et que cet ajutage doit être prolongé par un tuyau du même diamètre, on pourrait demander de régler la pente de ce tuyau de manière que le fluide y

coulât avec la même vitesse avec laquelle il sortirait par un court ajutage. Nommant

z la charge du fluide sur le centre de l'orifice qui forme l'extrémité supérieure du tuyau ;

z' la différence de niveau des deux extrémités du tuyau ; on a $\zeta = z + z'$, et comme l'eau coulerait par l'ajutage cylindrique avec la vitesse $\mu\sqrt{2gz}$, z' doit être déterminé par la condition que l'équation

$$2g\zeta = \frac{8\lambda}{D}(\alpha U + 6U^2) + \frac{U^2}{\mu^2}$$

soit satisfaite par les valeurs $\zeta = z + z'$, $U = \mu\sqrt{2gz}$. Cette équation devient alors

$$2gz' = \frac{8\lambda}{D}(\alpha\mu\sqrt{2gz} + 6\mu^2.2gz;$$

d'où

$$\frac{z'}{\lambda} = \frac{8}{D}\left(\alpha\mu\sqrt{\frac{z}{2g}} + 6\mu^2 z\right),$$

ce qui donne la valeur de la pente par mètre du tuyau.

117. Si l'on avait un tuyau de conduite composé de plusieurs parties de différents diamètres, on connaîtrait la loi de l'écoulement, en introduisant dans le second membre de l'équation (9) plusieurs termes, tels que

$$\frac{8\lambda}{D}(\alpha U + 6U^2)$$

$$\frac{8\lambda'}{D'}\left(\alpha\frac{D^2 U}{D'^2} + 6\frac{D^4 U^2}{D'^4}\right)$$

$$\frac{8\lambda''}{D''}\left(\alpha\frac{D^2 U}{D''^2} + 6\frac{D^4 U^2}{D''^4}\right)$$

etc.....

U étant la vitesse du fluide dans la partie où le diamètre est D, et dont la longueur est λ;
D′ le diamètre de la partie dont la longueur est λ';
D″ le diamètre de la partie dont la longueur est λ'';
etc....

De l'effet d'un étranglement ou d'un renflement pour altérer le mouvement de l'eau dans un tuyau de conduite.

118. L'effet d'un étranglement (*fig.* 50), lorsque la paroi n'est pas évasée à l'entrée et à la sortie, est de faire perdre dans l'instant dt la force vive

$$\rho \Omega U dt \,.\, U^2 \left(\frac{\Omega}{m\Omega'} - 1\right)^2;$$

Ω' étant l'aire de l'orifice C par lequel l'étranglement laisse passer le fluide;
m le coefficient de la contraction qui a lieu à cet orifice (*voyez* n° 54).

Et si l'étranglement a lieu (*fig.* 51) sur une longueur qui surpasse deux ou trois fois le diamètre de l'orifice Ω', la force vive perdue est

$$\rho \Omega U dt \,.\, U^2 \left[\frac{\Omega^2}{\Omega'^2}\left(\frac{1}{m} - 1\right)^2 + \left(\frac{\Omega}{\Omega'} - 1\right)^2\right].$$

On doit donc, dans le premier cas, ajouter au second membre des équations (9) et (10), la quantité

$$U^2 \left(\frac{\Omega}{m\,\Omega'} - 1\right)^2,$$

et dans le second cas la quantité

$$U^2\left[\frac{\Omega^2}{\Omega'^2}\left(\frac{1}{m}-1\right)^2+\left(\frac{\Omega}{\Omega'}-1\right)^2\right].$$

L'effet d'un renflement (*fig.* 52), lorsque la paroi n'est pas évasée à l'entrée et à la sortie, est de faire perdre dans l'instant dt la force vive

$$\rho\Omega U dt \,.\, U^2\left[\left(1-\frac{\Omega}{\Omega''}\right)^2+\left(\frac{1}{m}-1\right)^2\right].$$

Ω'' étant l'aire de la section du tuyau en D dans l'endroit où le renflement a lieu ;

m le coefficient de la contraction qui a lieu en E, à la sortie de ce renflement ;

ce qui obligera à ajouter au second membre des équations citées ci-dessus la quantité

$$U^2\left[\left(1-\frac{\Omega}{\Omega''}\right)^2+\left(\frac{1}{m}-1\right)\right].$$

Un renflement diminue la vitesse d'écoulement, mais cette diminution est limitée ; tandis qu'un étranglement peut rendre cette vitesse aussi petite qu'on le voudra.

De l'effet d'un changement brusque de direction pour altérer le mouvement de l'eau dans un tuyau de conduite.

119. Cet effet ne peut être connu que par l'expérience. On représente (*fig.* 53) les résultats de celles que Dubuat a faites sur ce sujet, en admettant que le passage d'un coude fait perdre dans le temps dt une force vive

exprimée par

$$\rho \Omega U dt . U^2 (0{,}0039 + 0{,}0186 . r) \frac{C}{r^2} .$$

r étant le rayon de l'arc de cercle mn qui réunit les axes des deux parties du tuyau;

C la longueur de cet axe;

en sorte qu'on doit ajouter au second membre des équations (9) et (10) du mouvement du fluide, n° 109, la quantité

$$U^2 (0{,}0039 + 0{,}0186 . r) \frac{C}{r^2} .$$

Des jets d'eau alimentés par un tuyau de conduite.

120. Considérant un tuyau de conduite (*fig.* 54) à l'extrémité duquel est placé un petit orifice pour la formation d'un jet d'eau. Nommant

ζ la charge du fluide QR, qui a lieu sur l'orifice;

z la charge du fluide pm, qui a lieu sur une section quelconque du tuyau;

λ la longueur MR du tuyau;

s la longueur de la partie Mm;

O l'aire de la section du tuyau;

χ le contour de cette section;

D son diamètre $\left(\text{on a } \frac{\chi}{O} = \frac{4}{D}\right)$;

Ω l'aire de la section de la veine qui vient de franchir l'orifice R (supposé ouvert dans une paroi mince) après la contraction;

U la vitesse du fluide à la section Ω.

La vitesse dans le tuyau est $\frac{\Omega U}{O}$, et la quantité d'action imprimée pendant le temps dt par l'effet des forces d'adhésion, est exprimée, d'après le n° 109, par $-\rho\chi\lambda\left(\alpha\frac{\Omega U}{O}+6\frac{\Omega^2U^2}{O^2}\right)\frac{\Omega U}{O}\,dt$.

Supposant la section du réservoir supérieur fort grande par rapport à la section du tuyau, négligeant l'effet de la contraction en M, il n'y a pas de perte de force vive à compter. La force vive acquise est celle de la tranche qui sort en R, $\rho\,\Omega U\,dt\,U^2$. L'équation du mouvement du fluide est donc

$$2\rho g\zeta.\Omega U dt = 2\rho\chi\lambda\left(\alpha\frac{\Omega U}{O}+6\frac{\Omega^2U^2}{O^2}\right)\frac{\Omega U dt}{O}+\rho\Omega U\,dt.U^2,$$

ou

$$2g\zeta=\frac{8\lambda}{D}\left(\alpha\frac{\Omega U}{O}+6\frac{\Omega^2U^2}{O^2}\right)+U^2 \ldots\ldots \quad (1)$$

On tiendrait compte des effets des coudes, *étranglements ou renflements*, conformément aux n°s 118 et 119, en se rappelant que la vitesse dans le tuyau est ici $\frac{\Omega U}{O}$. La valeur de U déduite de cette équation fera connaître la dépense du jet. Il tend à s'élever à la hauteur $\frac{U^2}{2g}$; mais il s'élevera véritablement à une hauteur un peu moindre, à raison de la résistance de l'air, et de l'obstacle qu'oppose au mouvement l'eau qui retombe sur elle-même. On peut établir entre les quantités Ω et O les rapports convenables, suivant la grosseur ou la hauteur qu'on vent donner au jet.

Si l'orifice est garni d'un ajutage cylindrique, dont la section soit Ω, on a, conformément aux n°s 67 et 76, au lieu de l'équation précédente,

$$2g\zeta=\frac{8\lambda}{D}\left(\alpha\frac{\Omega U}{O}+6\frac{\Omega^2U^2}{O^2}\right)+U^2\left[1+\left(\frac{1}{m}-1\right)^2\right] \ldots \quad (2)$$

m étant le coefficient de la contraction qui a lieu à l'entrée de l'ajutage. Le jet est plus gros, dépense davantage, et s'élève moins haut.

121. La valeur de la pression, pour une section quelconque m du tuyau, en supposant toujours cette section fort petite par rapport à la section supérieure du réservoir, et négligeant l'effet de la contraction en M, est représentée par la formule

$$p = P + \rho g z - \frac{1}{2}\frac{\rho U^2 \Omega^2}{O^2} - \frac{4\rho s}{D}\left(\alpha\frac{U\Omega}{O} + 6\frac{U^2\Omega^2}{O^2}\right) \ldots (3)$$

où l'on devra mettre pour U les valeurs données par les équations (1) ou (2).

Si, comme cela arrivera pour un long tuyau, on peut négliger dans les équations (1), (2) et (3) les termes U^2, $U^2\left[1+\left(\frac{1}{m}-1\right)^2\right]$, $\frac{1}{2}\frac{\rho U^2 \Omega^2}{O^2}$, l'équation (3) deviendra

$$p = P + \rho g\left(z - \zeta\frac{s}{\lambda}\right),$$

expression qui s'interprète de la manière indiquée n° 115.

XIV. *Du mouvement de l'eau dans les rigoles et les canaux découverts.*

122. Le mouvement de l'eau dans un canal découvert diffère principalement de celui qui a lieu dans un tuyau de conduite, en ce que la grandeur de la section n'étant point déterminée d'avance, la hauteur du fluide peut varier dans chaque section. Cette hauteur se règle toujours par la condition que la pression à la surface supérieure soit égale à la pression atmosphérique.

Considérons un tuyau très-long, dont la section est constante. La valeur de la pression sera représentée par l'équation 22 du n° 115. Par conséquent, si la pente du tuyau est également constante, le fluide, dans toutes les sections transversales, n'exercera contre le sommet de la paroi qu'une pression égale à la pression atmosphérique. Si cette paroi offre en dessus une face plane, cette face pourra donc être enlevée, sans que les conditions du mouvement soient altérées. Un courant d'eau ne différant point d'un tuyau semblable au précédent, on conclut de ce qui précède :

1° Que, dans un canal dont le fond a une pente uniforme, et où la figure et les dimensions transversales de la section sont constantes, le mouvement du fluide se règle toujours de manière que la *hauteur de la section et la vitesse moyenne soient aussi constantes*;

2° *Que ce mouvement est exprimé par une équation semblable* à l'équation (11) du n° 110, c'est-à-dire

$$\frac{g\Omega\zeta}{\chi\lambda} = \alpha U + 6 U^2,$$

ou

$$gRi = \alpha U + 6 U^2.$$

Ω étant l'aire de la section transversale du courant d'eau;

χ la portion du contour de cette section qui correspond à la paroi solide dans laquelle l'eau est contenue;

$R = \frac{\Omega}{\chi}$, le *rayon moyen* de la section;

$i = \frac{\zeta}{\lambda}$, la pente par mètre du courant d'eau.

Il est nécessaire d'ailleurs, pour satisfaire aux expériences connues, d'attribuer aux constantes α et 6 des valeurs un peu différentes de celles qui conviennent au cas de l'écoulement dans les tuyaux, et qui sont

$$\alpha = 0{,}000436, \qquad \beta = 0{,}003034;$$

d'où

$$\frac{\alpha}{g} = 0{,}00004445, \qquad \frac{\beta}{g} = 0{,}0003093.$$

On a donc

$$gRi = 0{,}000436 \,.\, U + 0{,}003034 \,.\, U^2;$$

d'où l'on tire pour la valeur de la vitesse moyenne

$$U = -0{,}07185 + \sqrt{0{,}005163 + 3233 \,.\, Ri}.$$

123. On déduit de l'équation précédente, en nommant

$Q = \Omega U$ le volume d'eau qui passe en une seconde dans chaque section du canal,

$$\frac{\Omega^3}{\chi} - \frac{\alpha}{g}\frac{Q}{i}\Omega - \frac{\beta}{g}\frac{Q^2}{i} = 0,$$

pour la relation qui existe entre l'aire de la section, son périmètre, la pente du canal et la dépense en une seconde.

Les expériences, d'après lesquelles les valeurs de α et β ont été déterminées, ont été faites sur des canaux dont les dimensions étaient très-variées. La valeur de U s'est élevée jusqu'à $0^m{,}88$. Les différences entre les résultats des expériences et les valeurs données par la formule sont moyennement de $\frac{7}{100}$ (*voyez* les *Recherches physico-mathématiques sur la théorie des eaux courantes*, par M. de Prony).

124. M. Eythelwein, dans le travail cité n° 112, a

employé, pour la détermination des coefficients de l'équation précédente, un nombre d'expériences beaucoup plus considérable, dans lesquelles la valeur de la vitesse s'est élevée à près de $2^m,5$. D'après les résultats auxquels il est parvenu, on a

$$\alpha = 0,0002380122, \qquad \beta = 0,003585526;$$

d'où

$$\frac{\alpha}{g} = 0,0000242651, \qquad \frac{\beta}{g} = 0,000365543;$$

et l'expression de la vitesse moyenne est

$$U = -0,03319 + \sqrt{2735,66 \,.\, Ri + 0,00110163},$$

le mètre étant pris pour l'unité linéaire. Cette expression donne des valeurs un peu moindres que celles de M. de Prony, lorsque la vitesse surpasse $0^m,40$. On trouve des valeurs correspondantes de Ri et U dans l'écrit cité à la fin du n° 112.

125. La pression, dans un point quelconque d'un courant d'eau où le mouvement est uniforme, la pente et la section constantes, est toujours due à la distance verticale de ce point à la surface du fluide, comme si l'eau était stagnante. C'est par erreur que Dubuat admet un autre principe.

Des relations entre la vitesse à la surface, la vitesse du fond et la vitesse moyenne, dans un courant où la pente et la section sont constantes.

126. L'adhérence de l'eau pour les matières qui forment la paroi, celle des molécules fluides les unes pour les autres, les résistances qui proviennent des inégalités de la surface de cette paroi, diminuent la vitesse des

filets qui en sont le plus rapprochés. Dans un tuyau la vitesse des filets croît progressivement depuis la paroi jusqu'à l'axe. Dans un canal découvert, la vitesse du filet, qui est à la surface et au milieu du courant, est, à peu de chose près, la plus grande de toutes. La vitesse au fond du lit est la plus petite. La vitesse moyenne est celle qui, multipliée par l'aire de la section, donne la dépense. Dubuat a fait beaucoup d'expériences dans la vue de rechercher les relations de ces trois vitesses. Il paraît résulter de ces expériences que ces relations ne varient pas sensiblement avec la figure et la grandeur absolue des sections. Cet auteur avait déduit de ses observations des règles de calcul, auxquelles M. de Prony en a substitué d'autres plus simples et plus exactes (*voyez* l'ouvrage cité, n° 110). On a, à fort peu près,

$$U = \frac{V(V+2,73187)}{V+3,1532},$$

$$W = 2U - V.$$

U étant la vitesse moyenne;
V la vitesse à la surface et au milieu du courant;
W la vitesse au fond du lit.

On peut s'épargner le calcul de la première de ces formules, en employant la table suivante :

VITESSE A LA SURFACE.	$0^m,00$	$0^m,5$	$1^m,0$	$1^m,5$	$2^m,0$	$2^m,5$	$3^m,0$
Rapport de la vitesse moyenne à la vitesse à la surface . . .	0,725	0,786	0,812	0,832	0,848	0,862	0,873

Les vitesses, dans les expériences sur lesquelles ces résultats sont établis, se sont élevées jusqu'à $1^m,3$.

XV. *Des effets produits par les barrages établis dans un courant d'eau.*

127. Un des objets les plus intéressants pour l'art de conduire les eaux est la connaissance des effets que l'on produit en *barrant* en partie un courant d'eau, c'est-à-dire en établissant un ouvrage qui gêne le cours de l'eau, et l'oblige à passer dans une section plus resserrée. Le résultat d'une disposition de cette nature est de faire prendre à l'eau une plus grande vitesse. Cela ne peut arriver sans que le niveau de la surface ne s'élève en amont de la section dont il s'agit, afin de produire une charge capable d'imprimer l'excédant de vitesse que l'eau doit prendre. Cette élévation de la surface se nomme *remous*. La hauteur du remous, quelle que soit la nature de la modification apportée à la section, peut être déterminée d'une manière suffisamment approchée au moyen des considérations suivantes.

128. Si, par exemple (*fig.* 55), MN étant le fond du lit, et mn la direction primitive de la surface de l'eau, qui est parallèle à ce fond, un vannage est établi en P; nommant

Ω l'aire de la section ordinaire du courant;
U la vitesse moyenne;
Ω' l'aire de l'orifice établi dans le barrage;
m le coefficient de la contraction de la veine à la sortie de cet orifice;
ζ la hauteur pq du remous occasionné par le barrage.

On aura $\frac{U\Omega}{m\Omega'}$ pour la vitesse moyenne que l'eau devra prendre après son passage par l'orifice. Or le système dont il s'agit peut être assimilé à un vase où l'eau, entrant par la section Ω, sortirait par la section $m\,\Omega$, sur le centre de laquelle il y aurait une charge ζ. Donc, conformément aux résultats établis précédemment, et en négligeant la considération de la pente du lit, qui est ordinairement très-petite, on a

$$\frac{U\Omega}{m\Omega'} = \sqrt{\frac{2g\zeta}{1-\frac{m^2\Omega'^2}{\Omega^2}}}, \quad \text{d'où} \quad \zeta = \frac{U^2}{2g}\left(\frac{\Omega^2}{m^2\Omega'^2} - 1\right).$$

On parvient au même résultat en remarquant que la vitesse à l'orifice doit être due à la charge du fluide qui a lieu sur cet orifice, plus la hauteur due à la vitesse naturelle du courant.

129. En supposant (*fig.* 56) que la section ait été resserrée sur le fond et les côtés seulement, et admettant que le seuil Q du barrage ne s'élève pas jusqu'au niveau de la surface *mn* du courant dans son état naturel. Nommant

- C la profondeur naturelle *mM* du courant;
- y la distance QR, depuis le niveau du seuil du barrage jusqu'au niveau primitif de la surface du courant;
- ζ la hauteur RT du remous qu'occasionne la présence du barrage;
- b la largeur laissée au passage de l'eau sur le barrage;
- U la vitesse moyenne naturelle du courant;
- H la hauteur due à cette vitesse $= \frac{U^2}{2g}$;
- Q la dépense par seconde du courant :

on pourra (conformément à ce qui a été dit n° 83) regarder la section S comme étant formée de deux parties, l'une QR, dans laquelle le fluide s'écoule avec une vitesse moyenne due à la différence TR ou ζ des niveaux du fluide en amont et en aval de cette section ; l'autre RS dans laquelle le fluide coule comme s'il jaillissait librement dans l'air. Si l'on suppose d'ailleurs la hauteur inconnue S de cette dernière partie déterminée d'après le principe employé no 62, on aura, en appliquant ici le résultat de ce n°, $RS = 0{,}7247 \cdot \zeta$. D'après cela, et en remarquant que, pour avoir égard au mouvement primitif du fluide, il faut supposer les charges produisant les vitesses dans chaque partie de l'orifice augmentées de la hauteur H, il viendra :

1° Pour la dépense faite par la partie inférieure QR de l'orifice, en nommant m le coefficient de la contraction qui convient à cette partie;

$$mb\gamma \,.\, \sqrt{2g(\zeta + H)};$$

2° Pour la dépense faite par la partie supérieure RS, en nommant m' le coefficient de la contraction qui convient à cette partie,

$$m'b \,.\, 0{,}7247 \,.\, \zeta \sqrt{2g\left\{\frac{4}{9}\left(\frac{\left[1-(0{,}2753)^{\frac{3}{2}}\right]\zeta^{\frac{3}{2}}}{0{,}7247 \,.\, \zeta}\right)^2 + H\right\}}.$$

On aura donc l'équation

$$Q = b\sqrt{2g}\left\{m\gamma\sqrt{\zeta + H} + 0{,}7247 \,.\, m' \,.\, \zeta\sqrt{0{,}6195 \,.\, \zeta + H}\right\};$$

et la valeur de ζ qui satisfera à cette équation donnera la hauteur RT du remous.

130. Si la section était seulement resserrée par les côtés, comme cela arrive généralement au passage des ponts, on supposerait $\gamma = C$. La valeur trouvée pour ζ

indiquerait la chute qui se forme à ce passage. Les valeurs qu'il convient alors d'attribuer aux coefficients m et m' sont les suivantes. Lorsque les piles sont terminées en demi-cercle ou par des angles aigus, 0,95; lorsqu'elles sont terminées par des angles obtus, 0,9; quand elles sont terminées carrément, en supposant les arches grandes 0,85; dans les cas les plus désavantageux, c'est-à-dire, pour de petites arches, et lorsque les naissances des voûtes plongent sous l'eau, 0,7 environ.

131. Si le niveau Q du seuil du déversoir (*fig.* 57) s'élevait au-dessus du niveau primitif R de la surface du courant, il faudrait supposer dans l'équation précédente $\gamma = 0$, ce qui donnerait

$$Q = b\sqrt{2g} \, . \, 0{,}7247 \, . \, m' \, . \, \zeta \sqrt{0{,}6195 \, . \, \zeta + H}.$$

La valeur de ζ *que l'on déduirait* de cette équation indiquerait alors, non plus la *quantité RT dont* la surface de l'eau s'est élevée en avant du barrage, mais la quantité QT dont cette surface s'est élevée au-dessus du seuil du déversoir.

132. Après la détermination de la hauteur du remous produit par un étranglement de la section, une recherche très-importante est celle de la figure du remous, c'est-à-dire, de la courbure qu'affecte au-dessus du barrage la surface de l'eau jusqu'à l'endroit où elle reprend son inclinaison naturelle.

Considérons (*fig.* 58) une portion quelconque d'un courant d'eau, comprise entre les deux sections MN et mn, et désignons par

Ω et ω les aires des sections MN et mn;

Z et z les distances verticales MP et mp comptées

du fond du lit jusqu'à un plan horizontal quelconque Pp ;

Z_{1} et z_{1} les distances verticales GP et gp comptées du centre de gravité des sections jusqu'au même plan horizontal ;

H et h les hauteurs de l'eau MN et mn dans les deux sections ;

H_{1} et h_{1} les hauteurs MG et mg des centres des sections sur le fond du lit ;

U et u les vitesses moyennes de l'eau dans les deux sections MN et mn ;

P et p les pressions moyennes qui ont lieu dans les mêmes sections ;

S et s les longueurs des arcs passant par les centres de gravité des tranches qui se terminent aux points G et g ;

ρ, g et t *ayant les mêmes significations qui leur ont été attribuées dans les numéros précédents.*

Nous supposons toujours le mouvement du fluide constant, c'est-à-dire que la vitesse ne varie pas avec le temps dans une même section. La force vive acquise dans l'élément dt par la portion de fluide comprise dans l'intervalle $MNnm$ sera donc l'excès de la force vive de la tranche qui passe en MN sur la force vive de la tranche, qui passe en mn, c'est-à-dire

$$\rho\omega u dt(U^2 - u^2).$$

La quantité d'action imprimée dans le même temps par la gravité est

$$\rho g\omega u dt(Z_{1} - z_{1}).$$

La quantité d'action imprimée par les pressions exercées

sur les sections extrêmes est

$$p\omega u\,dt - P\Omega U\,dt;$$

enfin, en évaluant l'effet des forces retardatrices, conformément à ce qu'on a vu n° 109, la quantité d'action imprimée par ces forces sera

$$-\int_s^S \rho\chi ds\,(\alpha u + 6u^2).$$

Nous aurons donc (en divisant tout par les facteurs constants $\omega u\,dt$, $\Omega U\,dt$) l'équation

$$\frac{1}{2}\rho(U^2 - u^2) = \rho g(Z_1 - z_1) + p - P - \rho\int_s^S ds\,\frac{\chi}{\omega}\,(\alpha u + 6u^2).$$

Mais l'on a $Z_1 = Z - H_1$, et $z_1 = z - h_1$; de plus, comme la surface supérieure du fluide est libre, la pression moyenne qui a lieu dans chaque section est due à la distance moyenne de chaque point de la section à la surface du fluide, ce qui donne $P = \rho g\,(H - H_1)$ et $P = \rho g\,(h - h_1)$. Ces valeurs, étant substituées dans l'équation précédente, la changent en

$$\frac{U^2}{2g} - \frac{u^2}{2g} = Z - z - (H - h) - \int_s^S ds\,\frac{\chi}{\omega}\left(\frac{\alpha}{g}u + \frac{6}{g}u^2\right)\ldots \quad (m)$$

Si l'on différentie cette équation, on aura

$$-\frac{u\,du}{g} = -dz + dh + ds.\frac{\chi}{\omega}\left(\frac{\alpha}{g}u + \frac{6}{g}u^2\right).$$

Soit Q le volume d'eau qui traverse chaque section dans l'unité de temps, d'où $u = \frac{Q}{\omega}$. Supposons constante la pente du fond du courant, que nous désignerons par i, d'où $dz = ids$. L'équation précédente deviendra

$$\frac{Q^2 d\omega}{g\omega^3} = -ids + dh + ds.\frac{\chi}{\omega}\left(\frac{\alpha}{g}\frac{Q}{\omega} + \frac{6}{g}\frac{Q^2}{\omega^2}\right).$$

Admettons encore que la figure de la section soit régulière, en sorte que l'aire de cette section soit une fonction donnée de la profondeur h seulement. En appelant x la largeur de la section au niveau de la surface de l'eau, on aura alors $d\omega = xdh$, et l'on déduira de cette équation

$$ds = dh \frac{\frac{Q^2 x}{\omega^3} - 1}{\frac{\chi}{\omega}\left(\frac{\alpha}{g}\frac{Q}{\omega} + \frac{6}{g}\frac{Q^2}{\omega^2}\right) - i},$$

d'où l'on tire en intégrant

$$s = \int dh \frac{\frac{Q^2 x}{\omega^3} - 1}{\frac{\chi}{\omega}\left(\frac{\alpha}{g}\frac{Q}{\omega} + \frac{6}{g}\frac{Q^2}{\omega^2}\right) - i} \quad \ldots\ldots\ldots \quad (n)$$

Cette équation a été donnée d'une autre manière par M. Bélanger dans l'écrit intitulé *Essai sur la solution numérique de quelques problèmes relatifs au mouvement permanent des eaux courantes*, 1828. Elle peut servir, lorsque la pente du lit est constante, à déterminer les valeurs correspondantes de s et de h, et par conséquent la figure du remous, quand la figure de la section transversale est donnée. On peut voir dans cet écrit la manière dont on simplifie et abrége les calculs par l'emploi de diverses tables.

On peut aussi, comme l'a proposé M. de Prony (*Annales des ponts et chaussées*), employer l'équation (n) sous la forme

$$\Delta s = \Delta h . \frac{\frac{2x}{\omega}\frac{u^2}{2g} - 1}{\frac{\chi}{\omega}\left(\frac{\alpha}{g} u + \frac{6}{g} u^2\right) - i};$$

ce qui revient à supposer les quantités ω, χ et u, qui dépendent de h, constantes dans l'intervalle Δs, et égales aux valeurs qui conviennent à l'une des extrémités de cet intervalle. On en tirera

$$\Delta h = \Delta s . \frac{\frac{\chi}{\omega}\left(\frac{\alpha}{g} u + \frac{6}{g} u^2\right) - i}{\frac{2x}{\omega}\frac{u^2}{2g} - 1},$$

formule qui servira à déterminer la variation de la profondeur de l'eau correspondante à l'intervalle Δs avec une exactitude d'autant plus grande que cet intervalle sera plus petit. Le calcul de cette formule est facile, puisque l'on a des tables qui donnent les valeurs de $\frac{u^2}{2g}$ et $\frac{\alpha}{g} u + \frac{6}{g} u^2$ correspondantes à celles de u.

133. Ce qu'on pourrait appeler la *longueur totale* du remous serait la distance comprise entre le barrage qui produit l'élévation de l'eau, et le point où le courant reprend sa profondeur primitive, c'est-à-dire la profondeur qui convient au régime. On trouverait cette longueur en prenant l'intégrale dans l'équation (n), depuis la valeur de h qui a lieu près du barrage jusqu'à la valeur de h qui convient au régime. Or cette dernière valeur est telle qu'elle doit satisfaire à l'équation du n° 122,

$$\frac{g\omega i}{\chi} = \alpha U + \beta U^2, \qquad \text{ou} \qquad \frac{g\omega i}{\chi} = \alpha \frac{Q}{\omega} + \beta \frac{Q^2}{\omega^2},$$

c'est-à-dire qu'elle rendra nul le dénominateur de la fonction qui multiplie dh sous le signe $\int$ dans l'équation (n). Il suit de là que l'ordonnée extrême de la courbe, dont l'aire donne la valeur de s, est infinie, et, en général, l'aire de cette courbe sera également infinie. Donc, à parler rigoureusement, lorsqu'un obstacle a fait exhausser la surface de l'eau dans un point déterminé d'un courant où le régime était établi, cet exhaussement se prolonge en amont jusqu'à une distance infinie; mais il diminue progressivement, et devient bientôt insensible.

Il existe toutefois certains cas *d'exception*, *qui ont* lieu lorsque, en *faisant décroître* successivement h, à *partir de la valeur maximum* qui a lieu près du barrage, *le* numérateur de la fonction qui multiplie dh dans l'équation (n) décroît plus rapidement que le dénominateur, et devient nul avant ce dernier. Ces cas se présentent principalement quand la vitesse du courant est grande et la hauteur de la section petite. La surface du remous est alors convexe vers le haut.

MN étant le fond du lit (*fig.* 59), mn le niveau primitif de la surface de l'eau, qui est parallèle à ce fond, la surface du remous causé par le barrage P, donnée par l'équation (n), sera une courbe ABC, située au-dessous de l'horizontale menée par le point le plus élevé A du gonflement, qui est toujours situé à une petite distance en amont du barrage. Ainsi cette équation n'indique plus ici que l'exhaussement s'étende à une longueur infinie. L'expérience apprend que, dans ce cas, le passage du niveau primitif *mn* de la surface de l'eau à la surface du remous s'opère par un ressaut indiqué en B, la hauteur de la section subissant un changement brusque.

On connaîtrait la position du ressaut B si l'on en connaissait la hauteur. Cette hauteur peut être déterminée en remarquant que l'équation (*m*), du n° 132, si l'on y néglige le terme qui exprimerait l'effet des forces retardatrices dans le petit intervalle $\mu\,\mu'$, aussi bien que la différence du niveau des points μ, μ', donnera pour la hauteur cherchée

$$\mathrm{H}-h=\frac{u^2}{2g}-\frac{\mathrm{U}^2}{2g},$$

équation dans laquelle **H** et **U** appartiennent à la section μ', et h et u à la section μ.

Ces résultats s'accordent avec des expériences faites par M. Bidone, et publiées dans les *Mémoires de l'Académie de Turin pour* 1820.

134. Lorsque la pente du fond du lit et la figure de la section transversale sont tout à fait irrégulières, comme dans le cas d'une rivière dont le lit est seulement défini par un profil longitudinal et par des sections transversales prises d'espace en espace, la formule (*n*) ne peut être appliquée. On peut alors employer avec un certain degré d'approximation l'équation (*m*) en la mettant sous la forme

$$\mathrm{H}-h=\mathrm{Z}-z-\left(\frac{\mathrm{U}^2}{2g}-\frac{u^2}{2g}\right)-(\mathrm{S}-s).\frac{1}{2}\left[\frac{\mathrm{X}}{\Omega}\left(\frac{\alpha}{g}\mathrm{U}+\frac{\beta}{g}\mathrm{U}^2\right)+\frac{\chi}{\omega}\left(\frac{\alpha}{g}u+\frac{\beta}{g}u^2\right)\right].$$

Nous substituons ici à l'intégrale $\int_s^{\mathrm{S}} ds\,\frac{\chi}{\omega}\left(\frac{\alpha}{g}\,u+\frac{\beta}{g}\,u^2\right)$ le produit de l'intervalle $\mathrm{S}-s$ par la demi-somme des valeurs extrêmes de la quantité $\frac{\chi}{\omega}\left(\frac{\alpha}{g}\,u+\frac{\beta}{g}\,u^2\right)$. Dans cette équation $S-s$ et $Z-z$ sont données. On connaît également H, et par conséquent X, Ω et U qui en dépendent. Il faudra essayer diverses valeurs pour h, dont dépendent χ, ω et u, et déterminer la valeur de cette quantité qui satisfait à l'équation dont il s'agit. Les calculs seront facilités par les tables qui donnent les valeurs de $\frac{u^2}{2g}$ et $\frac{\alpha}{g}u+\frac{6}{g}u^2$ correspondants à une valeur donnée de u.

XVI. *Du régime des rivières.*

135. On entend par le *régime* d'une rivière certaines relations existantes entre la grandeur du lit, la pente, la nature du terrain et le volume des eaux, d'après lesquels l'état de la rivière est fixé et ne varie pas *sensiblement* avec le temps.

Régler une rivière, c'est lui procurer un régime fixe, c'est-à-dire la mettre dans un état permanent, où elle n'attaque point les terrains voisins, ne nuise pas à la culture par ses inondations, conserve dans son lit une profondeur suffisante pour la navigation, et sur ses bords un chemin de halage commode. L'art de régler les rivières embrasse une grande variété de considérations délicates, dont on énoncera succinctement les principales.

136. Les terrains dans lesquels les lits sont formés présentent des matières très-variées. Ces matières peuvent être classées, sous le rapport de la facilité avec laquelle elles sont entraînées par les eaux, d'après leur pesanteur spécifique, la figure des parties, et surtout leur grosseur. Dubuat, en plaçant divers corps sur le fond d'un canal fait avec des madriers, et mesurant la vitesse qui avait lieu sur ce fond, a observé que les matières désignées ci-dessous cessaient d'être

roulées et emportées lorsque cette vitesse avait les valeurs suivantes :

1° Argile brune, propre à la poterie		0,m 081
2° Gros sable jaune		0, 217
3° Gravier de la Seine	gros comme une graine d'anis	0, 108
	gros comme un poids, au plus	0, 189
	gros comme une petite fève de marais	0, 325
4° Galets de mer arrondis, de 0m,027 de diamètre, au plus		0, 650
5° Pierres à fusil anguleuses, du volume d'un œuf de poule.		0, 975

On trouve les indications suivantes dans l'article *Bridge* de *l'Encyclopédie d'Édimbourg*, rédigé par MM. Telford et Nimmo.

VITESSES par SECONDE.	MATIÈRES Qui résistent à ces vitesses Et cèdent à des vitesses plus grandes.
0,m 076	Terre détrempée, boue.
0, 152	Argile tendre.
0, 305	Sable.
0, 609	Gravier.
0, 914	Cailloux.
1, 22	Pierres cassées, silex.
1, 52	Cailloux agglomérés, schistes tendres.
1, 83	Roches en couches.
3, 05	Roches dures.

La facilité avec laquelle les parois d'un lit cèdent à l'action des eaux dépend d'ailleurs du talus de ces parois et de la direction du courant. Elles sont attaquées avec d'autant plus de force, que ce talus est plus rapide et la direction plus voisine de la perpendiculaire.

137. La pente des rivières diminue généralement depuis la source jusqu'à l'embouchure. La section s'accroît, et la

vitesse diminue en conséquence. Les matières que les eaux ont entraînées dans les parties supérieures se déposent successivement ; il n'arrive à la mer que les sables les plus fins, ou les argiles tenus en suspension, et dont les dépôts forment des barres aux embouchures des fleuves.

138. Une rivière dont le volume d'eau serait constant tendrait d'elle-même à régler son lit, soit en augmentant la largeur, ce qui diminue le rayon moyen, par conséquent la vitesse, et par suite l'action que le courant est capable d'exercer ; soit en formant des contours qui diminuent la pente par l'augmentation du développement du lit, et par conséquent diminuent aussi la vitesse.

Un coude commencé tend à se prononcer de plus en plus. Le courant attaque la berge concave, qui devient plus verticale : il prend au pied de cette berge plus de profondeur et plus de vitesse, et dépose les matériaux entraînés du côté de la berge convexe qui s'atterrit.

Lorsque le vallon est trop étroit pour que les contours puissent prendre un développement assez grand et diminuer suffisamment la pente et la vitesse, le lit est continuellement modifié et les contours transportés en avant, de manière à occuper successivement toute la surface de la vallée.

139. Une rivière, dans les parties supérieures de son cours, a généralement une vitesse plus que suffisante pour dégrader son lit et entraîner les parties du terrain. La vitesse diminuant progressivement, et devenant nulle à l'embouchure dans la mer, les matières entraînées se déposent. Le fond du lit tend donc à s'élever. A la suite d'une crue, ce lit a perdu de sa profondeur ; il est devenu moins capable de recevoir la crue suivante ; et les parois présentant ordinairement alors moins de résistance que les dépôts amenés sur le fond, cette nouvelle crue produit la division du courant en plusieurs bras. Les rivières tendent ainsi à parcourir ir-

régulièrement les parties inférieures des vallées où elles coulent, à les couvrir de dépôts nuisibles à l'agriculture, et à s'y diviser en un grand nombre de bras n'ayant qu'un faible volume d'eau, et peu propres à la navigation. Ces effets sont plus sensibles lorsque les crues apportent des parties supérieures de gros sables ou des graviers, parce que ces matières résistent à la vitesse ordinaire du courant dans l'intervalle des crues. Ils le sont moins lorsque les dépôts sont formés d'argile ou de sable fin; matières qui peuvent être entraînées par les moindres vitesses; en sorte que le lit encombré peut se creuser de nouveau dans l'intervalle des crues.

Les variations dans le volume et dans la vitesse des eaux s'opposent à ce que le régime d'aucune rivière soit rigoureusement fixé. Une crue tend à augmenter le lit dans les parties supérieures, et les matières qu'elle entraîne encombrent ce même lit dans les parties inférieures. Ces dépôts arrivent en partie à la mer, ce qui prolonge les *delta* existant généralement à l'embouchure des grands fleuves; mais ils ne peuvent y parvenir tous, et le fond des vallées s'élève progressivement aux dépens des montagnes où les sources des rivières sont placées.

140. Les principes d'après lesquels doivent être dirigés les travaux destinés au règlement des rivières sont fondés sur les considérations précédentes. Ces travaux ont généralement pour objet de remédier :

1° Aux corrosions des berges qui enlèvent des terrains utiles à l'agriculture;

2° Aux dépôts dans le lit, qui nuisent à la navigation et tendent à faire ouvrir de nouveaux bras;

3° Aux inondations, nuisibles surtout dans l'emplacement des villes.

1° On garantit une berge attaquée par le courant en la revêtant par des constructions susceptibles de résister à l'action de l'eau. Ces constructions doivent conserver à la berge sa forme actuelle. Si cette berge a été fortement endommagée, et qu'on veuille reprendre sur le fleuve le terrain enlevé, on doit former une levée suivant la direction primitive de la berge, en raccordant avec soin les extrémités à la direction des berges existantes. Il faut éviter en général les constructions connues sous le nom d'*épis*, dirigées transversalement sur le fil de l'eau, et qui tendent à en changer brusquement la direction. On peut seulement employer quelquefois des épis à tête noyée pour renforcer une berge sur laquelle le courant paraît se diriger. C'est à tort, en général, que l'on croit fixer le cours d'un fleuve qui attaque fortement ses rives en redressant son lit : le résultat de cette opération est d'augmenter la vitesse, et par conséquent la force avec laquelle le terrain peut être emporté.

2° Un dépôt formé accidentellement dans le lit d'un fleuve indique généralement que la section est trop large. On le fait disparaître en diminuant cette largeur par un remblai établi en avant de la berge concave, et consolidé par un revêtement. Sans une précaution semblable on enlèverait inutilement le dépôt; il se reformerait de lui-même par l'effet des crues suivantes.

Quant aux effets produits dans les parties inférieures du cours d'un fleuve par les dépôts que les crues y abandonnent, et dont il a été parlé n° 139, on ne peut y remédier que par un vaste ensemble de travaux. Un des moyens les plus efficaces consiste à retenir les dépôts dans les montagnes d'où sort le fleuve, en barrant les torrents par des digues qui obligent l'eau à couler par cascades, entre lesquelles elle a peu de vitesse. Les crues ne peuvent entraîner alors que des matières susceptibles d'être délayées, et qui donnent lieu à beaucoup moins d'inconvénients que les cailloux et les graviers.

On peut aussi (comme on l'a fait pour la Loire) abandonner au fleuve un large espace, contenu entre des levées que les crues ne surmontent point, dans lequel le courant est libre de divaguer à volonté, mais que les dépôts n'élèvent que très-lentement. Ce parti a l'inconvénient de perdre beaucoup de terrain, et de rendre la navigation difficile et pénible.

Enfin, on peut (comme on l'a fait pour le Pô) contenir le lit du fleuve dans un espace resserré, formé par des digues que les crues ne surmontent point. Cette disposition ne perd pas de terrain, et maintient le lit dans l'état convenable pour la navigation. Mais les dépôts élevant rapidement le lit, il faut élever les digues en conséquence, et bientôt le fleuve se trouve suspendu au-dessus de la surface des terrains environnants. Ces terrains sont alors exposés à de grands désastres, dans le cas où une crue extraordinaire causerait la rupture des digues.

3° Un volume d'eau considérable, étant versé dans la partie supérieure du lit d'un fleuve, prend, en s'écoulant dans chaque partie du cours, une vitesse principalement déterminée par la pente et par la figure de la section. Dans les parties supérieures les crues s'élèvent à une grande hauteur; le courant est rapide, et la crue dure peu de temps. Dans les parties inférieures la crue s'élève moins haut, le courant a une vitesse moindre, et cette crue dure plus longtemps. Ces modifications sont le résultat de la disposition générale du lit; et si un volume d'eau donné, introduit vers la source, y produit un certain excédant de dépense, il s'ensuivra, à une époque subséquente, un excédant de dépense déterminé dans chaque point donné du cours du fleuve.

Ainsi, sur un point donné du cours d'un fleuve, tel que l'emplacement d'une ville, en supposant une crue qui s'élève à une hauteur donnée, la dépense du fleuve est alors déterminée, et il n'y a aucun moyen de la changer. Quand la dépense d'un courant est donnée, on ne peut faire abaisser la surface qu'en augmentant la largeur de la section, ou en augmentant la pente. Il faut donc, pour diminuer la hauteur des crues, élargir le lit, creuser de nouveaux bras, supprimer des barrages, s'il en existait en aval de la ville, ou construire des barrages en amont. Ces moyens, à l'exception de la suppression des barrages, sont en général très-peu efficaces, ou sujets à de grands inconvénients.

Les égouts doivent, autant que possible, aboutir dans la rivière au-dessous de la ville.

XVII. *Du mouvement d'un fluide élastique coulant dans un vase.*

141. Soit ABCD (*fig.* 60) un vase ou un tuyau, dont l'axe MN est horizontal, et dans lequel coule un fluide élastique. Conservant ici l'hypothèse du parallélisme des tranches, on admet que la première section A B du tuyau est adjacente à un réservoir ou gazomètre, dans lequel la pression, et par conséquent la densité du fluide, sont maintenues constantes. A la dernière section ou orifice d'écoulement CD, la pression, qui est celle du milieu dans lequel le fluide s'écoule, est également supposée constante. Le fluide coule dans le sens MN par l'effet de la différence de ces pressions, et on suppose que le mouvement est devenu constant, et ne varie pas avec le temps. On nommera

ω l'aire d'une section transversale quelconque $\alpha\beta$;

Ω l'aire de l'orifice CD;

O l'aire de la première section AB du tuyau ;

x la distance $M\mu$ des sections AB et $\alpha 6$;

u la vitesse de la tranche de fluide placée en $\alpha 6$;

U la vitesse de la tranche de fluide placée en CD ;

p la pression qui a lieu en $\alpha 6$;

P la pression intérieure qui a lieu dans le gazomètre et dans la section AB ;

P' la pression extérieure qui a lieu dans la section CD ;

ρ la masse de l'unité de volume, ou la densité du fluide dans la section $\alpha 6$ (on a $p = k\rho$, en désignant par k un nombre constant lorsque la température est constante)*.

(*) Supposant les pressions mesurées par les hauteurs d'une colonne d'un fluide incompressible, nommant

ϖ le poids de l'unité de volume de ce fluide ;

h la hauteur de la colonne qui mesure la pression p (on aura $p = \varpi h$) ;

Π le poids de l'unité de volume d'un fluide élastique, à la température 0°, sous la pression mesurée par la colonne de fluide d'une hauteur η.

On a, d'après les lois de Mariotte et de Gay-Lussac, ρg étant le poids de l'unité de volume du fluide élastique à la température $\nu°$ sous la pression p,

$$\rho g = \frac{h}{\eta} \cdot \frac{\Pi}{1 + 0{,}00375 \cdot \nu} .$$

et par conséquent, puisque $p = \varpi h$,

$$k = \frac{p}{\rho} = g\eta \frac{\varpi (1 + 0{,}00375 \cdot \nu)}{\Pi} .$$

Pour l'air atmosphérique, les pressions étant mesurées par des colonnes de mercure, comme on sait que le rapport du poids du

La température est supposée la même dans toute l'étendue du vase. L'axe de ce vase étant horizontal, l'action de la gravité n'altère point le mouvement des tranches. Cela posé, l'élasticité du fluide s'oppose à ce qu'on établisse ici les conditions du mouvement par des raisonnements semblables à ceux des nos 15 et suivants; mais, en remarquant que la masse de la tranche placée en $\alpha\beta$ est $\rho\omega dx$, la force perdue par cette tranche $-\rho\omega dx . \frac{du}{dt}$; et que cette force perdue doit être égale à l'action exercée sur cette même tranche en vertu de la différence des pressions supportées par ses deux faces, on aura l'équation

$$\omega dp = -\rho\omega dx . \frac{du}{dt} \qquad \text{ou} \qquad k\frac{dp}{p} = -\frac{du}{dt}dx,$$

qui doit subsister dans toute l'étendue du vase.

Pour intégrer cette équation, on remarque que le mouvement du fluide étant supposé constant, la même masse doit passer à chaque instant dans toutes les sections. Ainsi $\rho\omega u$, et par conséquent $p\omega u$ sont des quantités constantes pour toutes les sections. On a donc $u = \frac{P'\Omega U}{p\omega}$,

---

mercure à celui de l'air à la température de 0° et sous la pression de $0^m,76$ est 10466, on a

$$\left.\begin{aligned} g &= 9^m,8088 \\ \eta &= 0\ ,76 \\ \frac{\varpi}{\Pi} &= 10466 \end{aligned}\right\} \quad \text{d'où} \quad k = 78021\,(1+0,00375 . \nu).$$

Pour les autres fluides les valeurs de k seront réciproques à leurs pesanteurs spécifiques.

$du = -P'\Omega U \frac{d(p\omega)}{p^2\omega^2}$, et en mettant u à la place de $\frac{dx}{dt}$, il viendra

$$k\frac{dp}{p} = P'^2\Omega^2U^2\frac{d(p\omega)}{p^3\omega^3}.$$

Intégrant, et déterminant la constante de manière que l'on ait en même temps $\omega = O$, $p = P$, on a

$$\log\frac{P}{p} = \frac{U^2}{2k}\left[\left(\frac{P'\Omega}{p\omega}\right)^2 - \left(\frac{P'\Omega}{PO}\right)^2\right]; \quad \ldots\ldots (1)$$

et comme à la section CD l'on a $\omega = \Omega$, $p = P'$, il vient

$$\log\frac{P}{P'} = \frac{U^2}{2k}\left[1 - \left(\frac{P'\Omega}{PO}\right)^2\right]; \quad \text{d'où} \quad U = \sqrt{\frac{2k\log\frac{P}{P'}}{1-\left(\frac{P'\Omega}{PO}\right)}}. \quad (2)$$

Le volume de fluide qui s'écoule dans l'unité de temps, mesurée sous la pression P qui a lieu dans le gazomètre, est

$$\frac{P'\Omega}{P}\sqrt{\frac{2k\log\frac{P}{P'}}{1-\left(\frac{P'\Omega}{PO}\right)^2}} \quad \ldots\ldots\ldots (3)$$

Ce volume est réciproquement proportionnel, toutes choses égales d'ailleurs à la racine quarrée de la pesanteur spécifique du fluide (*).

(*) Il ne faut point oublier, en appliquant ces formules, que le logarithme est hyperbolique, et que, si on le prend dans les tables ordinaires, il faut le multiplier par 2,3026. *Voyez* d'ailleurs, pour une discussion plus étendue des résultats de cette solution, un mémoire inséré dans le tome VIII des *Mémoires de l'Académie des sciences de l'Institut.*

142. En substituant la valeur (2) de U dans l'équation (1), il viendra

$$\frac{\log \frac{P}{p}}{\log \frac{P}{P'}} = \frac{\left(\frac{PO}{p\omega}\right)^2 - 1}{\left(\frac{PO}{P'\Omega}\right)^2 - 1}, \ldots \ldots \ldots \quad (4)$$

équation qui servira à déterminer la pression p qui a lieu dans la section ω.

143. Si l'orifice d'écoulement CD est très-petit par rapport à la section AB, l'expression (2) de la vitesse d'écoulement se réduit à

$$U = \sqrt{2k \log \frac{P}{P'}} \ldots \ldots \ldots \quad (5)$$

et l'expression (3) du *volume de fluide écoulé* dans l'unité de *temps mesuré*, *sous la* pression qui a lieu dans le gazomètre, à

$$\frac{P'\Omega}{P} \sqrt{2k \log \frac{P}{P'}} \ldots \ldots \ldots \quad (6)$$

L'équation (4) devient, dans la même hypothèse,

$$\frac{\log \frac{P}{p}}{\log \frac{P}{P'}} = \frac{\left(\frac{PO}{p\omega}\right)^2 - 1}{\left(\frac{PO}{P'\Omega}\right)^2} \ldots \ldots \ldots \quad (7)$$

144. Si la paroi n'est point évasée à l'entrée de l'orifice d'écoulement CD, en sorte que les filets du fluide ne puissent sortir du vase en suivant des directions parallèles à l'axe MN, la veine de fluide se contracte au delà de l'orifice, comme cela aurait lieu pour un fluide incompressible;

et il résulte des expériences connues que le coefficient désigné par m dans le n° 54 conserve, pour l'écoulement de l'air et des autres fluides élastiques, les mêmes valeurs qui conviennent aux liquides.

Écoulement d'un fluide élastique hors d'un réservoir qui se vide par un orifice très-petit.

145. Considérons un réservoir dont la figure est rectangulaire, et dans l'une des faces duquel est ouvert un très-petit orifice. Les formules du n° 143 conviendront à ce cas, en supposant que toutes les sections ω du vase que le fluide élastique parcourt, avant d'arriver à l'orifice, sont égales à la section désignée ci-dessus par O. Mais si l'on fait $\omega = O$ dans l'équation (7), elle sera satisfaite par la valeur $p = P$; d'où il suit que la pression, et par conséquent la densité du fluide, sont ici constantes dans toute l'étendue du vase, et que le fluide, en traversant l'orifice, passe de la pression P à la pression extérieure P′ dans un intervalle fort court. De plus la vitesse du fluide dans l'intérieur du réservoir est fort petite. Dans un cas semblable on peut, sans erreur sensible, admettre que le réservoir se vidant par l'orifice, en sorte que la pression intérieure P décroît à mesure que le temps s'écoule, la vitesse à cet orifice est constamment exprimée par la formule (5).

D'après cela, nommant A le volume du réservoir, et dP étant la variation que P subit dans l'élément du temps dt, on a

$$-\frac{dP}{P} = \frac{dt.\frac{P'\Omega}{P}\sqrt{2k\log\frac{P}{P'}}}{A},$$

d'où

$$dt = -\frac{A}{P'\Omega}\,\frac{dP}{\sqrt{2k(\log P - \log P')}}.$$

Par conséquent, le temps nécessaire pour que la pression diminue dans le réservoir, depuis la pression initiale P_1 jusqu'à la pression quelconque P, est

$$t=\frac{A}{P'\Omega\sqrt{2k}}\int_{P}^{P_1}\frac{dP}{\sqrt{\log P-\log P'}}\dots\dots\quad(8)$$

146. Si le fluide, au lieu de se répandre en sortant du réservoir dans un espace d'une étendue indéfinie où la pression P' est constante, était reçu dans un autre réservoir dont le volume fût A', la pression P' augmenterait avec le temps. Désignant par P'_1 sa valeur initiale, on aurait la relation

$$AP'_1+A'P'_1=AP+A'P'\qquad\text{d'où}\qquad P'=\frac{A(P_1-P)+A'P'_1}{A'}.$$

Substituant cette valeur dans l'expression précédente de dt, il viendra

$$dt=-\frac{AA'}{[A(P_1-P)+A'P'_1]\Omega}\cdot\frac{dP}{\sqrt{2k\left[\log P-\log[A(P_1-P)+A'P'_1]+\log A'\right]}};$$

et par conséquent

$$t=\frac{AA'}{\Omega\sqrt{2k}}\int_{P}^{P_1}\frac{dP}{[A(P_1-P)+A'P'_1]\sqrt{\log P-\log[A(P_1-P)+A'P']+\log A'}}\cdot(9)$$

pour l'expression du temps pendant lequel la pression diminuera dans le premier réservoir de la valeur initiale P_1 à la valeur P.

Cas où il y a des changements brusques dans la grandeur des sections du vase.

147. On peut appliquer aux cas dont il s'agit des consi-

dérations analogues à celles qui ont été présentées dans les nos 67 et suivants. Le fluide s'écoulant par l'orifice CD (*fig.* 61), après avoir franchi la section EF, à laquelle succède immédiatement la section plus grande GH, on conservera les dénominations précédentes, et l'on représentera par

A l'aire de la section EF;

A′ l'aire de la section GH;

B, B′ les valeurs des pressions qui ont lieu respectivement dans les sections EF et GH.

Cela posé, en appliquant ici le principe de la conservation des forces vives, on aura $\rho\omega dx$ pour la masse d'une tranche quelconque, $\rho\omega dx \,.\, u^2$ pour sa force vive à la fin du temps t, et $\rho\omega dx \,.\, 2udu$ pour la force vive qu'elle acquiert pendant le temps dt. La force vive, acquise par tout le fluide pendant ce même temps, est donc :

$$\int \rho\omega dx \,.\, 2udu,$$

l'intégrale étant prise entre les sections AB et CD. D'autre part, les vitesses du fluide aux sections EF et GH étant respectivement $\frac{P'\Omega U}{BA}$ et $\frac{P'\Omega U}{B'A'}$, le fluide qui passe dans le temps dt d'une section dans l'autre perd la force vive $\frac{P'}{k}\,\Omega U dt \,.\, U^2 \left(\frac{P'\Omega}{BA} - \frac{P'\Omega}{B'A'}\right)^2$: On a donc pour la somme des forces vives acquises et perdues dans le temps dt

$$\int \rho\omega dx \,.\, 2udu + \frac{P'}{k}\,\Omega\, U dt \,.\, U^2 \left(\frac{P'\Omega}{BA} - \frac{P'\Omega}{B'A'}\right)^2.$$

Quant aux quantités d'action exercées pendant le même temps, une tranche quelconque étant sollicitée en raison de la différence des pressions qui ont lieu sur ses deux faces, par la force $-\omega dp$, et, décrivant l'espace udt, la somme des quantités d'action exercées sur toutes les tranches dans le temps dt est

$$-\int \omega dp . u dt.$$

Égalant donc la somme des forces vives acquises et perdues au double des quantités d'action imprimées, et supprimant les facteurs égaux $P'\Omega'U$, $p\omega u$, il viendra

$$-k\int\frac{dp}{p} = \int\frac{dx}{dt}.du + \frac{U^2}{2}\left(\frac{P'\Omega}{BA} - \frac{P'\Omega}{B'A'}\right)^2;$$

ou en mettant pour du sa valeur $P'\Omega U.d\left(\frac{1}{p\omega}\right)$, et remplaçant $\frac{dx}{dt}$ par $u = \frac{P'\Omega U}{p\omega}$,

$$-k\int\frac{dp}{p} = P'^2\Omega'^2U^2\int\frac{1}{p\omega}d.\left(\frac{1}{p\omega}\right) + \frac{U^2}{2}\left(\frac{P'\Omega}{BA} - \frac{P'\Omega}{B'A'}\right)^2. (10)$$

En intégrant entre les limites indiquées, il viendra donc

$$2k\log\frac{P}{P'} = U^2\left[1 - \frac{P'^2\Omega^2}{P^2O^2} + \left(\frac{P'\Omega}{BA} - \frac{P'\Omega}{B'A'}\right)^2\right],$$

d'où l'on déduit

$$U = \sqrt{\frac{2k\log\frac{P}{P'}}{1 - \frac{P'^2\Omega^2}{P^2O^2} + \left(\frac{P'\Omega}{BA} - \frac{P'\Omega}{B'A'}\right)^2}} \ldots (11)$$

148. L'équation (10) subsiste d'ailleurs pour une portion quelconque du fluide comprise entre la section AB et une autre section située entre GH et CD. Mais le dernier terme

du second membre, qui représente la perte de force vive, doit être supprimé si l'on veut considérer une portion du fluide comprise entre AB et une section située entre AB et EF. Ainsi les pressions seront données depuis AB jusqu'en EF par l'équation

$$2k\log\frac{P}{p}=U^2\left(\frac{P'^2\Omega^2}{p^2\omega^2}-\frac{P'^2\Omega^2}{P^2O^2}\right);\quad\ldots\ldots\ (12)$$

et depuis GH jusqu'en CD par l'équation

$$2k\log\frac{P}{p}=U^2\left[\frac{P'^2\Omega^2}{p^2\omega^2}-\frac{P'^2\Omega^2}{P^2O^2}+\left(\frac{P'\Omega'}{BA}-\frac{P'\Omega'}{B'A'}\right)^2\right].\ (13)$$

En faisant donc $\omega=A$ dans l'équation (12), on connaîtra la pression B qui a lieu en EF; et, en faisant $\omega=A'$ dans l'équation (13), on connaîtra la pression B' qui a lieu en GH. Si d'ailleurs on élimine des deux équations obtenues de cette manière la vitesse U au moyen de l'expression (11), elles deviendront

$$\left.\begin{aligned}\frac{\log\frac{P}{B}}{\log\frac{P}{P'}}&=\frac{\frac{1}{B^2A^2}-\frac{1}{P^2O^2}}{\frac{1}{P'^2\Omega^2}-\frac{1}{P^2O^2}+\left(\frac{1}{BA}-\frac{1}{B'A'}\right)^2}\\ \frac{\log\frac{P}{B'}}{\log\frac{P}{P'}}&=\frac{\frac{1}{B'^2A'^2}-\frac{1}{P^2O^2}+\left(\frac{1}{BA}-\frac{1}{B'A'}\right)^2}{\frac{1}{P'^2\Omega^2}-\frac{1}{P^2O^2}+\left(\frac{1}{BA}-\frac{1}{B'A'}\right)^2}\end{aligned}\right\}\ \ldots\ (14)$$

Les pressions intérieures B, B' étant déterminées par ces deux équations, la formule (11) donnera la valeur de la vitesse d'écoulement du fluide.

149. Si les deux sections CD et EF sont très-petites par

rapport aux sections AB et GH, l'expression U de la vitesse d'écoulement devient à fort peu près

$$U = \sqrt{\frac{2k \log \frac{P}{P'}}{1 + \frac{P'^2 \Omega^2}{B^2 A^2}}} \ldots \ldots \ldots (15)$$

Les équations (11) deviennent dans la même hypothèse

$$\frac{\log \frac{P}{B}}{\log \frac{P}{P'}} = \frac{1}{\frac{B^2 A^2}{P'^2 \Omega^2} + 1}, \qquad \frac{\log \frac{P}{B'}}{\log \frac{P}{P'}} = \frac{1}{\frac{B^2 A^2}{P'^2 \Omega^2} + 1} \ldots (16)$$

Les seconds membres de ces dernières équations étant identiques, on a dans le cas particulier dont il s'agit $B = B'$: ainsi la pression ne change point alors brusquement de grandeur lorsque le fluide passe de la section EF à la section GH.

Cas où l'écoulement s'opère par un ajutage cylindrique dont l'entrée n'est pas évasée.

150. On doit admettre dans ce cas que la veine du fluide qui a traversé la section EF (*fig.* 62), s'étant contractée en *ef*, se dilate brusquement en GH. Les formules précédentes s'appliqueront en écrivant mA au lieu de A, m désignant le coefficient de la contraction; puis faisant $A = A' = \Omega$. En supposant de plus Ω fort petite par rapport à O, on aura au lieu de l'équation (11)

$$U = \sqrt{\frac{2k \log \frac{P}{P'}}{1 + \left(\frac{P'}{mB} = \frac{P}{B'}\right)^2}};$$

et au lieu des équations (14)

$$\frac{\log \frac{P}{B}}{\log \frac{P}{P'}} = \frac{\frac{1}{m^2 B^2}}{\frac{1}{P'^2} + \left(\frac{1}{Bm} - \frac{1}{B'}\right)^2}, \qquad \frac{\log \frac{P}{B'}}{\log \frac{P}{P'}} = \frac{\frac{1}{B'^2} + \left(\frac{1}{mB} - \frac{1}{B'}\right)^2}{\frac{1}{P'^2} + \left(\frac{1}{mB} - \frac{1}{B'}\right)^2}.$$

B et B′ représentent respectivement les pressions qui ont lieu dans les sections *ef* et GH. La dernière donne $B' = P'$, en sorte que la pression en GH est égale à la pression extérieure. On a donc d'après cela

$$U = \sqrt{\frac{2k \log \frac{P}{P'}}{1 + \left(\frac{P'}{mB} - 1\right)^2}}, \; \ldots\ldots\ldots (17)$$

$$\frac{\log \frac{P}{B}}{\log \frac{P}{P'}} = \frac{\frac{P'^2}{m^2 B^2}}{1 + \left(\frac{mP}{P'} - 1\right)^2}; \; \ldots\ldots\ldots (18)$$

et la valeur de B tirée de l'équation (18), étant substituée dans l'équation (17), fera connaître la vitesse d'écoulement.

151. En supposant que P surpasse très-peu P′, ce qui est le cas ordinaire des applications, on peut poser $P = P'(1 + \varpi)$, $B = P'(1 + \varepsilon)$, ϖ et ε désignant des fractions très-petites. L'équation (18) donne alors

$$\varepsilon = -\varpi \frac{2m - 2m^2}{1 - 2m + 2m^2}, \quad \text{ou} \quad B = P' - (P - P')\frac{2m - 2m^2}{1 - 2m + 2m^2}.$$

Si on faisait $m = 0{,}62$, on trouverait à peu près $B = P' - 0{,}89\,(P - P')$. La vitesse d'écoulement sera moindre que la valeur donnée par l'expression

$$U = \sqrt{\frac{2k \log \frac{P}{P'}}{1 + \left(\frac{1}{m} - 1\right)^2}}.$$

Ces résultats paraissent s'éloigner très-peu des effets naturels.

XVIII. *Du mouvement d'un fluide élastique coulant dans un tuyau de conduite.*

152. Cette question peut être traitée d'après des considérations analogues à celles qui ont été présentées dans les nos 109 et suivants; mais les expériences indiquent que la résistance, provenant du frottement du fluide contre la paroi du tuyau, est proportionnelle au carré de la vitesse moyenne. Nous désignons par

Ω l'aire de la section AB (*fig.* 63) du réservoir ou gazomètre, dans lequel le tuyau prend naisance;

ω l'aire de la section $\alpha\beta$ du tuyau, qui est supposée constante;

χ le contour de la section ω;

D le diamètre de cette même section;

$m\omega$ l'aire de la section ef, dans laquelle la veine de fluide se contracte après s'être introduite dans le tuyau;

Ω' l'aire de l'orifice CD, par lequel le tuyau est terminé, et dont l'entrée est évasée;

D' le diamètre de cet orifice;

P, P' les pressions constantes qui ont lieu aux sections ex trêmes Ω et Ω';

p la pression qui a lieu dans la section quelconque $\alpha\beta$ du tuyau, situé à la distance $M\mu = x$ de son origine dans le gazomètre;

B, B′ les pressions qui ont lieu aux sections ef et GH;

P, la pression qui a lieu dans la section IK, qui forme l'extrémité du tuyau, et précède immédiatement l'orifice d'écoulement;

U la vitesse d'écoulement du fluide à la section extrême CD;

u la vitesse dans la section quelconque $\alpha\beta$;

$\rho = \frac{p}{k}$ la densité du fluide dans cette même section, k étant un nombre constant;

λ la longueur MN du tuyau;

β un coefficient constant, dont la valeur doit être déterminée de manière à satisfaire aux résultats des expériences.

En remarquant que, dans l'élément du temps dt, 1° la somme des quantités d'actions imprimées à toutes les tranches par l'effet de la différence des pressions qu'elles supportent sur leurs faces opposées, est

$$-\int \omega dp\,.\,udt;$$

l'intégrale étant prise entre les sections AB et CD; 2° la somme des quantités d'action imprimées par la force retardatrice provenant du frottement sur la paroi, cette force étant supposée proportionnelle à la densité du fluide, à l'aire de la paroi et au quarré de la vitesse, est

$$-\int \frac{p}{k}\chi dx\,.\,\beta u^2\,.\,udt;$$

3° la somme des forces vives acquises par toutes les parties du fluide est

$$\int \frac{p}{k} \omega dx . 2udu;$$

4° la force vive perdue par l'effet du changement brusque de vitesse dans la section GH, est, d'après ce qu'on a vu n° 147,

$$\frac{P'}{k} \Omega' U dt . U^2 \left(\frac{P'\Omega'}{B . m\omega} - \frac{P'\Omega'}{B'\omega} \right)^2;$$

on aura pour l'équation du mouvement du fluide

$$-k \int \omega dp . udt = \int p\chi dx . 6u^2 . udt + \int p\omega dx . udu + P'\Omega' U dt . U^2 \left(\frac{P'\Omega'}{B . m\omega} - \frac{P'\Omega'}{B'\omega} \right)^2,$$

ou en divisant par $p \omega udt = P'\Omega' Udt$,

$$-k \int \frac{dp}{p} = \int \frac{\chi}{\omega} dx . 6u^2 + \int udu + \frac{U^2}{2} \left(\frac{P'\Omega'}{B . m\omega} - \frac{P'\Omega'}{B'\omega} \right)^2, (1)$$

Les valeurs des intégrales $\int \frac{dp}{p}$ et $\int udu$ sont respectivement $\log \frac{P}{P'}$ et $\frac{U^2}{2}\left(1 - \frac{P'^2\Omega'^2}{P^2\Omega^2}\right)$. Quant à l'intégrale $\int \frac{\chi}{\omega} dx . 6u^2$, qui revient à

$$\int \frac{\chi}{\omega} dx . 6 \frac{P'^2\Omega'^2 U^2}{p^2\omega^2},$$

on en obtiendra la valeur d'une manière fort approchée en admettant que le carré p^2 de la pression décroît uniformément entre les sections GH et IK, en négligeant les parties de l'intégrale qui répondent aux portions du tuyau qui sont au delà de ces sections. L'intégrale dont il s'agit deviendra alors

$$\int \frac{\chi}{\omega} \cdot \frac{dx}{B'^2-(B'^2-P_1^2)\frac{x}{\lambda}} \cdot \frac{6P'^2\Omega'^2U^2}{\omega^2} = \frac{6\lambda\chi}{\omega} \cdot \frac{P'^2\Omega'^2U^2}{(B'^2-P_1^2)\omega^2} \cdot 2\log\frac{B'}{P_1}.$$

D'après cela l'équation (1) deviendra

$$2k\log\frac{P}{P'} = U^2\left[\frac{26\lambda\chi}{\omega} \cdot \frac{P'^2\Omega'^2}{(B'^2-P_1^2)\omega^2} \cdot 2\log\frac{B'}{P_1} + 1 - \frac{P'^2\Omega'^2}{P^2\Omega^2} + \left(\frac{P'\Omega'}{B.m\omega} - \frac{P'\Omega'}{B\,\omega}\right)^2\right]. (2)$$

153. Il reste maintenant à déterminer les pressions intérieures B, B' et P_1. Pour y parvenir on remarquera que la pression serait donnée dans l'intervalle EefF, par l'équation (1), en supprimant dans le second membre les termes relatifs à l'effet du frottement sur les parois, et de la perte de force vive qui a lieu en GH, c'est-à-dire par l'équation

$$2k\log\frac{P}{p} = U^2\left(\frac{P'^2\Omega'^2}{p^2\omega^2} - \frac{P'^2\Omega'^2}{P^2\Omega^2}\right), \dots\dots (3)$$

ω désignant la section quelconque pour laquelle la pression est calculée. On remarquera de plus que la pression sera donnée dans le reste du tuyau par l'équation (1), en prenant dans le second membre les intégrales jusqu'à la section pour laquelle on veut déterminer la pression ; ce qui donnera

$$2k\log\frac{P}{p} = U^2\left[\frac{26\lambda\chi}{\omega} \cdot \frac{P'^2\Omega'^2}{(B'^2-P'^2)\omega^2} . \log\frac{B'^2}{B'^2-(B'^2-P_1^2)\frac{x}{\lambda}} + \frac{P'^2\Omega'^2}{p^2\omega^2} - \right.$$

$$\left. - \frac{P'^2\Omega'^2}{P^2\Omega^2} + \left(\frac{P'\Omega'}{B.m\omega} - \frac{P'\Omega'}{B'\omega}\right)^2\right]. \dots\dots (4)$$

Faisant donc dans l'équation (3) $\omega = m\omega$ et $p = B$, il viendra

$$2k\log\frac{P}{B}=U^2\left(\frac{P'^2\Omega'^2}{B^2.m^2\omega^2}-\frac{P'^2\Omega'^2}{P^2\Omega^2}\right)\ldots\ldots(5)$$

Faisant dans l'équation (4), $x=o$, $\omega=\omega$, $p=B'$; puis $x=\lambda$, $\omega=\omega$, $p=P_1$, on aura de plus

$$2k\log\frac{P}{B'}=U^2\left[\frac{P'^2\Omega'^2}{B'^2\omega^2}-\frac{P'^2\Omega'^2}{P^2\Omega^2}+\left(\frac{P'\Omega'}{B.m\omega}-\frac{P'\Omega'}{B'\omega}\right)^2\right],\ (6)$$

$$2k\log\frac{P}{P_1}=U^2\left[\frac{2\theta\lambda\chi}{\omega}.\frac{P'^2\Omega'^2}{(B'^2-P_1^2)\omega^2}.2\log\frac{B'}{P_1}+\frac{P'^2\Omega'^2}{P_1^2\omega^2}-\frac{P'^2\Omega'^2}{P^2\Omega^2}+\right.$$

$$\left.+\left(\frac{P'\Omega'}{B.m\omega}-\frac{P'\Omega'}{B'\omega}\right)^2\right]\ldots\ldots\ldots\ldots(7)$$

Les équations (2), (5), (6) et (7) déterminent les quatre quantités inconnues B, B', P, et U.

154. *Si l'excès de la pression intérieure* P *sur la pression extérieure* P' est fort petite, ce qui est le cas ordinaire des applications, on peut supposer

$$P=P'(1+\varpi),\quad B=P'(1+\varepsilon),\quad B'=P'(1+\varepsilon'),\quad P_1=P'(1+\varpi_1),$$

et les équations (5), (6), (7) et (2) deviennent alors en négligeant les puissances supérieures de ϖ, ε, ε', ϖ_1,

$$2k(\varpi-\varepsilon)=\frac{U^2\Omega'^2}{\omega^2}.\frac{1-2\varepsilon}{m^2},$$

$$2k(\varpi-\varepsilon')=\frac{U^2\Omega'^2}{\omega^2}\left[1-2\varepsilon'+\left(\frac{1}{m}-1\right)^2-2\left(\frac{1}{m}-1\right)\left(\frac{\varepsilon}{m}-\varepsilon'\right)\right],$$

$$2k(\varpi-\varpi_1)=\frac{U^2\Omega'^2}{\omega^2}\left[1-2\varpi_1+\left(\frac{1}{m}-1\right)^2-2\left(\frac{1}{m}-1\right)\left(\frac{\varepsilon}{m}-\varepsilon'\right)+\frac{2\theta\lambda\chi}{\omega}\right],$$

$$2k\varpi=\frac{U^2\Omega'^2}{\omega^2}\left[\frac{\omega^2}{\Omega'^2}+\left(\frac{1}{m}-1\right)^2-2\left(\frac{1}{m}-1\right)\left(\frac{\varepsilon}{m}-\varepsilon'\right)+\frac{2\theta\lambda\chi}{\omega}\right].$$

On en déduit

$$\varpi - \varepsilon = \frac{\varpi}{\left[\frac{2\theta\lambda\chi}{\omega} + \frac{\omega^2}{\Omega'^2} + \left(\frac{1}{m} - 1\right)^2\right] m^2}, \quad \ldots\ldots (8)$$

$$\varpi - \varepsilon' = \varpi \frac{1 + \left(\frac{1}{m} - 1\right)}{\frac{2\theta\lambda\chi}{\omega} + \frac{\omega^2}{\Omega'^2} + \left(\frac{1}{m} - 1\right)^2}, \quad \ldots\ldots (9)$$

$$\varpi - \varpi_1 = \varpi_1 \frac{\frac{2\theta\lambda\chi}{\omega} + 1 + \left(\frac{1}{m} - 1\right)^2}{\frac{\omega^2}{\Omega'^2} - 1}, \quad \ldots\ldots (10)$$

$$U = \frac{\omega}{\Omega'} \sqrt{\frac{2k\varpi}{\frac{2\theta\lambda\chi}{\omega} + \frac{\omega^2}{\Omega'^2} + \left(\frac{1}{m} - 1\right)^2}}, \quad (11)$$

équations au moyen desquelles on peut déterminer la vitesse d'écoulement et les pressions dans les diverses parties du tuyau.

155. Appelant

h la hauteur du baromètre qui mesure la pression atmosphérique extérieure;

H la hauteur du manomètre qui mesure l'excès de la pression intérieure qui a lieu dans le réservoir où le tuyau prend naissance sur la pression atmosphérique extérieure;

on a $\varpi = \frac{H}{h}$, et l'on déduit l'équation (11) pour l'expression du volume de fluide qui s'écoule dans l'unité du temps, ce volume étant mesuré sous la pression qui a lieu dans le réservoir,

$$\frac{\pi D^2}{4} \cdot \frac{h}{h+H} \sqrt{\frac{2k}{\frac{8\beta\lambda}{D} + \frac{D^4}{D'^4} + \left(\frac{m}{1} - 1\right)^2} \cdot \frac{H}{h}} \ldots (12)$$

156. Si le tuyau est ouvert à l'extrémité par laquelle le fluide s'écoule, $D = D'$, et l'expression (12) se réduit à

$$\frac{\pi D^2}{4} \cdot \frac{h}{H+h} \sqrt{\frac{2k}{\frac{8\beta\lambda}{D} + 1 + \left(\frac{1}{m} - 1\right)^2} \cdot \frac{H}{h}} \ldots (13)$$

157. Si la longueur du tuyau est très-grande par rapport à son diamètre, les expressions (12) et (13) deviennent

$$\frac{\pi D^2}{4} \cdot \frac{h+h}{h} \sqrt{\frac{kD}{4\beta\lambda} \frac{H}{h}} \ldots (14)$$

158. Si l'orifice d'écoulement CD n'était pas évasé, comme on l'a supposé n° 152, on devrait remplacer dans les formules précédentes Ω' par $m'\Omega'$, et D'^4 par $m'^2 D'^4$, m' étant le coefficient de la contraction à cet orifice.

159. Les formules précédentes, d'après les expériences faites par M. Girard et par M. d'Aubuisson, représentent les effets naturels avec une exactitude suffisante pour les applications. On doit, quelle que soit la nature du fluide, attribuer au coefficient β la valeur

$$\beta = 0{,}00324,$$

qui diffère peu de celle qui convient au même coefficient pour le cas du mouvement de l'eau. (*Voyez* ci-dessus n° 110.) Les expériences de M. Girard ont été publiées dans le tome V des *Mémoires de l'Académie des sciences de l'Institut*; et celles de M. d'Aubuisson dans le tome III des *Annales des Mines*, *nouvelle série*, 1828. (*Voyez* d'ailleurs, dans le tome VIII des *Mémoires de l'Académie des sciences*, le mémoire cité ci-dessus.)

XIX. *Du choc d'une veine de fluide.*

160. Soit en premier lieu (*fig.* 64) une veine d'un fluide incompressible, jaillissant dans une direction horizontale d'un orifice évasé CD, au choc de laquelle on a présenté le plan MN placé perpendiculairement à la direction de l'axe *AB* de cette veine. En sortant de l'orifice tous les filets de fluide sont dirigés parallèlement à *AB*; et, si l'étendue du plan MN est suffisante, ils prennent, avant de parvenir à son contour, des directions parallèles à ce plan. On peut considérer ces filets comme des canaux d'une grosseur infiniment petite, dont la direction en A est parallèle à AB, et, perpendiculaire à cette ligne, aux points qui répondent au contour du plan. Donc, d'après ce qui a été dit n° 94, en désignant par U la vitesse du fluide en CD, qui est supposée constante, l'effort supporté par l'un quelconque de ces canaux, parallèlement à AB, se déduira de la formule (5) du n° 93, en y faisant $O=\Omega$, $d\mathrm{U}=o$, $B'=90^{\circ}$. Cette formule se réduit alors à $\rho\Omega \mathrm{U}^2$; et par conséquent, si Ω représente l'aire de l'orifice CD, U, la vitesse du fluide à cet orifice, H la hauteur due à cette vitesse, on a

$$\rho\Omega\mathrm{U}^2, \qquad \text{ou} \qquad \rho g.2\Omega\mathrm{H},$$

pour l'expression de l'effort supporté par le plan MN. Cet effort est le double du poids d'une colonne de fluide dont l'orifice CD est la base, et dont la hauteur est la hauteur due à la vitesse du fluide au passage de cet orifice.

En rapprochant ce résultat de celui du n° 94, on voit que (comme cela doit être) l'effort exercé contre le plan MN est égal à la force avec laquelle le vase est repoussé en sens contraire, par l'effet de l'écoulement du fluide.

Si la veine jaillissait verticalement de haut en bas (*figure* 65), la force résultant du choc contre un plan horizontal aurait la même valeur qui vient d'être trouvée; mais il lui faudrait ajouter le poids du fluide contenu dans l'espace CDMN, qui est supporté par le plan, poids qui ne peut être évalué avec exactitude, parce que l'on ne connaît point la figure affectée par la veine.

161. Si l'on présente au choc de la veine fluide un conoïde convexe MBN (*fig.* 66), et si l'étendue de ce conoïde est suffisante, tous les filets du fluide formeront, dans les points correspondants au contour, un angle déterminé avec l'axe AB, que nous désignerons par Ψ. Supposons que le fluide règle son mouvement à la rencontre du conoïde, de manière que la vitesse des molécules se conserve sans altération, hypothèse qui ne peut être fort éloignée de la vérité. On devra, pour appliquer ici la formule (5) du n° 93, faire $O = \Omega$, $dU = o$, $B = 90°$, $B' - B = \Psi$, on aura donc

$$\rho\Omega U^2(1 - \cos\Psi), \qquad \text{ou} \qquad \rho g \cdot 2\Omega H(1 - \cos\Psi),$$

pour l'effort résultant du choc contre le conoïde, Ω et U ayant les mêmes significations que dans le n° précédent.

Si le conoïde (*fig.* 67) présente au choc de la veine sa concavité, les filets du fluide seront réfléchis en sens contraire du mouvement de la veine, et il faudra faire dans la formule citée $B' - B = 180° - \Psi$. L'effort résultant du choc sera

$$\rho\Omega U^2(1 + \cos\Psi), \qquad \text{ou} \qquad \rho g . 2\Omega H(1 + \cos\Psi).$$

Si l'angle Ψ est nul (*fig.* 68), en sorte que les filets soient réfléchis dans une direction contraire et parallèle à celle du mouvement de la veine, l'effort est exprimé par

$$2\rho\Omega U^2, \quad \text{ou} \quad \rho g.4\Omega H.$$

Cet effort est alors double de celui qui a lieu contre un plan frappé perpendiculairement.

Les résultats précédents sont conformes aux effets naturels, et ont été vérifiés par des expériences directes, qui sont dues principalement à Morosi. (*Voyez* les *Mémoires de l'Institut de Milan*, tome I, 1812-1813.) Il ne faut pas oublier dans les applications que Ω doit toujours représenter la section de la veine, au point où les directions des filets sont parallèles à l'axe, et U la vitesse du fluide à cette section.

162. Supposons maintenant (*fig.* 69) que l'on présente au choc de la veine un plan vertical MN, formant avec l'axe AB un angle Ψ, et assez grand pour que les filets de fluide, avant de parvenir au contour du plan, aient pris des directions parallèles à ce plan. Admettons, comme dans le n° précédent, que le mouvement du fluide soit réglé de manière que la vitesse des molécules se conserve sans altération, et de plus, que l'épaisseur du fluide soit la même dans toute l'étendue du contour du plan. Faisons passer par l'axe AB un plan quelconque, et soit Ψ l'angle aigu formé par l'axe AB et par l'intersection de ce plan avec le plan MN. En appliquant la formule (5) du n° 93 à un filet de fluide compris dans le plan dont il s'agit, et situé du côté de l'angle Ψ, il faudra faire $O=\Omega$, $dU=o$, $B=90°$, $B-B'=\Psi$; ce qui donnera, pour l'effort exercé par ce filet dans le sens AB, $\rho\Omega U^2(1-\cos\Psi)$. Mais il y aura dans le même plan un autre filet qui produira, dans le même sens, l'effort $\rho\Omega U^2(1+\cos\psi)$. La somme de ces deux efforts étant $\rho\Omega U^2$, on en conclut que l'effort total exercé contre le plan MN,

dans le sens AB, est $\rho\Omega U^2$, en désignant toujours par Ω l'aire de la section CD, et par U la vitesse du fluide qui a lieu dans cette section. L'effort exercé perpendiculairement au plan MN sera donc exprimé par

$$\rho\Omega U^2 . \sin\Psi, \qquad \text{ou} \qquad \rho g . 2\Omega H . \sin\Psi.$$

Il existe plusieurs expériences, dont quelques-unes sont dues au docteur Vince, qui s'accordent avec ce résultat.

XX. *De la résistance des fluides, dans le cas d'un corps plongé dans un fluide indéfini.*

163. Un corps immobile étant plongé dans un courant de fluide d'une largeur et d'une profondeur indéfinie, il s'exerce contre ce corps un effort qui est dû en général à deux causes :

1° Le choc du fluide contre la face antérieure du corps ;

2° L'inégalité des pressions résultant du poids du fluide, qui s'exercent contre les faces antérieures et postérieures.

MN étant la direction du mouvement du fluide (*fig.* 70), les filets prennent à la rencontre du corps, dont AB est la face antérieure, des directions telles que mon, partagées par le point d'inflexion o, en deux parties. La partie mo présente sa convexité au corps ; l'autre partie on lui présente sa concavité. En parcourant la portion mo, le fluide exerce contre le corps, dans le sens MN, une pression représentée par les formules du n° 93. Si l'on prend la somme de ces pressions pour tous les filets de fluide que la présence du corps oblige à se détourner de leur direction rectiligne primitive, on aura l'effort supporté par le corps en raison du choc du fluide. Lorsque les molécules du fluide parcourent les portions on des courbes qu'elles décrivent, elles n'exercent aucune action contre le corps, l'action résultant du mouvement de ces molécules étant supportée par le fluide environnant. L'effort résultant du choc est donc exprimé par la somme de quantités telles que

$$\rho \Omega U (U - U' \cos B');$$

U représentant la vitesse naturelle du courant, U′ la vitesse en *o*, B′ l'angle de la tangente en *o* avec la direction du courant, Ω la section de chaque filet de fluide au point *m*. L'étude des phénomènes indique

1° Que, quand *U* varie, *U′* varie dans le même rapport;

2° Que, pour plusieurs corps de figures semblables, les figures formées par les filets de fluide détournés de leurs directions primitives (figures qui ne changent point avec la vitesse du fluide) sont aussi semblables. Il en résulte

1° Que l'effort provenant du choc est proportionnel à U^2;

2° Que l'effort est, pour des corps de figures semblables, proportionnel au quarré de leurs dimensions homologues.

164. Quant aux efforts des pressions produites par le poids du fluide, on jugera, d'après les principes qui ont été employés dans les articles précédents, et en admettant toujours que les vitesses variables des filets de fluide qui entourent le corps conservent constamment des valeurs proportionnelles à la vitesse primitive U du courant, que la pression hydraulique (c'est-à-dire la pression qui aurait lieu si le fluide était en repos) sera, pour chaque point de la surface du corps, augmentée ou diminuée d'une quantité proportionnelle à U^2. Il résulte de là, qu'en prenant la résultante des pressions exercées sur les diverses parties de la surface du corps, on trouvera une quantité proportionnelle à U^2, puisque les pressions hydrauliques se détruisent mutuellement.

165. Les conditions précédentes conduisent à admettre que l'effort exercé sur le corps, en vertu du mouvement du fluide, doit avoir pour expression générale

$$\Pi(m+n)\,\Omega\mathrm{H},$$

en nommant :

Π le poids de l'unité de volume de fluide ;

Ω l'aire de la plus grande section transversale du corps.

$\mathrm{H} = \frac{\mathrm{U}^2}{2g}$ la hauteur due à la vitesse du fluide ;

m, n des coefficents numériques, constants pour des corps de figures semblables, variables pour des corps de diverses figures, dont les valeurs doivent être données par l'expérience.

L'expérience est d'accord avec ce résultat, pourvu toutefois que l'on ait égard à diverses modifications dont on va parler. Ce même résultat s'applique également au cas où le corps est mu dans le fluide, H représentant la hauteur due à la différence des vitesses. Mais il paraît qu'alors les coefficents m, n peuvent avoir des valeurs différentes. Il faut concevoir que le coefficient m se rapporte à l'effet réuni du choc et de la pression contre la face antérieure, et le coefficient n à l'effet du défaut de pression contre la face postérieure, par suite duquel le corps est tiré dans le sens du mouvement du fluide.

166. Les modifications qu'il peut être nécessaire d'apporter aux conclusions précédentes dépendent :

1° De l'adhésion des molécules du fluide. Elle produit des effets sensibles quand la vitesse est faible, et le corps très-petit ou très-allongé. Alors il faut, pour représenter les effets naturels, ajouter un terme proportionnel à la première puissance de la vitesse.

2° De l'élasticité du fluide, quand le corps est plongé dans l'air. Dans un fluide élastique, la densité augmentant avec la pression, la densité du fluide près de la face postérieure augmente avec la vitesse. Cette circonstance fait croître la résistance dans un rapport plus grand que celui du quarré de la vitesse. Cet effet ne devient sensible que pour des vitesses très-considérables.

3° De la distance du corps à la surface du fluide, s'il se meut dans l'eau. Lorsque le corps est très-près de cette surface, il donne lieu à une résistance plus grande, parce que l'eau ne se détourne pas à sa rencontre avec la même facilité. Si le corps est flottant, la surface du fluide subit une *dénivellation*, dont l'effet est d'augmenter la pression contre la face antérieure, de la diminuer contre la face postérieure, et de faire croître la résistance plus rapidement que le quarré de la vitesse.

4° Enfin de valeurs extrêmes attribuées à la vitesse. On peut toujours concevoir une vitesse assez grande pour que la valeur de la pression exercée contre la face postérieure du corps devienne négative. Alors le fluide ne touche plus cette face. La résistance est produite par le choc sur la face antérieure, et par la pression résultant du poids du fluide exercée contre cette face : son expression change entièrement de nature.

Les considérations précédentes donnent une idée générale de la résistance des fluides, et de la manière dont on peut l'évaluer : il reste à exposer ce que l'observation a appris sur la valeur absolue de la résistance pour divers corps.

PLANS.

167. Considérant un plan choqué directement par le fluide, et l'effort qu'il supporte étant exprimé par la for-

mule du n° 158, dans laquelle Ω représente l'aire de ce plan, le coefficent $m+n$ augmentera avec Ω. Il est à peu près 1,4 quand $\sqrt{\Omega}=0^m,1$; et 1,9 quand $\sqrt{\Omega}=0^m,32$. On n'en connaît point exactement la valeur pour de plus grandes surfaces.

Lorsque le plan est mu dans un fluide en repos, il résulte de quelques expériences de Dubuat qu'on aurait seulement $m+n=1,43$ quand $\sqrt{\Omega}=0^m,32$. Mais la grande différence de ce résultat avec le précédent peut faire naître quelques doutes sur son exactitude.

168. Pour un plan choqué obliquement, on a seulement quelques expériences des docteurs Vince et Hutton, faites sur des plans très-petits, dont les résultats sont représentés empiriquement, en supposant la résistance du *plan choqué obliquement égale à celle du plan choqué directement multipliée par le rapport*

$$(\sin a)^{1,842 \cdot \cos a},$$

a étant l'angle du plan avec la direction du mouvement.

Les expériences de Bossut sur des bateaux terminés par des proues obliques ne s'appliquent point à des plans.

Corps prismatiques.

169. Pour un corps prismatique terminé par deux faces planes, la pression exercée contre la face antérieure est sensiblement constante. La non pression exercée sur la face postérieure diminue à mesure que le prisme est plus long. Le corps en repos étant choqué par le fluide, on a environ

quand la longueur est $=\sqrt{\Omega}$ . . . . $m+n=1,46$

$3\sqrt{\Omega}$ ou $=6\sqrt{\Omega}$ $m+n=1,34$.

Lorsque la longueur est plus grande, $m+n$ augmente par l'effet du frottement du fluide sur les faces latérales du corps.

Le corps étant mu dans un fluide en repos, on a seulement

quand la longueur est $=\sqrt{\Omega}$ . . . . $m+n=1,2$
$=3\sqrt{\Omega}$ ou $=6\sqrt{\Omega}$ $m+n=1,1$.

Corps prismatiques garnis de proues ou de poupes.

170. Une poupe, ajoutée à un corps prismatique dont la longueur égale quatre à cinq fois la largeur, ne diminue la résistance que de $\frac{1}{10}$ environ. Elle la diminue d'autant plus qu'elle est plus longue et plus aiguë.

Quand on ajoute à un bateau prismatique une proue formée de deux plans verticaux, dont la saillie égale la largeur du bateau, la résistance est réduite à environ moitié. La base de la proue étant un demi-cercle, on a à peu près la même diminution. Cette base étant un triangle dont la longueur est double de la largeur, la résistance est réduite aux deux cinquièmes. A saillie égale, les proues dont la base est un triangle mixtiligne sont celles qui diminuent le plus la résistance.

Une proue formée du prolongement des faces latérales du bateau, coupées en dessous par un plan incliné de $\frac{1}{3}$ d'angle droit, réduit la résistance au $\frac{1}{3}$.

Sphère.

171. Pour une sphère mue dans l'eau, ou mue dans l'air avec une vitesse médiocre, la valeur du coefficient $m+n$ est 0,6. Quand la sphère est mue dans l'air, cette va-

leur augmente avec la vitesse, à peu près comme l'indique la table suivante :

VALEURS DE U	25^m	50^m	100^m	250^m	500^m
Valeurs de $m+n$.	0,69	0,70	0,72	0,81	1,04

Corps ayant la figure d'un vaisseau.

172. Les expériences de Bossut sur un modèle de vaisseau mu dans le sens de son axe donnent à peu près, pour ce corps, $m+n=0,16$. On peut présumer que cette valeur surpasse peu celle qui conviendrait au corps offrant la moindre résistance possible.

On peut voir, sur la théorie de la résistance des fluides, les notes du tome Ier de la *nouvelle édition* de l'*Architecture hydraulique de Bélidor*, et particulièrement la note *db*, page 339. On y trouvera l'indication des ouvrages auxquels il faudra recourir pour faire une étude approfondie de ce sujet.

De la résistance des bateaux dans les canaux étroits.

173. Lorsqu'un corps est placé, non pas dans un fluide d'une étendue indéfinie, mais dans un canal dont les dimensions ne sont pas fort grandes par rapport à celles du corps, il donne lieu à une résistance plus considérable. Les résultats des expériences faites sur ce sujet par Bossut ont été représentés par Dubuat, dans le cas d'un bateau prismatique sans proue, par la formule suivante :

$$R' = R \frac{8,46}{\frac{\Omega}{\Omega'} + 2}.$$

en nommant

- R résistance du bateau dans un fluide indéfini;
- R' résistance du même bateau dans un canal;
- Ω aire de la section transversale du canal;
- Ω' aire de la section transversale du bateau.

Il résulte de cette formule que, quand $\frac{\Omega}{\Omega'} = 6{,}46$, la résistance ne diffère plus sensiblement de ce qu'elle est dans un fluide indéfini. Par conséquent, si les figures des sections transversales du canal et du bateau étaient semblables, les résistances cesseraient de différer lorsque les côtés homologues seraient comme $2 + \frac{1}{2} : 1$ environ. Mais l'eau qui passe de l'avant à l'arrière du bateau coulant surtout à la surface, la largeur à la surface influe principalement sur le rapport dont il s'agit. Les expériences indiquent que les résistances R, R′ ne deviennent sensiblement égales qu'autant que la largeur du canal est à la surface environ $5\frac{1}{2}$ fois celle du corps flottant.

174. Lorsque le corps flottant est terminé par une proue, Dubuat représente les résultats des expériences au moyen de la formule suivante :

$$R'' = R\left\{R' - \frac{\left(R' - \frac{R'}{q}\right)\left(\frac{\Omega}{\Omega'} - 1\right)}{5{,}46}\right\}.$$

R, R', Ω, Ω' ont les mêmes significations que ci-dessus;
q est le rapport de la résistance du corps sans proue à la résistance du même corps avec la proue, dans un fluide indéfini.

(Voyez les *Principes d'hydraulique* de Dubuat, 3e partie, section 2, chap. 5.)

XXI. *Du jaugeage des eaux courantes.*

175. On emploie divers procédés pour connaître le produit d'un courant d'eau. Le plus direct et le plus exact consiste à faire écouler le courant dans des vases d'une capacité connue, en observant le temps nécessaire pour les remplir. Cette méthode ne peut être employée que pour les courants dont le produit est fort petit.

Lorsque le courant présente sur une longueur considérable un état constant, en sorte que la pente, la section et la vitesse n'ont pas dans cet intervalle de variations notables, il suffit d'observer la pente et la section pour pouvoir en conclure la vitesse moyenne, et par conséquent le produit (*voyez* les nos 112 et suivants). Dans une circonstance semblable, on chercherait encore, *pour se procurer* une vérification, à *connaître la vitesse* moyenne par l'observation. *On y* parviendrait en mesurant la vitesse à la surface et au milieu du courant, et en estimant d'après cela la vitesse moyenne au moyen des relations indiquées n° 126.

On mesure la vitesse à la surface et au milieu du courant par divers procédés :

1° On observe le temps qu'un flotteur abandonné au courant emploie à parcourir un certain espace.

2° On observe le nombre de tours que fait, dans un temps connu, un moulinet dont les extrémités des ailes trempent dans le courant et en prennent la vitesse.

3° On observe l'inclinaison d'un fil, à l'extrémité duquel est attaché un corps sphérique plongé dans le courant.

4° On présente au choc du courant une petite surface plane qui, en recevant ce choc, fait plier un ressort et mouvoir un index.

5° On présente au choc du courant un instrument formé d'une petite roue à ailes obliques, dont le mouvement se communique à d'autres roues, et fait marcher un index.

Ces procédés, à l'exception des deux premiers, exigent que l'instrument ait été étudié d'avance dans des courants dont la vitesse est connue. On omet à dessein ici de faire mention du tube de Pitot, instrument fondé sur des principes inexacts, comme on l'a reconnu par une étude approfondie de la résistance des fluides (*voyez* les notes du premier volume de l'*Architecture hydraulique* de Bélidor, pages 357 et 361).

176. Lorsque les moyens précédents ne peuvent s'appliquer, ou ne paraissent pas suffisamment exacts, on établit dans le lit du courant un barrage, dans lequel on ouvre un orifice par lequel on laisse couler l'eau. On attend que l'écoulement soit réglé, c'est-à-dire que l'eau ait pris sur l'orifice la hauteur constante nécessaire pour lui faire dépenser le produit du courant. On calcule ensuite la dépense au moyen des règles exposées précédemment sur l'écoulement des fluides contenus dans des vases.

La meilleure disposition paraît être l'emploi d'un orifice horizontal ouvert dans une paroi plane et mince. Il faut que la distance entre l'orifice et le niveau du l'eau dans le bief supérieur soit au moins égale à trois ou quatre fois le diamètre de cet orifice.

Cependant on profite souvent dans le jaugeage des courants d'eau des barrages établis pour les moulins, dont les pertuis présentent un orifice vertical préparé d'avance, tandis que l'établissement d'un orifice horizontal exigerait une construction spéciale. Cette circonstance peut engager à employer de préférence un orifice vertical, quoique le calcul de la dépense paraisse alors plus susceptible d'erreur. On éviterait autant que possible ces erreurs, si l'orifice était évasé ou était placé dans une paroi plane, suffisamment étendue pour qu'on pût employer avec exactitude les valeurs du coefficient de la contraction données n° 54. Ces valeurs ne pourraient effectivement être appliquées si le fond de l'orifice ou ses côtés étaient trop peu distants du fond ou des côtés du lit du courant, circonstance qui tend à augmenter le produit.

177. Les incertitudes qui restent dans les cas ordinaires sur le calcul de la dépense, incertitudes qui proviennent principalement des variations qu'apportent dans la contraction les diverses figures de la paroi près de l'orifice, ont engagé M. de Prony à proposer un moyen d'évaluer directem ent le produit. Ce moyen consiste à établir (*fig.* 71 en amont de l'orifice un bassin d'une figure régulière, à l'entrée duquel des vannes sont placées. Ayant d'abord laissé affluer l'eau dans ce bassin, et l'*écoulement* par l'orifice étant devenu *constant*, *on isole* subitement, en fermant les vannes, *le bassin* du lit du courant. L'écoulement continuant d'avoir lieu par l'orifice, on observe simultanément les temps écoulés, et les quantités correspondantes dont le niveau de l'eau s'abaisse dans le bassin. Ces quantités, d'après la forme connue du bassin, donnent immédiatement les volumes d'eau correspondants qui ont été dépensés par l'orifice; en sorte qu'on a une suite de quantités observées simultanément, telles que

Les temps écoulés depuis l'instant où le bassin a été isolé, en secondes,........ $\tau, 2\tau, 3\tau, 4\tau$ .....,

Les volumes d'eau dépensés, en mètres cubes,..........
.... $q', q'', q''', q^{\text{IV}}$ ......

Le produit Q du courant, c'est-à-dire la dépense par seconde qui avait lieu à l'orifice d'écoulement à l'instant où le bassin a été isolé et où l'on compte $t=0$, se calcule alors, suivant le nombre des observations simultanées, par les formules suivantes :

Pour une observation,

$$Q = \frac{1}{\tau} q'$$

Pour deux observations,

$$Q = \frac{1}{\tau}\left(2q' - \frac{q''}{2}\right)$$

Pour trois observations,

$$Q = \frac{1}{\tau}\left(3q' - 3\frac{q''}{2} + \frac{q'''}{3}\right)$$

. . . .

pour n observations,

$$Q = \frac{1}{\tau}\left[nq' - \frac{n(n-1)}{1.2} \cdot \frac{q''}{2} + \frac{n(n-1)(n-2)}{1.2.3} \cdot \frac{q'''}{3} - \ldots\ldots \pm \frac{q^{(n)}}{n}\right].$$

Ces équations sont fondées sur les considérations suivantes. Soit généralement q le volume d'eau écoulé hors du bassin à la fin du temps t.

On écrira

$$q = At + Bt^2 + Ct^3 + Dt^4 + \ldots\ldots;$$

et prenant un nombre de termes égal à celui des observations, on déterminera le coefficient A de manière que l'équation soit satisfaite. Si O représente la section supérieure du vase, et z la quantité dont cette surface s'est abaissée au bout du temps t, on a $dq = O\,dz$, $\frac{dq}{dt} = O\,\frac{dz}{dt}$. Or la valeur de $\frac{dz}{dt}$ correspondante à $t=o$ multipliée par O donne la valeur cherchée de Q : donc

$$Q=A.$$

En cherchant par l'élimination les valeurs de A correspondantes à divers nombres d'observations, on parvient aux formules précédentes.

On doit remarquer, en employant cette méthode, que la surface de l'eau dans le bassin ne peut en général se maintenir exactement horizontale : il doit s'y établir une pente du côté de l'orifice. Il faut donc observer simultanément l'abaissement de cette surface dans divers points du bassin, afin d'en connaître exactement la figure à chaque intervalle de temps τ, et par suite les volumes d'eau écoulés après chacun de ces intervalles.

RÉSUMÉ DES LEÇONS

DONNÉES

A L'ÉCOLE DES PONTS ET CHAUSSÉES,

SUR

L'APPLICATION DE LA MÉCANIQUE

A L'ÉTABLISSEMENT DES CONSTRUCTIONS

ET DES MACHINES.

1829 — 1830.

TROISIÈME PARTIE,

CONTENANT LES LEÇONS SUR L'ÉTABLISSEMENT DES MACHINES.

I. *Notions générales sur l'étude des machines.*

1. On désigne en général sous le nom de *machines* les appareils dont l'objet est de transmettre à un point donné un mouvement qui est imprimé à un autre point. Un *moteur* exerce à son point d'application un *effort*, et fait prendre à ce point un mouvement que la machine transmet au point d'application de la *résistance*, où un autre effort, exercé en sens contraire du premier, doit être surmonté.

Quelquefois on se borne à considérer d'une manière géométrique les machines et les mouvements qu'elles transmettent et qu'elles modifient; c'est-à-dire que l'on s'occupe uniquement des rapports que la nature de l'appareil établit entre les figures des lignes décrites par les divers points, et les vitesses avec lesquelles ces lignes sont parcourues. Les machines auxquelles ces notions s'appliquent sont désignées quelquefois sous le nom générique d'outils. Elles sont employées à produire un résultat déterminé, pour lequel il est supposé que l'on dispose toujours d'une force surabondante. Mais en général l'étude d'une machine comporte la considération des effets mécaniques qui ont lieu pendant qu'on la fait travailler, soit que l'appareil soit destiné à produire une action instantanée, qui se répète après des intervalles de temps plus ou moins longs, comme dans les presses et les balanciers à battre les monnaies, ou bien qu'il soit destiné à travailler d'une manière continue, uniforme et périodique, comme dans les moulins.

Une machine en mouvement est un système de corps soumis à l'action de forces extérieures opposées les unes aux autres, et dans lequel le mouvement même fait naître des résistances intérieures qui doivent être surmontées. Les forces extérieures consistent principalement dans les actions du moteur qui met et maintient la machine en mouvement, et de la résistance à laquelle donne lieu l'exécution du travail. La manière dont on doit mesurer ces actions, et établir entre elles les rapports les plus convenables, est un des principaux points dont on ait à s'occuper; la considération de la machine dans l'état d'équilibre est un élément nécessaire de ces recherches.

On peut concevoir, d'après ce qui précède, que l'étude des machines est très-vaste et très-variée, et qu'elle emprunte des notions essentielles à la géométrie, à la statique et à la dynamique.

2. Cette matière ne peut être développée ici dans toute

son étendue. Il est nécessaire de se borner aux objets dont la connaissance est indispensable pour l'exercice de la profession d'ingénieur. Elle se partage en deux grandes divisions : la *partie descriptive* et la *partie théorique*.

Par la *partie descriptive*, nous entendons la connaissance que l'on doit acquérir des parties élémentaires des machines, des appareils qui constituent les divers moteurs employés dans les arts, et enfin des machines mêmes dont les ingénieurs ont le plus souvent à s'occuper. Cette division comprendrait principalement les objets suivants :

1° Les parties élémentaires et constitutives des machines, c'est-à-dire les divers appareils par le moyen desquels on transmet d'un point à un autre un mouvement donné, la plupart du temps en changeant la nature de ce mouvement.

2° Certains appareils dont l'objet est d'interrompre ou de rétablir à volonté les mouvements dans une machine, ou de la faire marcher d'une manière régulière.

3° Les moteurs par lesquels les forces naturelles sont utilisées pour les travaux des arts.

4° Les machines employées dans les constructions civiles et hydrauliques pour la préparation, le transport et l'élévation des matériaux, le battage des pieux, le recépage, le draguage, etc.

5° Les machines destinées à l'élévation des eaux.

6° Les machines les plus communes et les plus utiles, telles que les presses, les balanciers, les moulins à blé, à scier les bois, à fabriquer le fer, etc.

La *partie théorique* comprend les notions de géométrie qui sont nécessaires pour acquérir une connaissance complète de quelques-uns des appareils qui servent à transmettre les mouvements; les notions de statique et de dynamique dont dépendent les conditions de l'établissement des machines; enfin la disposition des parties des machines considérées sous le rapport de la solidité, de la durée, de l'exactitude et de la régularité du travail.

La connaissance des machines, considérées sous le premier point de vue, peut s'acquérir par la lecture des ouvrages où elles sont décrites, par la vue des machines mêmes, dont on doit s'attacher à comprendre le jeu, et surtout en se formant une collection de dessins où les objets seraient représentés. Les notions théoriques exigent une étude spéciale, qui est le principal objet de ces leçons.

II. *Théorie géométrique des manivelles et du joint circulaire.*

3. La variété des appareils qui servent à transmettre et à transformer les mouvements est infinie : nous nous occupons ici de ceux qui sont employés le plus fréquemment, dont l'usage a constaté l'utilité, et dont la théorie exige quelque attention.

L'objet des manivelles est de changer un mouvement circulaire continu en un mouvement rectiligne alternatif.

Si l'on suppose au point mu circulairement un mouvement uniforme, le point auquel le mouvement est transmis sera mu avec une vitesse variable. La considération des rapports qui s'établissent entre ces vitesses est importante, parce que du rapport des vitesses dépend celui des efforts qui doivent être exercés respectivement aux deux points dont il s'agit.

Le rayon CM (*fig.* 1), tournant autour du centre C, et entraînant la verge MQ qui demeure verticale, forme la manivelle simple. Le rapport de la vitesse verticale du point M à sa vitesse circulaire varie suivant la position de ce point : il est zéro en E et en F, et 1 en A et en B.

Nommons x l'angle ACM, ce rapport est en général

$$\frac{d.\sin x}{dx} = \cos x :$$

sa valeur moyenne est

$$\frac{2}{\pi}\int_0^{\frac{\pi}{2}} \cos x \,.\, dx = \frac{2}{\pi} = 0.6366.$$

La plus grande valeur étant 1, la valeur moyenne est un peu au-dessous des $\frac{2}{3}$ de la plus grande.

Réciproquement, si l'on suppose un poids constant suspendu à la tige verticale MQ, il faudrait appliquer au point M, dans le sens de la circonférence, pour faire équilibre à ce poids, une force dont la valeur serait *nulle* quand le point M se trouverait en *E*, égale au poids dont il s'agit quand *le point* se trouverait en A, et dont la valeur moyenne serait les 0,6366 de ce même poids. On verra dans la suite comment, au moyen de l'usage des *volants*, on peut imprimer un mouvement régulier à un appareil de ce genre, en exerçant un effort sensiblement constant dans le sens de la circonférence décrite.

14. On désigne sous le nom de manivelles *doubles*, *triples*, *quadruples*, les appareils du même genre, dans lesquels il y a deux, trois, quatre rayons montés sur le même axe, dirigés de manière à partager la circonférence en deux, trois ou quatre parties égales, à l'extrémité desquelles sont articulées des bielles destinées à soulever des poids ou à exercer certains efforts. La disposition de ces appareils peut être variée de diverses manières : quelquefois les bielles n'ont à exercer un effort qu'autant que l'extrémité du rayon se trouve dans une des moitiés de la

circonférence décrite; quelquefois cet effort change de grandeur ou s'exerce dans un sens opposé, lorsque le rayon passe d'une des moitiés de la circonférence à l'autre. On doit s'attacher à comparer les vitesses respectives des extrémités des rayons dans le sens de la circonférence, et des points d'application de l'effort résultant dans le sens où cet effort s'exerce. Il sera toujours facile de distinguer les positions de l'appareil où le rapport de ces vitesses atteint ses valeurs extrêmes, et d'en déterminer la valeur moyenne. Les appareils sont considérés comme étant d'autant plus parfaits, que les valeurs extrêmes du rapport dont il s'agit diffèrent moins l'une de l'autre.

Considérons, par exemple, une manivelle quadruple (*fig.* 2) formée de quatre rayons qui se croisent à angles droits, et supposons que les bielles n'exercent d'effort qu'autant que les extrémités des rayons se trouvent dans la demi-circonférence EAF. Il y aura toujours deux rayons en action dans cette demi-circonférence : le point M, milieu de la ligne qui joint les extrémités de ces rayons, est le point d'application de la résultante des deux efforts. La plus petite valeur du rapport de la vitesse verticale du point M à la vitesse circulaire des extrémités des rayons, qui a lieu dans la position indiquée (*fig.* 2), est $\frac{1}{2}$. La plus grande valeur du même rapport, qui a lieu dans la position indiquée (*fig.* 3), est $\frac{1}{\sqrt{2}}$. La valeur moyenne est

$$\frac{4}{\pi}\int_0^{\frac{\pi}{2}}\frac{dx \, . \cos x}{\sqrt{2}}=\frac{2}{\pi}=0.6366.$$

Elle s'écarte beaucoup moins des valeurs extrêmes que dans le cas de la manivelle simple. Les manivelles quadruples, et même les manivelles triples, présentent des difficultés de construction qui en ont presque fait abandonner l'usage.

5. L'objet du *joint circulaire* est de transformer un mouvement circulaire en un autre mouvement également circulaire, mais qui a lieu dans un plan différent de celui du premier mouvement. Cet appareil est formé (*fig.* 4), de deux axes A, B, assujettis entre eux par une sphère mobile, portant des pointes saillantes saisies par deux demi-cercles, par lesquels ces axes sont terminés. Pendant que les pointes saisies par l'axe A décrivent le cercle projeté en MM′, les pointes saisies par l'axe B décrivent un autre cercle projeté en NN′. La vitesse de l'un des axes étant supposée uniforme, celle de l'autre axe varie conformément à la loi suivante.

Soit C le centre de la sphère (*fig.* 5), Ca l'intersection des plans des deux cercles décrits par les pointes saillantes appartenant à chaque axe; at, at' les tangentes menées à ces deux cercles par le point a. Supposons qu'un rayon placé d'abord en Ca se soit transporté sur le premier cercle en Ca', et désignons l'angle aCa' par x. Un rayon placé d'abord en Ca se sera transporté en même temps sur le second cercle dans la position Cb', et nous désignerons l'angle aCb' par y. Si l'on prolonge ces deux rayons jusqu'au point t, p, où ils rencontrent les tangentes aux deux cercles menées par le point a, et si l'on trace la ligne pt, cette ligne sera perpendiculaire sur la tangente at'. Par conséquent en désignant par i l'angle tap, c'est-à-dire l'angle compris entre les plans des deux mouvements circulaires, on aura la relation

$$\text{tang}\, y = \cos i \,.\, \text{tang}\, x.$$

Le rapport des vitesses avec lesquelles les rayons Ca',

Cb' se meuvent respectivement est exprimée par $\frac{dx}{dy}$, quantité dont l'expression, d'après l'équation précédente, est

$$\frac{dx}{dy} = \frac{\cos^2 x + \cos^2 i \sin^2 x}{\cos i}.$$

Les valeurs extrêmes sont $\cos i$ et $\frac{1}{\cos i}$: elles diffèrent d'autant plus l'une de l'autre que l'angle i approche davantage d'un angle droit.

III. *Théorie géométrique des engrenages.*

6. Les engrenages sont destinés à transmettre un mouvement circulaire d'une roue à une autre roue. Le plus souvent les axes des deux roues sont parallèles entre eux; quelquefois ils forment un angle, et dans ce dernier cas l'appareil prend le nom d'*engrenage conique*. Lorsque le rayon de l'une des roues devient infini, ou que la portion de circonférence qui porte l'engrenage devient une portion de ligne droite, elle prend le nom de *crémaillère*.

Considérons (*fig.* 6) deux roues dont les centres sont placés dans les points C, C'. Le mouvement se transmet généralement de la première roue à la seconde au moyen de deux portions de courbe Am, A'm, dont l'une pousse l'autre à leur point de contact m. Soit EB la direction de la normale commune à ces courbes en m; les vitesses de rotation de chacune des roues seront entre elles réciproquement comme les distances CE, C'E', ou comme les distances CB, C'B. On peut donc, en déterminant les courbes Am, A'm, de manière que, dans les diverses situations des roues, le point B tombe en des points donnés de la ligne CC′, régler à volonté le rapport des vitesses respectives de ces roues.

La condition à laquelle on s'assujettit est que le rapport de ces vitesses demeure constant dans toutes les positions des roues. Il faut alors que la situation du point B ne change pas. Nous indiquerons les solutions dont les mécaniciens font principalement usage.

7. Soit CC′ (*fig.* 7) la ligne qui joint le centre C, C′ des deux roues, CB, C′B les rayons des *cercles primitifs*, c'est-à-dire les rayons dont le rapport détermine le rapport des vitesses de rotation respectives de ces roues. Si la courbe fixée au cercle dont le centre est C′, se réduit à un point *m* (ce qui est le cas de l'engrenage d'une roue et d'une lanterne), la courbe A*m*, fixée à l'autre cercle, doit être l'épicycloïde que décrirait un point du cercle dont le rayon est C′B roulant sur le cercle dont le centre est C.

8. Si la courbe (*fig.* 8), fixée au cercle dont le centre est C′, est une ligne droite C′*m* dirigée suivant le rayon de ce cercle (ce qui est le cas ordinaire de l'engrenage de deux roues), la courbe A*m*, fixée à l'autre cercle, doit être l'épicycloïde que décrirait un point du cercle dont le diamètre est égal à C′B, roulant sur le cercle dont le centre est C.

Il est convenable, dans les applications, que ce soit la roue qui porte la courbe qui conduise l'autre. Quand chacune des roues doit conduire et être conduite alternativement, il faut que les dents de chacune portent des pointes courbes par lesquelles elles poussent, et des parties droites par lesquelles elles sont poussées. Un engrenage est d'autant plus parfait que les dents sont plus petites et plus multipliées.

9. Les constructions précédentes, employées le plus fréquemment dans les applications, ont l'inconvénient

que les efforts exercés par une dent sur l'autre varient avec la position de ces dents, ce qui donne lieu à ce qu'elles s'usent inégalement, et à ce que la forme en est promptement altérée. Cet inconvenient n'aurait pas lieu si (*fig.* 9), en donnant à la fois de la courbure à la partie de la dent qui conduit et à celle qui est conduite, on prenait pour la courbe de ces dents des portions Am, A'm des développantes des cercles primitifs décrites respectivement par la tangente commune EE' à ces deux cercles. Dans ce cas le point de contact m des deux courbes demeure constamment situé sur la ligne EE', et la normale commune aux deux courbes, menée par ce point, ne cesse pas de se confondre avec cette ligne.

L'engrenage où l'on emploie les développantes des cercles présente aussi cet avantage, que l'on peut sans difficulté faire engrener avec la même roue d'autres roues de divers diamètres, ce qui permet de changer à volonté la distance des deux axes de rotation.

10. Une roue (*fig.* 10) peut faire marcher une verge droite en poussant un point ou une ligne droite perpendiculaire à cette verge. La courbe Am, fixée à la roue, doit, dans ces deux cas, être une portion de la développante du cercle tangent à la direction de la verge. Quand la verge doit conduire la roue, il faut que cette verge porte des dents dont les parties courbes, taillées suivant une cycloïde décrite par un point du cercle dont le diamètre est CB, poussent des lignes droites dirigées suivant les rayons de la roue.

11. Les dispositions précédentes conviennent principalement au cas où l'on veut que la roue imprime à la verge droite un mouvement continu dans le même sens. On veut quelquefois, qu'après avoir poussé la droite la roue la ramène dans la même situation. Fixant au cercle, dont

le centre est *c* (*fig.* 11), deux portions de courbes tracées suivant la développante de ce cercle, et placées en sens opposés, la verge B*m* sera poussée et tirée alternativement, suivant sa direction, à chacun des tours de la roue, et la vitesse de cette verge et celle de la roue conserveront toujours le même rapport. Cette disposition est la plus convenable; mais il n'est pas nécessaire que la courbe fixée au cercle en soit la développante; il suffit que les distances B*m* croissent proportionnellement aux arcs correspondants AB. Et en général, ayant fixé d'avance les espaces à parcourir par les deux points, on déterminera facilement, par une simple construction graphique, les courbes par lesquelles le mouvement doit être transmis, pour que ces deux espaces soient parcourus en même temps d'un mouvement uniforme.

12. Lorsque les axes *ne sont point parallèles*, ce qui oblige à *employer un engrenage conique*, les mêmes considérations peuvent encore être appliquées. Les cercles primitifs ne sont pas alors situés dans un même plan, et doivent être regardés comme les bases des deux cônes droits, dont le sommet commun est au point de rencontre des deux axes, et qui se touchent suivant une arête. Le roulement de l'un de ces cônes sur l'autre, s'il en résultait un frottement suffisant, transmettrait le mouvement de rotation d'un des axes à l'autre. Les dents des deux roues sont ici formées par des portions de surface conique dont le sommet est également au point de rencontre des deux axes. Dans le cas de l'engrenage d'une roue avec une lanterne, les parties courbes des dents de la roue seront formées par des portions de cône ayant pour base des portions d'épicycloïde sphérique, décrites par le cercle primitif de la lanterne roulant sur le cercle primitif de la roue. Dans le cas de l'engrenage d'une roue avec un

pignon, les portions d'épicycloïde sphérique seront décrites par un cercle d'un diamètre moitié moindre que le cercle primitif du pignon.

Si l'on veut employer un engrenage analogue au n° 9, les dents seront formées par les surfaces coniques décrites par le plan tangent commun aux cônes primitifs des deux roues, que l'on ferait rouler sur ces deux cônes de manière à les développer.

13. Considérant une vis à filets rectangulaires, qui engrène avec une roue dentée, en supposant que le plan de la roue contient l'axe de la vis, les éléments rectilignes des dents de la roue, au lieu d'être perpendiculaires au plan de cette roue, devront être inclinés sur ce plan, et l'angle compris entre le plan et les éléments devra être égal à l'inclinaison du filet de la vis sur son axe. De plus, si l'on considère une section quelconque faite dans les dents parallèlement au plan de la roue, la courbe, suivant laquelle les dents seront coupées, devra être la développante du cercle primitif de la roue, comme dans le cas du n° 10.

Tracé d'un engrenage

14. *Pour une roue conduisant une lanterne.* Ayant fixé les nombres de tours que la roue et la lanterne doivent faire respectivement dans le même temps, et la distance des centres, on connaît les rayons primitifs CA, C'A (*fig.* 12), qui doivent être entre eux réciproquement comme ces nombres de tours. On trace les cercles primitifs. On fixe le nombre des fuseaux de la lanterne et des dents de la roue, d'après la grosseur qu'on veut leur donner. On marque sur les cercles primitifs les axes des fuseaux et les milieux des intervalles des dents, en divisant ces cercles

en parties égales. On trace, à partir de chaque point de division sur la roue, des portions d'épicycloïde décrites comme on l'a dit n° 7, suivant lesquelles les dents de cette roue devraient être taillées si les fuseaux n'avaient pas de grosseur. On marque ensuite les cercles indiquant la grosseur des fuseaux, puis on trace, au dedans des épicycloïdes susdites, des courbes qui leur sont parallèles, et qui en sont distantes d'une quantité égale au rayon des fuseaux. On ne doit pas laisser aux dents la forme aiguë qui résulte de cette construction. On arrondit l'extrémité de ces dents, dont on pourrait retrancher à la rigueur tout ce qui dépasse le point *m* qui se trouve en contact avec le fuseau *n*, à l'instant où le fuseau suivant, ayant dépassé la ligne des centres, commence à être conduit par la dent suivante. Il faut diminuer un peu dans l'exécution la grosseur des dents ou des fuseaux résultant de la construction, afin de laisser un jeu nécessaire à la liberté de l'engrenage. La grandeur du jeu dépend de la précision avec laquelle l'engrenage est exécuté.

15. *Pour une roue engrenant avec un pignon.* Ayant tracé (*fig.* 13), comme il est dit ci-dessus, les cercles primitifs de la roue et du pignon, on divise ces cercles en autant de parties égales A*a*, A*a'* qu'ils doivent avoir de dents. On partage chaque intervalle A*a* en deux parties, l'une A*b* pour l'épaisseur de la dent, l'autre *ba* pour celle du vide des dents : ces parties sont ordinairement à peu près égales entre elles. On trace, à partir des points A, *b*, *a*, des rayons qui forment les *flancs* droits des dents de la roue, et des portions d'épicycloïde, décrites comme il est dit n° 8, qui en forment les parties saillantes. On marque ensuite dans chaque intervalle A*a'*, que doit occuper une des ailes du pignon, une partie A*b'* pour le vide de l'aile (qui doit être un peu plus grand que le plein

Ab des dents de la roue), et une partie $a'b'$ pour le plein de l'aile. On trace les flancs droits des ailes, et les parties saillantes formées par des épicycloïdes décrites par le cercle dont CA est le diamètre roulant sur le cercle primitif du pignon. On arrondit la pointe des dents et des ailes, où l'on peut supprimer tout ce qui est au delà du point m pour les dents de la roue, et du point m' pour les ailes du pignon, en supposant que la partie saillante de la dent Ab de la roue touche en m le flanc droit de l'aile $a'b'$ du pignon, à l'instant où le flanc droit de la dent suivante de la roue commence à toucher en m' la courbe de l'aile suivante du pignon.

16. On voit qu'en général il résultera de cette construction que, quand la dent Ab cessera de pousser l'aile $a'b'$, l'aile suivante du pignon n'aura pas encore dépassé la ligne des centres, et que sa partie courbe sera poussée par le flanc droit de la dent suivante de la roue, ce qui est un inconvénient, parce qu'il en résulte un frottement plus dur. Pour l'éviter, il faudrait qu'à l'instant où la dent Ab quitte l'aile $a'b'$, le point m' se trouvât dans la ligne des centres CC'. On ne parvient à remplir cette condition qu'en faisant les ailes du pignon suffisamment nombreuses et minces. On s'est assuré qu'il était impossible d'y satisfaire quand le pignon avait moins de 9 ailes et la roue moins de 64 dents, et quand le pignon avait moins de 10 ailes et la roue moins de 72 dents. Quand les pignons ont un plus grand nombre d'ailes, il n'y a plus de difficulté, pourvu que le nombre des dents de la roue soit réglé en conséquence. En adoptant le mode de tracé indiqué n° 11, les dents seront toujours poussées autant avant qu'après la ligne des centres; mais on voit que cet inconvénient a également lieu dans beaucoup d'autres cas.

Il est convenable que le nombre des dents de la roue et celui des ailes du pignon soient premiers entre eux, afin que les mêmes dents ne se rencontrent point : elles s'usent alors plus également.

17. Pour le tracé d'un engrenage conique, le procédé le plus simple consiste à développer les surfaces coniques entre lesquelles les dents sont comprises, et à tracer l'engrenage sur ces développements, comme on le ferait pour des roues planes. Cette construction donnera des panneaux, au moyen desquels le tracé des dents pourra s'opérer avec une exactitude suffisante sur les surfaces coniques exécutées.

IV. *Du frottement et de la roideur des cordes.*

18. Quand une machine marche d'un mouvement continu, les pressions ou efforts exercés par le moteur et la résistance à leurs points d'application respectifs, sont les mêmes que ceux qui se feraient mutuellement équilibre, la machine étant supposée en repos. Il est donc nécessaire de considérer les machines dans l'état d'équilibre; et l'on doit faire entrer dans cette considération les résistances auxquelles le mouvement même donne naissance, et qui doivent être regardées comme des forces qu'il s'agit de détruire. Ces résistances consistent principalement dans les frottements et dans la roideur des cordes.

19. Le frottement est la résistance qu'on doit surmonter quand on entreprend de faire glisser l'une sur l'autre les surfaces en contact de deux corps. Cette résistance, suivant la grandeur et la nature des surfaces, le temps pendant lequel elles sont demeurées en contact, et la vitessse du mouvement, présente diverses variations,

dont les lois ont été étudiées par l'expérience. On indique ici les résultats les plus remarquables qui ont été obtenus par Coulomb (*Académie des sciences, savants étrangers, tome* 10).

« 1° Le frottement des bois glissant à sec sur les bois » oppose, après un temps suffisant de repos, une résis- » tance proportionnelle aux pressions. Cette résistance » augmente sensiblement dans les premiers instants du » repos, mais après quelques minutes elle parvient ordi- » nairement à son maximum ou à sa limite.

» 2° Lorsque les bois glissent à sec sur les bois avec » une vitesse quelconque, le frottement est encore pro- » portionnel aux pressions; mais son intensité est beau- » coup moindre que celle que l'on éprouve en détachant » les surfaces après quelques minutes de repos : on » trouve, par exemple, que la force nécessaire pour faire » glisser et détacher deux surfaces de chêne après quelques » minutes de repos est à celle nécessaire pour vaincre le » frottement lorsque les surfaces ont déjà un degré de » vitesse quelconque, comme 9,5 est à 2,2.

» 3° Le frottement des métaux glissant sur les métaux » sans enduit est également proportionnel aux pres- » sions; mais son intensité est la même, soit qu'on veuille » détacher les surfaces après un temps quelconque de » repos, soit qu'on veuille entretenir une vitesse uniforme » quelconque.

» 4° Les surfaces hétérogènes, telles que les bois et les » métaux, glissant l'une sur l'autre sans enduit, donnent » pour leurs frottements des résultats très-différents de » ceux qui précèdent; car l'intensité de leur frottement, » relativement au temps de repos, varie lentement, et ne » parvient à la limite qu'après quatre ou cinq jours, et » quelquefois davantage; au lieu que, dans les métaux,

» elle y parvient dans un instant, et dans les bois, en » quelques minutes. Cet accroissement est même si lent, » que la résistance du frottement, dans les vitesses in- » sensibles, est presque la même que celle qu'on surmonte » en ébranlant ou détachant les surfaces après quelques » secondes de repos. Ce n'est pas encore tout. Dans les » bois glissant sans enduit sur les bois, et dans les métaux » glissant sur les métaux, la vitesse n'influe que très-peu » sur le frottement; mais ici le frottement croît très-sen- » siblement à mesure que l'on augmente les vitesses; en » sorte que le frottement varie à très-peu près suivant » une progression arithmétique, lorsque les vitesses crois- » sent suivant une progression géométrique. »

20. Il est permis, dans les applications aux machines qui peuvent se présenter, de considérer la résistance du frottement comme étant composée de deux parties : 1° une partie proportionnelle à la pression, et qui est le *frottement* proprement dit; 2° une partie proportionnelle à l'étendue des surfaces en contact, et qu'on regarde comme provenant de l'*adhérence*. Les valeurs de ces deux parties peuvent être considérées, pour les divers corps, comme ne variant pas sensiblement avec la vitesse du mouvement; mais elles ne sont pas les mêmes en général lorsqu'il s'agit de détacher des surfaces qui ont été en contact pendant quelque temps, ou de continuer un mouvement commencé. On doit aussi distinguer le frottement des surfaces planes de celui des axes dans les mouvements de rotation. Les tableaux suivants contiennent, sur ces divers objets, les principaux résultats donnés par l'observation.

21. *Frottement des surfaces planes qui ont demeuré en contact assez longtemps pour que la résistance ait atteint son maximum.*

INDICATION des surfaces en contact.	RAPPORT du frottement à la pression.	OBSERVATIONS.
Chêne sur chêne, les fibres parallèles. .	0.44	Le frottement parvient au maximum au bout de quelques secondes.
les fibres parallèles et la surface réduite à des arrêtes arrondies.	0.42	*Idem.*
les fibres croisées. . .	0.27	*Idem.*
les surfaces garnies d'un enduit de suif renouvelé à chaque expérience.	0.38	Le frottement atteint son maximum en quelques jours. L'adhérence produit une résistance d'environ 19 kil. par mètre quarré.
les mêmes après un long user, en mettant du vieux oing. . . .	0.21	*Idem.* L'adhérence produit une résistance de 39 kil. par mètre quarré.
Chêne sur sapin, les fibres parallèles. .	0.67	Le frottement atteint son maximum au bout de quelques secondes.
Sapin sur sapin, les fibres parallèles. .	0.56	*Idem.*
Orme sur orme, les fibres parallèles. .	0.46	*Idem.*
Fer sur chêne.	0.20	Il n'est pas certain que le frottement eût atteint son maximum.
Cuivre sur chêne.	0.18	*Idem.*
Fer sur fer.	0.28	Le maximum du frottement a lieu au bout de quelques secondes.
Cuivre sur fer.	0.26	*Idem.*
la surface réduite à des pointes émoussées. .	0.17	*Idem.*
les surfaces garnies d'un enduit de suif neuf. .	0.11	Il a lieu au bout de quelques heures. La résistance de l'adhérence est d'environ 7 kil. par mètre quarré.
d'un enduit d'huile. .	0.17	
d'un enduit de vieux oing.	0.14	
Pierre en liais (calcaire d'un grain très-fin) bien polie, sur une pierre semblable (Rondelet, *Traité de l'art de bâtir*, t. III, p. 243).	0.58	La valeur du frottement après que le mouvement est commencé, ne peut pas différer sensiblement de celle qui a lieu à l'instant où le mouvement commence.
Pierre de Château-Landon (calcaire très-dur) dont la surface était piquée ou bouchardée, sur une pierre semblable. (Boistard, *Expériences sur la main-d'œuvre*, etc., p. 58).	0.78	*Idem.*
Caisse en bois glissant sur du pavé. (Regnier, *Descr. du dynamomètre*, *Jour. de l'école polytechnique*, 5e cahier). .	0.58	*Idem.*

22. *Frottement des surfaces planes, quand le mouvement dure depuis un certain temps.*

INDICATION des surfaces en contact.	RAPPORT du frottement à la pression.	OBSERVATIONS.
Chêne sur chêne, les fibres parallèles. .	0.11	
et la surface réduite à des arêtes arrondies.	0.08	
les fibres croisées . . .	0.10	
et la surface réduite à des arêtes arrondies	0.10	
les fibres parallèles et les surfaces enduites de suif ou de vieux oing renouvelé à chaque essai.	0 035	L'adhérence des surfaces occasionne une résistance d'environ 30 kil. par mètre quarré.
la surface réduite à des arêtes arrondies, avec enduit, ou l'enduit essuyé et les surfaces restant onctueuses.	0.06	
Chêne sur sapin, les fibres parallèles. .	0.16	
Sapin sur sapin	0.17	
Orme sur orme	0.10	
Chêne sur fer, les fibres étant parallèles, et la vitesse très-petite	0.08	Le frottement augmente avec la vitesse, à moins que les surfaces n'aient été usées pendant longtemps.
la vitesse étant de $0^{m}.03$ par seconde	0.17	
les surfaces étant très-petites, sans enduit, mais restant onctueuses.	0.07	Le rapport du frottement à la pression est constant.
Fer sur fer.	0.28	Le frottement diminue quand les surfaces ont été usées longtemps.
Cuivre sur fer.	0.24	Le frottement après un long user se réduit à 0.17.
Fer sur fer, avec un enduit de suif renouvelé.	0.10	L'adhérence produit une résistance d'environ 14 kil. par mètre quarré.
Cuivre sur fer, avec un enduit de suif renouvelé	0.10	L'adhérence produit une résistance d'environ 7 kil. par mètre quarré.
avec de l'huile sur un ancien enduit de suif. . . .	0.12	L'adhérence peut être regardée comme nulle.
la surface réduite à des pointes émoussées, restant onctueuses, ou enduites de suif et d'huile	0.12	

23. *Frottement des axes quand le mouvement dure depuis un certain temps.*

INDICATION des axes mis en expérience.	RAPPORT du frottement à la pression.	*OBSERVATIONS.*
Axe de fer dans une boîte de cuivre. . .	0.155	On voit par ce tableau que le frottement des axes est en général un peu moins considérable dans des circonstances semblables que le frottement des surfaces planes ; et l'on peut juger aussi, d'après les résultats précédents, que dans tous les cas qui peuvent se présenter dans le mouvement des machines où les surfaces sont ordinairement enduites de corps gras, le frottement est beaucoup au dessous du tiers de la pression.
avec un enduit de suif	0.085	
avec un enduit de vieux oing .	0.12	
les surfaces étant pénétrées par le suif et restant onctueuses.	0.127	
avec un enduit d'huile	0.13	
avec un enduit qui n'avait pas été renouvelé depuis longtemps, quoique la machine eût servi continuellement. .	0.133	
Axe de chêne vert dans une boîte de gayac avec un enduit de suif.	0.038	
l'enduit étant essuyé et les surfaces restant onctueuses	0.06	
après avoir servi longtemps sans qu'on eût rafraîchi l'enduit	0.07	
Axe de chêne vert dans une boîte d'orme enduite de suif	0.03	
l'enduit étant essuyé et les surfaces restant onctueuses	0.05	
Axe de buis dans une boîte de gayac enduite de suif.	0.043	
l'enduit étant essuyé, et les surfaces restant onctueuses	0.07	
Axe de buis dans une boîte d'orme enduite de suif	0.035	
l'enduit étant essuyé, et les surfaces restant onctueuses	0.05	

24. *Frottement des voitures.*

CIRCONSTANCES du mouvement.	RAPPORT du frottement à la pression.	*OBSERVATIONS.*
Voiture roulant sur un terrain horizontal, ferme et uni, les chevaux allant au pas ou au trot. . .	$\frac{1}{25}$	*Voyez* des expériences de M. Boillard, *Journal de physique* 1785. Un mémoire du comte de Rumford, *Bibliothèque britannique, sciences et arts*, t. XLVII. Ces résultats conviennent aux roues d'une grandeur ordinaire et non aux petites roues. Le frottement ne varie pas avec la vitesse.
sur du pavé de grès, les chevaux allant au pas.	$\frac{1}{25}$	
les chevaux allant au grand trot.	$\frac{1}{14}$	
sur un terrain sablonneux ou des cailloux nouvellement placés, au pas comme au trot.	$\frac{1}{8}$	
sur un chemin de fer à ornières plates.	$\frac{1}{60}$	Il y a des expériences qui indiquent des résistances beaucoup moindres. La résistance dépend presque entièrement ici du frottement sur les axes.
à ornières saillantes.	$\frac{1}{100}$	

De la roideur des cordes.

25. Une corde passant sur une poulie s'enroule d'un côté et se déroule de l'autre. L'enroulement donne lieu à une résistance : il ne paraît pas que le déroulement exige aucun effort. La résistance à l'enroulement se manifeste en ce que la corde, qui soutient le point montant Q (*fig.* 14), n'est pas dirigée suivant la verticale Mq, tangente à la poulie, comme l'est la corde qui soutient le poids descendant P. Il en résulte que, pour que ces deux poids soient en équilibre, il faut que P surpasse Q d'une certaine quantité. Cette quantité est la valeur de la résistance provenant de la roideur.

Les expériences ont appris que cette résistance pouvait

être représentée généralement par l'expression suivante :

$$\frac{d^{\mu}}{D}(a+bQ),$$

dans laquelle

d représente le diamètre de la corde;
D le diamètre de la poulie;
Q le poids qui tend la corde;
a, b, μ trois constantes à déterminer par expérience pour chaque espèce de corde.

Les constantes a, b varient pour chaque espèce de cordes. L'exposant μ dépend surtout du degré d'usé des cordes : il varie entre les limites 1 et 2. Il est $=2$ pour de grosses cordes neuves; $=1.5$ pour les cordes plus qu'à demi usées; $=1$ pour des ficelles très-petites et très-flexibles. Il s'agit ici des cordes blanches. Pour les cordes goudronnées, on trouve plus exact de supposer la roideur proportionnelle au nombre de fils de caret dont elles sont composées, qu'à la quantité d^{μ}. Cette roideur ne varie pas sensiblement pour les cordes avec le degré d'usé.

26. *Tableau des poids nécessaires pour plier différentes cordes autour d'un arbre d'un mètre de diamètre.*

INDICATION DES CORDES.	DIAMÈTRE des cordes $=d$.	POIDS des cordes par mètre de longueur.	ROIDEUR constante $=d^{\mu}a$.	ROIDEUR par kilogramme de charge $=d^{\mu}b$.
	mètre.	kilogram.	kilogram.	kilogram.
Corde blanche de 30 fils de caret. .	0.0200	0.2834	0.22246	0.0097382
Corde blanche de 15 fils de caret. .	0.0144	0.1448	0.063514	0.0055182
Corde blanche de 6 fils de caret. .	0.0088	0.0522	0.0106038	0.0023804
Corde goudronnée de 30 fils de caret.	0.0236	0.3326	0.3496	0.0125514
Corde goudronnée de 15 fils de caret	0.0168	0.1632	0.105928	0.0060592
Corde goudronnée de 6 fils de caret.	0.0096	0.0693	0.21208	0.0025962

On conclut de ce tableau qu'une corde blanche de 30 fils de caret ayant $0^{m}.02$ de diamètre, présente une rôideur exprimée en kilogrammes par

$$\frac{1}{D}(0.222 + 0.00974 \cdot Q).$$

D étant exprimé en mètres, Q en kilogrammes; et ainsi des autres.

27. Pour faire usage dans les applications de ces résultats, D et Q étant donnés, on calcule d'abord la valeur de la formule

$$\frac{1}{D}(d^{\mu} a + d^{\mu} b \cdot Q)$$

au moyen des données du tableau, pour la corde comprise dans ce tableau qui se rapproche le plus de celle qu'on a en vue. Nommons ensuite d' le diamètre de cette dernière corde, on multiplie par le rapport $\left(\frac{d'}{d}\right)^{\mu}$; ou, s'il s'agit d'une corde goudronnée, par le rapport $\frac{n'}{n}$, n étant le nombre de fils de caret de la corde du tableau, et n' le même nombre pour la corde dont on calcule la roideur.

V. *Équilibre des machines simples, en ayant égard au frottement et à la roideur des cordes.*

PLAN INCLINÉ.

28. Considérant un corps dont le poids est Q, posé sur un plan incliné (*fig.* 15), et soumis à l'action d'une force P qui agit en tirant, on doit distinguer deux cas :

1° Celui où la force P devrait faire monter le corps;

2° Celui où elle devrait seulement l'empêcher de descendre. L'équation d'équilibre est

$$P\cos\alpha = Q\cos\beta \pm f(Q\sin\beta - P\sin\alpha) \pm \gamma A,$$

dans laquelle

α représente l'angle de la force P avec le plan incliné;
β l'angle de la direction verticale du poids Q avec le plan incliné;
f le rapport du frottement à la pression;
γ la force de l'adhérence sur l'unité de surface;
A l'aire de la face du corps en contact avec le plan.

On en tire :

$$P = \frac{Q(\cos\beta \pm f\sin\beta) \pm \gamma A}{\cos\alpha \mp f\sin\alpha},$$

les signes supérieur et inférieur ont respectivement lieu pour le 1er cas et pour le 2e.

29. Si l'on supposait $\gamma = 0$, on aurait $P = 0$ en même temps que

$$f = \frac{1}{\text{tang}\,\beta}, \text{ ou } f = \text{tang}(90° - \beta).$$

Ainsi le corps se soutient en équilibre sur le plan par l'effet du frottement seul, lorsque ce plan forme avec l'horizon un angle dont la tangente est égale à f. Cet angle est nommé communément *angle du frottement*.

30. Lorsque P est parallèle au plan, on a $\alpha = 0$, et

$$P = Q(\cos\beta \pm f\sin\beta) \pm \gamma A,$$

la différence des deux valeurs est :

$$2fQ\sin\beta + 2\gamma A.$$

31. Lorsque P est horizontal, α est négatif et complément

de β. On a

$$P = \frac{Q(\cos\beta \pm f\sin\beta) \pm \gamma A}{\sin\beta \mp f\cos\beta},$$

la différence des deux valeurs est

$$\frac{2fQ + 2\gamma A\cos\alpha}{\sin^2\beta - f^2\cos^2\beta}.$$

32. Il est utile de connaître la direction qu'il faudrait donner à la force P pour qu'elle eût la moindre valeur possible, soit lorsque cette force doit faire monter le corps, soit quand elle doit l'empêcher de descendre. On y parviendra en égalant à zéro la différentielle de l'expression P du n° 28 prise par rapport à α : on trouve ainsi

$$\tan\alpha = \pm f.$$

La direction de la force doit faire avec le plan un angle égal à l'*angle du frottement*. Cette direction est en dessus du plan s'il faut faire monter le corps. Elle est en dessous du plan s'il faut l'empêcher de descendre.

Frottement des axes de rotation.

33. Soit A (*fig.* 16) un tourillon tournant dans le palier MmN, Rm la direction de la résultante des pressions qui s'exercent sur ce tourillon. Par l'effet du mouvement de rotation, le tourillon se place dans le palier, de manière que la tangente mp au point de contact fasse avec mR un angle égal au complément de l'angle du frottement. f étant le rapport du frottement à la pression, on a

$$\tan pmR = \frac{1}{f}, \ \sin pmR = \frac{1}{\sqrt{1+f^2}}, \ \cos pmR = \frac{f}{\sqrt{1+f^2}}.$$

La pression normale en m est donc $\frac{R}{\sqrt{1+f^2}}$, et la résistance du frottement dirigée suivant la tangente pm,

$$\frac{fR}{\sqrt{1+f^2}}.$$

Cette force doit être introduite dans le système avec les autres forces, qui toutes se font équilibre autour de l'axe A du tourillon ; en sorte que c'est le rayon de cet axe qui doit entrer dans l'équation d'équilibre.

34. Si l'on avait un axe fixe sur lequel tournât la concavité du trou d'une poulie (*fig.* 17), on serait conduit à la même expression pour la résistance du frottement ; mais il faudrait concevoir l'équilibre établi autour de l'axe A du trou de la poulie, et faire entrer le rayon de ce trou dans l'équation d'équilibre.

35. Lorsqu'un axe de rotation est soumis à un effort dirigé dans le sens de la longueur de cet axe, il est nécessaire que l'une de ses extrémités porte contre un appui, et il en résulte un frottement. Ce frottement peut s'exercer, ou contre un cercle, ou contre la surface d'une couronne circulaire. Supposant le frottement proportionnel à la pression, et la pression également répartie sur toute l'étendue des surfaces glissant l'une sur l'autre, on aura

$$fR$$

pour l'expression de la résistance provenant du frottement ;

$$\frac{2}{3}r$$

pour le bras de levier que l'on doit attribuer à cette force, dans le cas où le frottement s'exerce contre la surface d'un cercle, et

$$\frac{2}{3} \cdot \frac{r''^3 - r'^3}{r''^2 - r'^2}$$

pour le même bras de levier, dans le cas où le frottement s'exerce contre la surface d'une couronne circulaire. En appelant

f le rapport du frottement à la pression;
R l'effort exercé dans le sens de l'axe;
r le rayon du cercle sur la surface duquel le frottement s'exerce;
r', r'' les rayons extrêmes d'une couronne circulaire contre laquelle le frottement s'exerce.

Équilibre du treuil, de la poulie et du palan.

36. Considérons un treuil dont l'axe est horizontal, servant à élever un poids Q au moyen d'une puissance P tirant une corde passée sur une roue (*fig.* 18). Nommant

R le rayon de la roue;
r le rayon de l'arbre;
ρ, ρ' les rayons des tourillons A et B;
d le diamètre de la corde soutenant le poids Q;
p la distance mA;
q la distance nA;
l la longueur AB de l'arbre;
λ l'angle de la direction de la force P avec la verticale;
M le poids du treuil et de la roue, dont le centre de gravité est supposé dans l'axe du treuil;
g la distance de ce centre de gravité au tourillon A;
N, N' les efforts exercés respectivement sur les tourillons A, B;
θ, θ' les angles des directions de ces efforts avec la verticale;

f, a, b, μ ayant les mêmes significations que ci-dessus; (nº 27).

$$f' = \frac{f}{\sqrt{1+f^2}}.$$

On décomposera d'abord toutes les forces en d'autres qui leur soient parallèles, et qui soient appliquées à chaque tourillon. On décomposera ensuite chaque force donnée par P en deux autres, l'une horizontale, l'autre verticale. On aura ainsi :

Force verticale appliquée en A,

$$M\frac{l-g}{l}+Q\frac{l-q}{l}+P\frac{l-p}{l}\cos\lambda.$$

Force horizontale appliquée en A,

$$P\frac{l-p}{l}\sin\lambda.$$

Force verticale appliquée en B,

$$M\frac{g}{l}+Q\frac{q}{l}+P\frac{p}{l}\cos\lambda.$$

Force horizontale appliquée en B,

$$P\frac{p}{l}\sin\lambda;$$

d'où

$$N=\frac{1}{l}\sqrt{[M(l-g)+Q(l-q)]^2+2[M(l-g)+Q(l-q)]P(l-p)\cos\lambda+P^2(l-p)^2},$$

$$N'=\frac{1}{l}\sqrt{[Mg+Qq]^2+2[Mg+Qq)Pp\cos\lambda+P^2p^2},$$

$$\sin\theta=\frac{P(l-p)\sin\lambda}{Nl},\quad \sin\theta'=\frac{Pp\sin\lambda}{N'l}.$$

On exprimera ensuite l'équilibre du treuil en posant l'équation :

$$P.R = Q.r + f'(N.\rho + N'.\rho') + \frac{d^{\mu}}{2r}(a+bQ).r,$$

qui donnera la valeur de P, après que l'on aura remplacé N et N' par les expressions précédentes.

37. Ces formules se simplifient quand les rayons ρ et ρ' des deux tourillons sont égaux. On peut alors se dispenser, pour évaluer l'effet du frottement, de calculer séparément les pressions N et N'. La somme de ces pressions est :

$$N + N' = \sqrt{(M+Q)^2 + 2(M+Q)P\cos\lambda + P^2}.$$

On a donc pour l'équation d'équilibre :

$$P.R = Q.r + f'\rho\sqrt{(M+Q)^2 + 2(M+Q)P\cos\lambda + P^2} + \frac{d^{\mu}}{2r}(a+bQ).r.$$

38. On aura le cas où la force P serait verticale, en supposant $\cos\lambda = 1$, ce qui donne :

$$P.R = Qr + f'\rho(M+Q+P) + \frac{d^{\mu}}{2r}(a+bQ)r.$$

39. Les formules précédentes conviendront au cas d'une poulie, en supposant $r = R$.

On abrége beaucoup la résolution des équations des n°s 36 et 37 en mettant pour P sous le radical du second nombre une première valeur approchée, calculée en négligeant l'effet du frottement, qui est :

$$P = \frac{r}{R}\left[Q + \frac{d^{\mu}}{2r}(a+bQ)\right].$$

Si la valeur P trouvée de cette manière ne paraît pas suffisamment exacte, on peut en calculer une autre, en mettant la première sous le radical.

40. Les formules précédentes, en y faisant $M=o$, peuvent s'appliquer au cas d'un cabestan dont l'axe est vertical, la corde exerçant l'effort Q étant dirigée horizontalement. Dans ce cas P représente ordinairement la somme de plusieurs puissances, dont les points d'application doivent être distribués symétriquement autour de l'axe de rotation. Il résulte de cette disposition, que ces puissances n'exercent aucun effort sur les points d'appui de cet axe, et qu'on doit faire $P=o$ dans le terme affecté de f'. On doit remarquer enfin que le poids M du treuil produirait sur le fond de la crapaudine qui supporterait le pivot de ce treuil, un frottement que l'on devrait faire entrer dans l'équation d'équilibre, conformément au n° 35.

41. Les considérations précédentes conduisent aux formules suivantes pour le calcul des palans ou moufles. Supposant les poulies égales et les cordons parallèles (*fig.* 19), nommant

T_0, T_1, T_2, T_3....T_n les tensions des cordons;

P la puissance qui soulève le poids, égale à la tension du dernier cordon;

Q le poids soulevé, égal à la somme des tensions des cordons passant sur les poulies;

r le rayon des poulies;

ρ celui des trous des poulies;

d le diamètre de la corde;

f', a, b, μ, ayant les mêmes significations que ci-dessus;

on aura d'abord, par le n° 38, en négligeant le poids des poulies,

$$T_1 r = T_0 r + f'\rho(T_0 + T_1) + \frac{d^\mu}{2r}(a + bT_0)r,$$

d'où

$$T_1 = T_0 \frac{r+f'\rho}{r-f'\rho} + \frac{d^\mu}{2r}(a+bT_0);$$

ou, faisant pour abréger, $\alpha = \frac{d^\mu a}{2r}$, $\beta = \frac{r+f'\rho}{r-f'\rho} + \frac{d^\mu b}{2r}$,

$$T_1 = \alpha + \beta T_0.$$

on a également

$$T_2 = \alpha + \beta T_1 = \alpha(1+\beta) + \beta^2 T_0,$$

$$T_3 = \alpha + \beta T_2 = \alpha(1+\beta+\beta^2) + \beta^3 T_0,$$

etc.....

$$T_n = \alpha + \beta T_{n-1} = \alpha(1+\beta+\beta^2+\ldots\ldots+\beta^{n-1}) + \beta^n T_0,$$

$$P = \alpha + \beta T_n \quad = \alpha(1+\beta+\beta^2+\ldots\ldots+\beta^n) + \beta^{n+1} T_0;$$

ou bien

$$T_0 = \alpha \frac{1-1}{\beta-1} + 1 . T_0$$

$$T_1 = \alpha \frac{\beta-1}{\beta-1} + \beta . T_0$$

$$T_2 = \alpha \frac{\beta^2-1}{\beta-1} + \beta . T_0$$

$$T_3 = \alpha \frac{\beta^3-1}{\beta-1} + \beta^3 . T_0$$

etc.

$$T_n = \alpha \frac{\beta^n-1}{\beta-1} + \beta^n T_0$$

$$P = \alpha \frac{\beta^{n+1}-1}{\beta-1} + \beta^{n+1} . T_0$$

mais on a

$$Q = T_0 + T_1 + T_2 + \ldots + T^n = \frac{\alpha}{\beta-1}\left[\frac{\beta^{n+1}-1}{\beta-1} - (n+1)\right] + \frac{\beta^{n+1} \quad 1}{\beta-1} T_0.$$

Substituant la valeur de T_o déduite de cette équation dans celle de P, il vient

$$P = \alpha \left[\frac{(n+1)\,6^{n+1}}{6^{n+1}-1} - \frac{1}{6-1} \right] + \frac{(6-1)\,6^{n+1}}{6^{n+1}-1} Q,$$

équation dans laquelle n représente le nombre de cordons qui aboutissent à la chape mobile.

42. Lorsque le poids soulevé est supporté par une chaîne (*fig.* 20), la flexion de la chaîne fait naître un frottement dont l'effet peut être évalué comme il suit : Considérant une chaîne à mailles plates, réunies par des axes; on remarque qu'il s'exerce en a et b sur ces axes des efforts P et Q qui font naître des frottements exprimés par $f'P$ et $f'Q$. Ces frottements sont des forces agissant tangentiellement à la surface concave du trou du chaînon, en sens contraire du mouvement de la poulie. Nommant R le rayon de la poulie, r le rayon du trou du chaînon, remarquant que quand la chaîne se plie en b et se redresse en a, les chaînons décrivent en tournant sur leurs axes des angles égaux à ceux que décrit la poulie sur le sien, on aura par le principe des vitesses virtuelles, pour exprimer l'équilibre de la poulie (abstraction faite du frottement sur l'axe de cette poulie),

$$P \cdot R = Q \cdot R + f'(Pr + Qr),$$

d'où

$$P = Q\,\frac{R + f'r}{R - f'r}, \quad \text{ou} \quad P = Q\left(1 + \frac{2f'r}{R - f'r}\right).$$

Frottement des engrenages (*).

43. Considérant une roue dont le centre est C (*fig.* 21),

(*) La théorie du frottement des engrenages, exposée ci-dessous, est la même, au fond, que celle due à M. Poncelet, qui, le premier,

conduisant une autre roue dont le centre est C', au moyen de la courbe nm qui pousse la courbe $n'm$, il s'agit de connaître, pour une situation quelconque des courbes $nm, n'm$, de quelle quantité l'on doit augmenter la force qui est appliquée à la première roue, pour surmonter le frottement qui a lieu de la part de l'une de ces courbes sur l'autre.

Am et BmB' étant respectivement, pour la position des courbes nm et $n'm$ que l'on considère, la normale et la tangente commune de ces deux courbes à leur point de contact m, on nommera

R, R' les distances CA, C'A;
φ l'angle mAC' formé par la normale mA avec la ligne des centres;
p, p' les distances CB, C'B';
n la distance Am;
P la force appliquée à la roue dont le centre est C pour la faire tourner, et qui est supposée agir à la distance R du centre C;
f le rapport du frottement à la pression.

En remarquant que CD$=$R sin φ, et que la pression exercée de la part d'une courbe sur l'autre en m, est déterminée par la condition de faire équilibre à P autour du centre C, on aura pour la valeur de cette pression $\frac{P}{\sin \varphi}$; et pour la résistance provenant du frottement qui en résulte, $\frac{fP}{\sin \varphi}$. Cette résistance est dirigée suivant la ligne BB', et son effet est de s'opposer au mouvement de la roue dont le centre est C avec le bras de levier CB,

l'a donnée dans les feuilles lithographiées de son cours de mécanique, professé à l'École d'application de l'artillerie et du génie à Metz.

et au mouvement de la roue dont le centre est C′ avec le bras de levier C′B′. Par conséquent, à raison de l'obstacle opposé au mouvement de la roue dont le centre est C′, la force P doit être augmentée de la quantité $\frac{fP}{\sin\varphi}\cdot\frac{p'}{R'}$; et à raison de l'obstacle opposé au mouvement de la roue dont le centre est C, la même force doit être augmentée de la quantité $\frac{fP}{\sin\varphi}\cdot\frac{p}{R}$. On aura donc

$$\frac{fP}{\sin\varphi}\left(\frac{p}{R}+\frac{p'}{R'}\right)$$

pour la quantité cherchée dont il faut augmenter la force P, afin de surmonter le frottement de l'engrenage.

Comme on a $p=n+R\cos\varphi$, $p'=n-R'\cos\varphi$, l'expression précédente équivaut à

$$\frac{fP}{\sin\varphi}\cdot\frac{(R+R')n}{RR'}.$$

44. Si la tangente BB′ passait entre les centres C, C′ des deux roues (*fig.* 22), la résistance provenant du frottement s'opposerait toujours au mouvement de la roue dont le centre est C, mais elle favoriserait le mouvement de la roue dont le centre est C′. La quantité dont il faudrait augmenter la force P serait alors

$$\frac{fP}{\sin\varphi}\left(\frac{p}{R}-\frac{p'}{R'}\right);$$

et comme l'on aurait $p=n+R\cos\varphi$, $p'=R'\cos\varphi-n$, cette quantité serait encore exprimée par

$$\frac{fP}{\sin\varphi}\cdot\frac{(R+R')n}{RR'}.$$

Cette formule et celle du n° 43 conviennent également au cas où les courbes se poussent avant la ligne des centres.

45. On peut encore parvenir aux mêmes résultats de la manière suivante. La résistance due au frottement peut être considérée comme équivalente à la force d'un ressort qui unirait les points des deux courbes qui sont en contact. Or, en formant les moments virtuels des forces du système, dont la somme doit être nulle lorsque ce système est en équilibre, le moment virtuel de la force de ce ressort sera égal à la force multipliée par la variation de la longueur du ressort. Donc ici le moment virtuel du frottement est le produit de la résistance qui est due au frottement multiplié par la quantité dont les points des deux courbes qui sont en contact s'écartent l'un de l'autre lorsque le système prend un mouvement virtuel infiniment petit.

Cela posé soit Π la force qu'il faut ajouter à P pour surmonter l'action du frottement : considérons le cas du n° 43, et supposons que la roue dont le centre est C décrive un angle infiniment petit ω; le moment virtuel de Π sera $\Pi.R\omega$. Mais il est aisé de voir que le point m, lorsque cet angle sera décrit, se transportera à gauche sur la courbe mn d'une quantité que l'on trouvera en décrivant l'angle ω avec le rayon CB; d'un autre côté, la roue dont le centre est C' décrira en même temps l'angle $\frac{R\omega}{R'}$; et on verra également que le point m se transportera à droite sur la courbe mn' d'une quantité que l'on trouvera en décrivant l'angle $\frac{R\omega}{R'}$ avec le rayon C'B'. Donc les deux points qui étaient en contact en m se sont écartés l'un de l'autre à une distance $p\omega + \frac{p'.R\omega}{R'}$, et par conséquent, le moment virtuel de la résistance due au frottement sera $\frac{fP}{\sin\varphi}\left(p\omega + \frac{p'.R\omega}{R'}\right)$.

On trouvera donc Π en posant l'équation

$$\Pi R\omega = \frac{fP}{\sin\varphi}\left(p\omega + \frac{p'R\omega}{R'}\right), \quad \text{d'où } \Pi = \frac{fP}{\sin\varphi}\left(\frac{p}{R} + \frac{p'}{R'}\right),$$

comme ci-dessus.

En considérant maintenant le cas du n° 44, on voit que les points appartenant aux deux courbes mn, mn' qui étaient d'abord en m, se transportent tous les deux à gauche des quantités $p\omega$ et $\frac{p'.R\omega}{R'}$, en sorte que l'écart de ces deux points est ici exprimé par la différence de ces deux quantités, ce qui donne, comme dans ce numéro,

$$\Pi = \frac{fP}{\sin\varphi}\left(\frac{p}{R} - \frac{p'}{R'}\right).$$

46. En supposant aux courbes mn, mn' une figure quelconque, les quantités R, R′, n, φ, varieront avec les positions des dents. L'effet du frottement variera également. Il convient, pour établir les conditions d'équilibre d'une machine d'estimer cet effet d'après la moyenne des valeurs que prend la quantité précédente dans toutes les positions des deux dents, depuis l'instant où elles commencent à se pousser, jusqu'à celui où elles se quittent.

47. Dans tous les engrenages assujettis à la condition que le mouvement de l'une des roues étant uniforme, celui de l'autre le soit également, et dont il a été question dans l'article III, les quantités R, R′ seront constantes pour toutes les positions des dents; n et φ seront seuls variables. Si les dents étaient très-serrées, φ différerait très-peu d'un angle droit, et nommant x l'angle compris entre C′A et le rayon C′m, n différerait très-peu de R′x. L'expression du n° 44 différerait donc très-peu de

$$fP\,\frac{R+R'}{R}\,x.$$

Nommant x_1 et x' les angles décrits par la roue dont le centre est C', depuis l'instant où les roues se prennent avant la ligne des centres, jusqu'à ce que le point de contact m se trouve dans cette ligne, et depuis ce dernier instant jusqu'à celui où les dents se quittent après la ligne des centres, on aura pour la valeur moyenne de l'expression précédente dans cet intervalle :

$$f\mathrm{P}\,.\,\frac{\mathrm{R}+\mathrm{R}'}{\mathrm{R}}\,.\,\frac{x_1^2+x'^2}{2(x_1+x')},\quad \text{ou}\ f\mathrm{P}\,.\,\frac{\mathrm{R}+\mathrm{R}'}{\mathrm{R}}\left(\frac{x_1+x'}{2}-\frac{x_1x'}{x_1+x'}\right)$$

ou, en négligeant le deuxième terme compris dans la parenthèse,

$$f\mathrm{P}\,.\,\frac{\mathrm{R}+\mathrm{R}'}{\mathrm{R}}\,.\,\frac{x_1+x'}{2},$$

formule approchée, dans laquelle x_1+x' est l'angle occupé par par une dent sur la roue dont le centre est C'. L'espace occupé par une dent sur l'une et l'autre roue est donc $\mathrm{R}'(x_1+x')$, en nommant a cet espace, l'expression de la résistance du frottement devient donc

$$f\mathrm{P}\,.\,\frac{\mathrm{R}+\mathrm{R}'}{\mathrm{R}\mathrm{R}'}\,\frac{a}{2}.$$

Nommant m le nombre des dents de la roue dont le centre est C, on a $\mathrm{R}'(x_1+x')=a=\frac{2\pi\mathrm{R}}{m}$.

La formule précédente peut donc encore s'écrire

$$f\mathrm{P}\,.\,\frac{\pi(\mathrm{R}+\mathrm{R}')}{m\mathrm{R}'}.$$

Ces expressions pourront dans tous les cas être employées dans les applications, avec d'autant moins d'erreur que les dents seront moins grosses.

48. Si l'on veut maintenant appliquer exactement à chaque espèce d'engrenage les formules des nᵒˢ 43 et 44, en commençant par l'engrenage d'une roue avec une lanterne (*fig.* 23), tracé conformément aux nᵒˢ 7 et 14, on nommera x l'angle compris en AC' et le rayon mené au centre O du fuseau, r le rayon Om du fuseau, et remarquant que l'angle AaO est la moitié de l'angle x, et que l'angle AOa est droit, on aura

$$\sin\varphi = \cos\tfrac{1}{2}x,\quad Am \quad \text{ou} \quad n = 2R'\sin\tfrac{1}{2}x - r.$$

Mettant ces valeurs dans la formule du nᵒ 44, elle devient

$$fP.\frac{R+R'}{RR'}\left(\frac{2R'\sin\frac{1}{2}x}{\cos\frac{1}{2}x} - \frac{r}{\cos\frac{1}{2}x}\right),$$

expression dont il faut prendre la valeur moyenne, depuis l'instant où le point m se trouve en A, jusqu'à celui où la courbe mn cesse de pousser le fuseau. Lorsque le point m se trouve en A, la valeur de l'angle x ne diffère pas sensiblement de $\frac{r}{R'}$. On appellera x' la valeur de cet angle quand le fuseau quitte la dent. On voit donc qu'il faudra prendre la valeur moyenne de l'expression précédente depuis l'instant où $x = \frac{r}{R'}$ jusqu'à celui où $x = x'$.

On a

$$\int dx.\frac{\sin\frac{1}{2}x}{\cos\frac{1}{2}x} = -2\log.\cos\tfrac{1}{2}x, \text{ et } \int_{\frac{r}{R'}}^{x'} dx.\frac{\sin\frac{1}{2}x}{\cos\frac{1}{2}x} = 2\log\frac{\cos\frac{r}{2R'}}{\cos\frac{1}{2}x'}.$$

$$\int\frac{dx}{\cos\frac{1}{2}x} = 2\log.\text{tang}(\tfrac{1}{4}\pi + \tfrac{1}{4}x), \text{ et } \int_{\frac{r}{R'}}^{x'}\frac{dx}{\cos\frac{1}{2}x} = 2\log.\frac{\text{tang}\,(\frac{1}{4}\pi + \frac{1}{4}x')}{\text{tang}\left(\frac{1}{4}\pi + \frac{1}{4}\frac{r}{R'}\right)}.$$

Par conséquent la valeur moyenne de la quantité précédente est

$$fP.\frac{R+R'}{RR'}.\frac{2R'.2\log\frac{\cos\frac{r}{2R'}}{\cos\frac{x'}{2}}-r.2\log.\frac{\left(\tang\frac{\pi}{4}+\frac{x'}{4}\right)}{\left(\tang\frac{\pi}{4}+\frac{r}{4R'}\right)}}{x'-\frac{r}{R'}}.$$

Cette formule représente la quantité dont il faut augmenter moyennement la force P. appliquée à la circonférence de la roue dont le centre est C, pour la rendre capable de surmonter la résistance provenant du frottement des dents

Si l'on développe en série les quantités comprises sous les signes log., en se bornant aux premiers termes, eu égard à la petitesse des angles x' et $\frac{r}{R'}$, la formule précédente se déduit à

$$fP.\frac{R+R'}{R}.\frac{1}{2}\left(x'-\frac{r}{R'}\right),$$

résultat qui s'accorde avec celui du n° 47.

49. En considérant l'engrenage d'une roue avec un pignon (*fig.* 24), tracé conformément aux n°s 8 et 15, x désignant l'angle formé avec la ligne des centres par le rayon $C'm$, qui est ici la courbe conduite, on aura Am ou $n = R'\sin x$, et $\sin\varphi = \cos x$. Au moyen de ces valeurs, la formule du n° 44 devient

$$fP.\frac{R+R'}{R}.\frac{\sin x}{\cos x},$$

expression dont il faut prendre la valeur moyenne depuis l'instant où le point de contact m se trouve en A dans la ligne des centres, jusqu'à l'instant où la courbe nm cesse de pousser le rayon $C'm$. Nommant x' la valeur de l'angle x à ce dernier instant, et remarquant que

$$\int dx \cdot \frac{\sin x}{\cos x} = -\log.\cos x, \text{ et } \int_0^{x'} dx \cdot \frac{\sin x}{\cos x} = -\log.\cos x',$$

on aura pour cette valeur moyenne

$$-fP \cdot \frac{R'+R}{R} \cdot \frac{\log.\cos x'}{x'}.$$

Si les dents étaient engagées avant la ligne des centres (*fig.* 25), ce serait alors le rayon Cm qui pousserait la courbe épicycloïdale mn'. Nommant u l'angle ACm, on aurait $\sin\varphi = \cos u$ et Am ou $n = R \sin u$. La formule du n° 44 deviendrait

$$fP \cdot \frac{R+R'}{R'} \cdot \frac{\sin u}{\cos u},$$

Mais nommant x l'angle $AC'n'$, on aura $Ru = R'x$, et l'expression précédente pourra s'écrire

$$fP \cdot \frac{R+R'}{R'} \frac{\sin \frac{R'x}{R}}{\cos \frac{R'x}{R}}.$$

En désignant par x_1 la valeur de x à l'instant où le rayon Cm commence à pousser la courbe mn', on aura pour la valeur moyenne de cette dernière expression,

$$-fP \cdot \frac{(R+R')R}{R'^2} \cdot \frac{\log.\cos \frac{R'x_1}{R}}{x_1}.$$

La valeur moyenne de la quantité dont il faut augmenter la force P pour surmonter le frottement depuis l'instant où les dents s'engagent avant la ligne des centres, jusqu'à l'instant où elles se quittent après cette ligne, sera

$$-fP(R+R')R.\frac{\frac{1}{R^2}\log.\cos x'+\frac{1}{R'^2}\log.\cos\frac{R'x_1}{R}}{x'+x_1}.$$

Si l'on développe en série les expressions précédentes, en se bornant aux premiers termes, on trouvera, comme ci-dessus, des résultats identiques avec ceux du n° 47.

50. Enfin pour les engrenages où les dents seraient tracées suivant les développantes de deux cercles (*fig.* 26), l'angle φ est constant. Nommant x l'angle décrit par le point n' autour du point C', depuis l'instant où le point de contact m était en A dans la ligne des centres, jusqu'à l'instant où ce point est parvenu dans sa position actuelle; remarquant que le rayon C'D' du cercle de la roue conduite est égal à $R'\sin\varphi$, on aura $xR'\sin\varphi$ pour la longueur absolue de l'arc décrit par le point n' depuis l'instant où le point de contact m était en A dans la ligne des centres; et par conséquent Am ou $n=xR'\sin\varphi$. La formule du n° 44 devient donc ici

$$fP.\frac{R+R'}{R}x,$$

et la valeur moyenne de cette expression, en appelant x' l'angle décrit par le point n' depuis l'instant où le point m était dans la ligne des centres, jusqu'à celui où les dents cessent de se pousser, est

$$fP.\frac{R+R'}{R}.\frac{x'}{2}.$$

Les formules approchées, données n° 47, deviennent exactes dans le cas dont il s'agit.

En nommant a l'espace occupé par une dent sur la roue dont le centre est C', la résistance moyenne provenant du frottement, que l'on regarde toujours comme une force agissant à l'extrémité du rayon R de la roue dont le centre est C, est exprimé par

$$fP \cdot \frac{R+R'}{RR'} \cdot \frac{a}{2}.$$

51. On aura le cas de l'engrenage d'une roue avec une crémaillère, ou celui d'une camme avec le mantonnet d'un pilon, en supposant le rayon R' infini; ce qui donne pour la résistance moyenne

$$fP \cdot \frac{a}{2R}.$$

Dans le cas du pilon, a représente la hauteur dont ce pilon est soulevé.

Frottement des engrenages coniques.

52. Concevons la sphère qui contient les cercles primitifs des deux roues, et supposons que CC' (*fig.* 27) soient les traces sur la surface de cette sphère des axes des cônes primitifs; mn, mn', les traces des portions de cônes qui forment les dents; BB' l'arc de grand cercle qui est la trace du plan tangent commun à ces cônes, Am, CB, C'B', trois autres arcs de grands cercles perpendiculaires au précédent.

Désignons par φ l'angle formé par le plan du grand cercle Am avec le plan qui contient les axes des cônes primitifs et dont la trace est CC'E. La pression qui s'exerce en m entre les deux courbes mn, mn' est une force dirigée suivant une tangente au grand cercle mA menée par le point m, et capable de faire équilibre, autour de l'axe de la roue dont le centre est C, à la force P qui agit à la circonférence de cette roue. Soit ϖ cette pression : pour en trouver la valeur, on remarquera que, tandis que le cercle autour duquel est appliquée la force F décrira un angle infiniment petit avec un rayon dont la valeur, en désignant par ρ le rayon de la sphère qui contient les cercles primitifs, est $\rho \sin \frac{CA}{\rho}$, les points du grand cercle mA, et par conséquent le point d'application de la force ϖ; décriront dans le sens de cette force le même angle avec un rayon dont la valeur est $\rho \sin \frac{CD}{\rho}$, CD étant un arc de grand cercle mené perpendiculairement à mA prolongé. Donc, d'après les principes des vitesses virtuelles, la condition de l'équilibre des forces P et ϖ donne

$$P.\rho \sin \frac{CA}{\rho} = \varpi . \rho \sin \frac{CD}{\rho}, \text{ d'où } \varpi = P \frac{\sin \frac{CA}{\rho}}{\sin \frac{CD}{\rho}}.$$

Mais, dans le triangle sphérique rectangle CAD, où l'angle en A est égal à φ, on a $\sin \frac{CD}{\rho} = \sin \frac{CA}{\rho} . \sin \varphi$: d'où l'on déduit

$$\varpi = \frac{P}{\sin \varphi}.$$

La résistance provenant du frottement qui s'exerce en m, en désignant toujours par f le rapport du frottement à la pression, est donc

$$\frac{fP}{\sin \varphi}:$$

Cette force est dirigée suivant la tangente menée en m au grand cercle BB'.

En remarquant d'ailleurs que, dans un déplacement infiniment petit du système, les points des deux courbes qui sont en contact en m se déplacent, sur cette tangente, de quantités qui sont mesurées par les arcs décrits par les points B, B' tournant autour des axes des deux roues, le même raisonnement fait dans le n° 45 montrera que, en désignant par ω un angle infiniment petit décrit autour de l'axe qui passe en C, le moment virtuel de la résistance provenant du frottement est exprimé par

$$\frac{fP}{\sin\varphi}\left(\omega\,.\,\rho\sin\frac{CB}{\rho}+\omega\frac{\sin\frac{CA}{\rho}}{\sin\frac{C'A}{\rho}}\,.\,\rho\sin\frac{C'B'}{\rho}\right);$$

et par conséquent que la valeur de la force qui doit être ajoutée à P, pour surmonter cette résistance (force dont le point d'application a pour vitesse virtuelle $\omega\,\rho\sin\frac{CA}{\rho}$), est

$$\frac{fP}{\sin\varphi}\left(\frac{\sin\frac{CB}{\rho}}{\sin\frac{CA}{\rho}}+\frac{\sin\frac{C'B'}{\rho}}{\sin\frac{C'A}{\rho}}\right).$$

Mais on a, dans le triangle rectangle AmE,

$$\sin\frac{Am}{\rho}=\sin\frac{AE}{\rho}\,.\sin E,\quad \text{d'où}\quad \sin\frac{AE}{\rho}=\frac{\sin\frac{Am}{\rho}}{\sin E},$$

$$\operatorname{tang}\frac{Am}{\rho}=\operatorname{tang}\frac{AE}{\rho}\cos\varphi,\quad \text{d'où}\quad \cos\frac{AE}{\rho}=\frac{\cos\frac{Am}{\rho}\,.\cos\varphi}{\sin E};$$

et dans les triangles également rectangles CBE, C'B'E

$$\sin\frac{CB}{\rho} = \sin\left(\frac{AE}{\rho} + \frac{CA}{\rho}\right).\sin E,$$

$$\sin\frac{C'B'}{\rho} = \sin\left(\frac{AE}{\rho} - \frac{C'A}{\rho}\right).\sin E.$$

On déduit de ces relations

$$\frac{\sin\frac{CB}{\rho}}{\sin\frac{CA}{\rho}} = \frac{\sin\frac{Am}{\rho}}{\tang\frac{CA}{\rho}} + \cos\frac{Am}{\rho}.\cos\varphi,$$

$$\frac{\sin\frac{C'B'}{\rho}}{\sin\frac{C'A}{\rho}} = \frac{\sin\frac{Am}{\rho}}{\tang\frac{C'A}{\rho}} - \cos\frac{Am}{\rho}.\cos\varphi.$$

En substituant ces valeurs dans l'expression de la résistance provenant du frottement, on aura

$$\frac{fP}{\sin\varphi}\left(\frac{1}{\tang\frac{CA}{\rho}} + \frac{1}{\tang\frac{C'A}{\rho}}\right)\sin\frac{Am}{\rho},$$

expression analogue à celle qui a été obtenue dans les n°s 43 et 44 pour les engrenages plans.

53. Si l'on suppose comme dans le n° 47, que l'angle φ diffère très-peu d'un angle droit, on mettra 1 à la place de sin φ. Alors l'expression précédente deviendra

$$fP\left(\frac{1}{\tang\frac{CA}{\rho}} + \frac{1}{\tang\frac{C'A}{\rho}}\right)\sin\frac{Am}{\rho},$$

En nommant toujours R, R' les rayons des deux cercles

primitifs, on a

$$R=\rho\sin\frac{CA}{\rho},\ R'=\rho\sin\frac{C'A}{\rho}.$$

Par conséquent cette expression peut s'écrire

$$fP\left(\frac{\sqrt{\rho^2-R^2}}{R}+\frac{\sqrt{\rho^2-R'^2}}{R'}\right)\sin\frac{Am}{\rho}.$$

Dans la plupart des cas l'angle $\frac{Am}{\rho}$ sera fort petit, aussi bien que l'angle φ. On pourra prendre alors, au lieu de la formule précédente,

$$fP\left(\frac{1}{R}\sqrt{1-\frac{R^2}{\rho^2}}+\frac{1}{R'}\sqrt{1-\frac{R'^2}{\rho^2}}\right)Am.$$

On trouvera d'après cela, comme dans le n° 47, pour la valeur moyenne approchée de la résistance provenant du frottement, en désignant par a l'espace occupé sur l'une et l'autre roue par chaque dent,

$$fP\left(\frac{1}{R}\sqrt{1-\frac{R^2}{\rho^2}}+\frac{1}{R'}\sqrt{1-\frac{R'^2}{\rho^2}}\right)\frac{a}{2};$$

ou, à fort peu près, si R, R' sont petits par rapport au rayon de la sphère,

$$fP\left(\frac{R+R'}{RR'}-\frac{R+R'}{2\rho^2}\right)\frac{a}{2}.$$

Cette résistance est toujours considérée comme une force agissant, aussi bien que la force P, à la circonférence de la roue dont le rayon est R.

54. Lorsqu'on soumet au calcul les conditions de l'équilibre d'une roue, on doit faire entrer la pression que sup-

portent les dents dans le calcul des efforts exercés sur les tourillons de l'axe, efforts qui produisent le frottement qui a lieu à la circonférence de ces tourillons. Dans le cas des engrenages plans, les pressions dont il s'agit sont dirigées perpendiculairement à chacun des axes. Il n'en est plus de même dans le cas des engrenages coniques, les axes sont ici sollicités perpendiculairement et parallèlement à leur longueur, ce qui tend à produire un frottement tel que celui qui a été considéré n° 35. Mais lorsque l'angle sous-tendu par Am est regardé comme très-petit, ce dernier frottement peut être évidemment négligé, et l'on peut regarder l'effort ϖ, qui ne diffère pas alors sensiblement de P, comme étant dirigé perpendiculairement à l'axe de chaque roue.

Frottement d'un pilon contre ses prisons.

55. AB (*fig.* 28) étant un pilon chargé du poids Q, et soulevé par une force verticale P, dont la direction ne passe pas par le centre de gravité de ce poids, ce pilon exercera contre l'arête inférieure A de la prison inférieure, et contre l'arête supérieure B de la prison supérieure, des pressions μ et ν dont il résulte un frottement que la force P doit surmonter pour soulever le pilon. Les conditions de l'équilibre de ce système sont exprimées par les équations,

$$P = Q + f(\mu + \nu).$$

$$\mu = \nu,$$

$$P.p + Q.\frac{e}{2} + f\nu.e = \nu l;$$

en appelant :

l la distance verticale des arêtes A, B;

e la largeur du manche du pilon, ou distance horizontale de ces arêtes;
p la longueur CD du mentonnet;
f le rapport du frottement à la pression;

d'où l'on déduit :

$$P = Q \frac{l}{l - f(e+2p)}, \quad \text{ou } P = Q\left(1 + \frac{f(e+2p)}{l - f(e+2p)}\right).$$

Frottement d'une corde qui s'enroule sur un cylindre immobile.

56. Considérant la puissance P (*fig.* 29), qui doit soutenir ou soulever le poids Q, au moyen d'une corde qui s'enroule sur un cylindre immobile, et nommant :

s l'arc embrassé par la corde, compté depuis B jusqu'en un point quelconque m;
S l'arc total BA;
p la tension de la corde en m;
r le rayon du cylindre immobile;
f le rapport du frottement à la pression;
e la base des logarithmes népériens $= 2{,}718282$.

La pression normale exercée en m, rapportée à l'unité de longueur de l'arc est $\frac{p}{r}$, et par conséquent la résistance provenant du frottement sur l'élément de l'arc en ce point sera $f\frac{p}{r}ds$, quantité qui est égale à dp. Donc :

$$\pm dp = f\frac{p}{r}ds,$$

d'où

$$\pm \log p = f\frac{s}{r} + \text{const.}$$

On a en B $p=Q$, $s=o$; et en A $p=P$, $s=S$: donc

$$\pm \log \frac{P}{Q} = f\frac{S}{r}; \quad \text{d'où} \quad P = Qe^{\pm f\frac{s}{r}}$$

La force P augmente ou diminue très-rapidement avec S, suivant que cette force doit élever le poids Q ou l'empêcher de descendre.

Équilibre de la vis.

57. Considérons une vis verticale, tournant dans un écrou fixe, au moyen de laquelle le poids Q est élevé par la puissance horizontale P (*fig.* 30). Admettons d'abord que le filet de la vis soit quarré, et nommons

α l'angle que l'hélice moyenne du filet forme avec un plan horizontal;
r le rayon de la surface cylindrique sur laquelle est tracée cette hélice moyenne;
r' le rayon de la circonférence décrite par la puissance P;
f le rapport du frottement à la pression.

On obtiendra une équation d'équilibre approchée et suffisamment exacte dans les applications, en supposant le poids Q dont la vis est chargée, concentré dans un seul point placé sur l'hélice moyenne du filet : et en supposant également que la force P exerce sur ce même point une action horizontale exprimée par $P\frac{r'}{r}$. En remarquant que les forces $P\frac{r'}{r}$ et Q, étant décomposées suivant la tangente à l'hélice, donnent les composantes $P\frac{r'}{r}\cos\alpha$ et $Q\sin\alpha$; et que les mêmes forces, décomposées perpendiculairement à la surface du filet donnent les composantes $P\frac{r'}{r}\sin\alpha$ et $Q\cos\alpha$; on aura pour condition de l'équilibre,

$$P\frac{r'}{r}\cos\alpha = Q\sin\alpha + f\left(P\frac{r'}{r}\sin\alpha + Q\cos\alpha\right),$$

d'où

$$P = \frac{r}{r'}Q\frac{\text{tang.}\alpha + f}{1 - f\,\text{tang.}\alpha}.$$

Cette équation suppose la puissance P distribuée symétriquement autour de l'axe de la vis. S'il en était autrement, cet axe tendrait à être déplacé par cette puissance, et il en résulterait contre la surface cylindrique de l'écrou un frottement dont on tiendrait compte d'après les règles établies n° 33.

58. Admettons maintenant que le filet de la vis soit triangulaire, et nommons β l'angle formé avec l'horizon par la génératrice de la surface hélicoïde sur laquelle porte le poids Q (*fig.* 31). En conservant les dénominations précédentes, on aura également $P\frac{r'}{r}\cos\alpha$ et $Q\sin\alpha$ pour les composantes des forces $P\frac{r'}{r}$ et Q dans le sens de la tangente à l'hélice décrite par ce poids. Il reste à trouver les pressions que ces forces exercent perpendiculairement à la surface hélicoïde. Pour cela, considérons le point M de cette surface, auquel on suppose appliquées les forces dont il s'agit, et faisons passer par ce point trois axes rectangulaires, savoir, l'axe vertical Mz, suivant lequel est dirigée la force Q; l'axe horizontal My, tangent à

la surface cylindrique sur laquelle est tracée l'hélice moyenne, et suivant lequel est dirigée la force $P\frac{r'}{r}$; et l'axe également horizontal Mx, perpendiculaire à la même surface, et qui coupera l'axe de la vis au point A. La tangente à l'hélice MT sera comprise dans le plan des yz, et la génératrice MR de la surface hélicoïde sera comprise dans le plan des xz. Or la normale menée à la surface hélicoïde au point M, devra être perpendiculaire aux deux lignes MT et MR : d'où l'on conclut qu'en désignant par a, b, c les angles de cette normale avec les axes des x, y, z, on aura pour déterminer ces angles les trois équations

$$o = \cos a . \cos 6 + \cos c . \sin 6, \quad \text{d'où} \quad \cos a = \frac{\tang 6}{\sqrt{1 + \tang^2 \alpha + \tang^2 6}},$$

$$o = \cos b . \cos \alpha + \cos c . \sin \alpha \qquad \cos b = \frac{\tang \alpha}{\sqrt{1 + \tang^2 \alpha + \tang^2 6}},$$

$$1 = \cos^2 a + \cos^2 b + \cos^2 c \qquad \cos c = \frac{1}{\sqrt{1 + \tang^2 \alpha + \tang^2 6}}.$$

Les pressions normales dues aux forces $P\frac{r'}{r}$ et Q étant respectivement $P\frac{r'}{r}\cos b$ et $Q\cos c$, l'équation de l'équilibre est donc

$$P\frac{r'}{r}\cos \alpha = Q \sin \alpha + f\frac{P\frac{r'}{r}\tang \alpha + Q}{\sqrt{1 + \tang^2 \alpha + \tang^2 6}}.$$

d'où

$$P = \frac{r'}{r} Q \frac{\sin \alpha \sqrt{1 + \tang^2 \alpha + \tang^2 6} + f}{\cos \alpha \sqrt{1 + \tang^2 \alpha + \tang^2 6} - f \tang \alpha}.$$

On doit appliquer ici la remarque qui a été faite à la fin du n° précédent (*).

(*) En décomposant les forces $\frac{Pr'}{r}$ et Q suivant la tangente à l'hélice et la perpendiculaire à cette tangente, la somme des premières composantes est

$$P\frac{r'}{r}\cos\alpha - Q\sin\alpha,$$

et la somme des secondes est

$$P\frac{r'}{r}\sin\alpha + Q\cos\alpha. = P'.$$

Cette force P' est dans le même plan que le rayon r et la normale à la surface héliçoïde, parce que ces trois lignes sont perpendiculaires à l'hélice au point M. De plus, P' est située dans le plan tangent ou cylindre du rayon r, et par conséquent perpendiculaire à ce rayon. Elle fait donc avec la normale un angle complément de a.

Ainsi, en décomposant la force P' en deux autres, l'une suivant la normale à la surface héliçoïde, et l'autre suivant le rayon r, la première composante, à laquelle le frottement est proportionnel, sera

$$N = \frac{P'}{\sin a} = \frac{P\frac{r'}{r}\sin\alpha + Q\cos\alpha}{\sin a}.$$

Et la seconde composante, qui est détruite par la rigidité du corps de la vis, sera

$$\frac{P'}{\tan a}.$$

L'équation d'équilibre est

$$P\frac{r'}{r}\cos\alpha - Q\sin\alpha - fN = 0,$$

on a

$$\sin a = \sqrt{1-\cos^2 a} = \sqrt{\frac{1+\tan^2\alpha}{1+\tan^2\alpha+\tan^2\beta}} = \frac{1}{\cos\alpha\sqrt{1+\tan^2\alpha+\tan^2\beta}}.$$

59. Si l'on opérait l'ascension du poids Q en faisant tourner l'écrou (*fig.* 32), la force P, outre le frottement évalué ci-dessus, devrait surmonter encore le frottement

---

substituant les valeurs de N et de sin a, on trouve :

$$P\frac{r'}{r}=Q\left[\frac{\tang\alpha+f\cos\alpha\sqrt{1+\tang^2\alpha+\tang^2 6}}{1-f\sin\alpha\sqrt{1+\tang^2\alpha+\tang^2 6}}\right].$$

Cette formule est la même que celle donnée par M. Poncelet dans son *Cours de Mécanique*.

On y parvient encore assez simplement de la manière suivante :

Lorsque la force P fait tourner la vis d'un angle infiniment petit $d\varphi$, le poids Q monte de dz, et le filet hélicoïde, le long duquel s'exerce le frottement F, glisse de ds. Ainsi l'équation d'équilibre est

$$Pr'd\varphi - Q\,dz - F\,ds = 0.$$

Si l'on conçoit un point sollicité par les forces $P\frac{r'}{r}$, Q et F, et assujetti à demeurer sur le filet hélicoïde, l'équation de l'équilibre entre ces forces sera la même que celle ci-dessus. Ainsi, le problème se réduit à l'équilibre d'un point situé sur une surface.

L'équation de la surface hélicoïde entre les variables z, r et φ est

$$z = r\tang 6 + r\varphi\tang\alpha + \gamma,$$

en effet, l'ordonnée d'un point quelconque de la génératrice, dans sa position initiale, est $r\tang 6+\gamma$; et lorsque le plan de cette génératrice a tourné d'un angle φ, ce point s'est élevé de $r\varphi\tang\alpha$. Il faut observer que, bien que r et α soient variables d'une hélice à l'autre sur la surface, cependant $r\tang\alpha$ est constant, parce que $2\pi r\tang\alpha$ représente le pas de la vis, qui est commun à toutes les hélices.

Ainsi, les conditions du système seront exprimées par les équations

$$dz - \tang 6 . dr - r\tang\alpha . d\varphi = 0$$
$$dr = 0,$$

qu'il faudra multiplier chacune par un coefficient, savoir la pre-

résultant du glissement de l'écrou sur le plan horizontal contre lequel il exerce une pression égale à Q. Ce dernier frottement s'évaluerait conformément au n° 35.

---

mière par λ et la seconde par μ; pour ensuite les ajouter à l'équation d'équilibre, et égaler séparément à zéro les facteurs de dz, dr et $d\varphi$. En remarquant que l'on a

$$ds = rd\varphi . \cos\alpha + dz . \sin\alpha,$$

l'équation d'équilibre se partage dans ces trois autres:

$$P\frac{r'}{r} - F\cos\alpha - \lambda\tan g\alpha = o.$$

$$Q + F\sin\alpha - \lambda = o.$$

$$\mu - \lambda\,\text{tang}\,6 = o.$$

Les trois éléments différentiels dz, dr, $rd\varphi$ étant rectangulaires entre eux, on sait que, si $L = o$ représente l'équation de la surface héli-coïde, la pression normale à cette surface sera exprimée par

$$\lambda\sqrt{\left(\frac{dL}{dz}\right)^2 + \left(\frac{dL}{dr}\right)^2 + \left(\frac{dL}{rd\varphi}\right)^2}, \text{ ou par } \lambda\sqrt{1 + \text{tang}^2\alpha + \text{tang}^2 6},$$

on aura donc

$$F = f\lambda\sqrt{1 + \text{tang}^2\alpha + \text{tang}^2 6}.$$

Éliminant λ entre les deux premières équations, il vient :

$$P\frac{r'}{r} = Q\left[\frac{\text{tang}\,\alpha + f\cos\alpha\sqrt{1 + \text{tang}^2\alpha + \text{tang}^2 6}}{1 - f\sin\alpha\sqrt{1 + \text{tang}^2\alpha + \text{tang}^2 6}}\right].$$

Le coefficient μ représente une force dirigée suivant le rayon r, et détruite par la rigidité de la vis. Sa valeur est

$$\frac{Q\,\text{tang}\,6}{1 - f\sin\alpha\sqrt{1 + \text{tang}^2\alpha + \text{tang}^2 6}}.$$

Frottement de l'engrenage de la vis sans fin (fig.33).

60. Considérons une vis à filet rectangulaire conduisant une roue dentée. Soit *cc* l'axe de la vis supposé vertical, *c'* le centre de la roue, dont le plan contient l'axe de la vis. On peut faire abstraction de l'épaisseur de la roue, et ne considérer qu'une section transversale faite au milieu de cette épaisseur. La section *mn'* de la courbe des dents, conformément au nº 13, sera une portion de la développante du cercle primitif de la roue dont le rayon est AC', et cette courbe sera conduite par les éléments *mn* du filet de la vis, qui sont des droites horizontales. AC est le rayon primitif de la vis et le point de contact *m*, par lequel le mouvement se transmet, demeure toujours à une distance de l'axe de la vis égale à ce rayon. Nous désignerons par R, R' les rayons primitifs AC et AC', par α l'angle que forme l'hélice décrite par le point *m* avec un plan horizontal, et par *n* la distance variable A*m*.

La force horizontale P agissant de manière à faire tourner la vis à la distance R de l'axe de cette vis, il s'agit de trouver de combien il faut augmenter cette force pour tenir compte de la résistance provenant du frottement de l'engrenage. Pour cela, on remarquera que la pression qui s'établit au point de contact *m* entre le filet de la vis et la dent de la roue est une force normale à la surface du filet, dont la composante horizontale doit être égale à P : la valeur de cette pression est donc $\frac{P}{\sin \alpha}$. La composante verticale de cette même pression est $\frac{P}{\tang \alpha}$, et cette dernière force agit dans la direction *m*A pour faire tourner la roue.

En désignant toujours par *f* le rapport du frottement à la pression, la résistance provenant du frottement est donc ici $\frac{fP}{\sin\alpha}$: cette résistance est dirigée dans le plan tangent à la surface hélicoïde mené par le point de contact m. Considérons d'abord le point m comme appartenant à la vis, et décrivant l'hélice du filet, le frottement opposera au mouvement de ce point, la résistance $\frac{fP}{\sin\alpha}$, dirigée suivant la tangente à cette hélice, et dont la composante horizontale $\frac{fP}{\sin\alpha}.\cos\alpha$, ou $\frac{fP}{\tang\alpha}$, tend à faire tourner la vis en sens contraire de l'action de la force P. Donc il faut en premier lieu, pour détruire cet effet, ajouter à P la quantité $\frac{fP}{\tang\alpha}$. Considérons ensuite le point m comme appartenant à la roue : le frottement opposera au mouvement de ce point la résistance $\frac{fP}{\sin\alpha}$, dirigée suivant la tangente horizontale mn à la courbe de la dent, et qui tend à faire tourner la roue en sens contraire de son mouvement, en agissant à la distance Am, ou n, du centre de cette roue, en sorte que cette résistance équivaut à une force $\frac{fP}{\sin\alpha}\frac{n}{R'}$ qui agirait à la distance AC', ou R', de ce même centre. Mais pour faire équilibre à une force $\frac{fP}{\sin\alpha}\frac{n}{R'}$ qui agirait à la circonférence du cercle primitif de la roue, il faudrait appliquer à l'extrémité du rayon primitif de la vis une force égale à $\frac{fP}{\sin\alpha}\frac{n}{R'}.\tang.\alpha$, ou $\frac{fP}{\cos\alpha}\frac{n}{R'}$. Donc il faut en second lieu ajouter à P cette dernière quantité pour tenir compte de l'obstacle que le frottement oppose au mouvement de la roue. On a donc

$$fP\left(\frac{1}{\tang\alpha}+\frac{1}{\cos\alpha}\frac{n}{R'}\right),$$

pour l'expression de la résistance due au frottement de l'engrenage, cette résistance étant considérée comme une force agissant, aussi bien que la force P, à l'extrémité du rayon primitif de la vis.

61. On peut encore, d'après la considération employée n° 45, parvenir au même résultat de la manière suivante. Soit Π la force appliquée à la distance R de l'axe de la vis, qui détruit la résistante due au frottement de l'engrenage, et supposons que la vis tourne d'un angle infiniment petit ω : le moment virtuel de la force Π sera $\Pi . R\omega$. Il est visible d'ailleurs qu'en même temps que la vis décrit l'angle ω, la roue décrit sur son axe l'angle $\frac{R\omega . \tang \alpha}{R'}$. Le moment virtuel de la résistance due au frottement se prendra ici en multipliant cette résistance, qui est $\frac{fP}{\sin \alpha}$.

1° Par l'espace parcouru par le point m dans le sens de l'hélice lorsque ce point se déplace horizontalement de la quantité $R\omega$, espace qui est $R\omega \cos \alpha$;

2° Par l'espace parcouru par le même point dans le sens de la courbe mn lorsque la roue tourne de l'angle $\frac{R\omega \tang \alpha}{R'}$ espace qui est $n \frac{R\omega \tang \alpha}{R'}$. On aura donc pour l'équation qui doit donner Π,

$$\Pi . R\omega = \frac{fP}{\sin \alpha}\left(R\omega . \cos \alpha + n \frac{R\omega \tang . \alpha}{R'}\right),$$

qui s'accorde avec le résultat précédent.

62. L'expression de la résistance due au frottement qui vient d'être trouvée, varie avec la quantité n. On doit employer dans les applications la valeur moyenne de cette résistance, qui sera évidemment

$$fP\left(\frac{1}{\tang \alpha} + \frac{a}{\cos \alpha \, 2R'}\right),$$

a désignant l'espace occupé par une dent sur le cercle primitif de la roue (*).

(*) La vis sans fin s'emploie d'ordinaire lorsqu'on veut transmettre un mouvement très-lent et vaincre une résistance considérable. Cette résistance, en agissant par l'intermédiaire des organes de la machine, produit à la circonférence de la roue C' une pression Q dirigée suivant Am, parallèlement à l'axe de la vis, et que nous supposerons constante. La force motrice appliquée sur l'arbre de la vis, au moyen d'une manivelle ou autrement, produit à l'extrémité du rayon CA une pression P perpendiculaire à Q. Il s'agit de trouver l'équation d'équilibre entre les forces P et Q, en tenant compte du frottement qui s'exerce au point m le long du filet hélicoïde de la vis et des dents de la roue.

Si la vis tourne d'un angle infiniment petit $d\varphi$, le mouvement virtuel de la force P est $\mathrm{PR}d\varphi$; celui de la force Q est $-\mathrm{Q.R}d\varphi.\tang\alpha$; enfin, celui du frottement F est $-\mathrm{F}ds$, en appelant ds la distance dont se sont écartés les deux points de la vis et de la roue, qui se trouvaient d'abord en contact au point m. Ainsi, l'équation d'équilibre sera :

$$\mathrm{P.R}d\varphi - \mathrm{Q}\tang\alpha.\mathrm{R}d\varphi - \mathrm{F}ds = 0.$$

La pression normale à la surface hélicoïde est $\mathrm{P}\sin\alpha + \mathrm{Q}\cos\alpha$, ce qui donne :

$$\mathrm{F} = f(\mathrm{P}\sin\alpha + \mathrm{Q}\cos\alpha).$$

Si l'on appelle $d\varphi'$ l'angle infiniment petit décrit par la roue, pendant que la vis tourne de $d\varphi$, on voit que ds est l'hypothénuse d'un triangle rectangle dont les côtés sont l'élément de l'hélice $\frac{\mathrm{R}p\,\varphi}{\cos\alpha}$ et l'arc $nd\varphi'$ décrit par l'extrémité de $\mathrm{A}m = n$. Ainsi,

$$ds = \sqrt{\frac{\mathrm{R}^2 d\varphi^2}{\cos^2\alpha} + n^2 d\varphi'^2}.$$

Soient m le nombre des dents de la roue, et φ' l'angle $\mathrm{AC}'n'$, on aura d'abord $n = \mathrm{R}'\varphi'$, puisque la courbe de la dent est la développante du cercle dont R' est le rayon ; ensuite, les vitesses angulaires de la vis et de la roue étant entre elles dans le rapport de 2π à $\frac{2\pi}{m}$,

63. Quand on voudra établir les conditions de l'équilibre de cet appareil, et connaître les frottements qui auront lieu sur les tourillons des axes de la vis et de la roue,

---

on aura $d\varphi = -m\,d\varphi'$ et par conséquent

$$ds = \frac{R\,d\varphi}{\cos\alpha}\sqrt{1 + \frac{R'^2\cos^2\alpha}{m^2R^2}\varphi'^2},$$

ou, en observant que $\frac{2\pi R'}{m} = 2\pi R \tan\alpha$

$$ds = \frac{R\,d\varphi}{\cos\alpha}\sqrt{1 + \varphi'^2 . \sin^2\alpha},$$

substituant la valeur de Fds dans l'équation d'équilibre, on trouve

$$P = Q\left[\frac{\tan\alpha + f\sqrt{1 + \varphi'^2\sin^2\alpha}}{1 - f\tan\alpha\sqrt{1 + \varphi'^2\sin^2\alpha}}\right].$$

On voit que P varie avec l'angle φ', qui varie, lui-même, dans chaque tour de la vis, depuis $\frac{2\pi}{m}$ jusqu'à zéro. La plus grande valeur de P répond à $\varphi' = \frac{2\pi}{m}$, et la plus petite à $\varphi' = 0$.

Dans les cas ordinaires des applications, le terme $\varphi'^2 \sin^2 \alpha$ sera une très-petite quantité, égale à peine à un ou deux millièmes, et la différence entre les valeurs extrêmes de P sera tout à fait négligeable, en sorte qu'on pourra poser

$$P = Q\left[\frac{\tan\alpha + f}{1 - f\tan\alpha}\right].$$

En général, la valeur moyenne de la force P s'obtiendra en divisant le travail de cette force $\int PR\,d\varphi$, par le chemin parcouru $2\pi R$, ce qui donne :

$$\frac{1}{2\pi}\int_0^{2\pi} P\,d\varphi.$$

Or, on a, en se rappelant que $d\varphi = -m\,d\varphi'$

il faudra remarquer que, par l'effet de la pression normale et du frottement qui s'établissent au point de contact m entre le filet de la vis et la dent de la roue, la vis se

---

$$\mathrm{P}\,d\varphi = \mathrm{Q}m\,d\varphi' \left[\frac{f\sqrt{1+\varphi'^2\sin^2\alpha}+\tang\alpha}{f\tang\alpha\sqrt{1+\varphi'^2\sin^2\alpha}-1}\right],$$

qui se transforme, en opérant la division, en

$$\mathrm{P}\,d\varphi = \frac{\mathrm{Q}m}{\sin\alpha}\,d\varphi'\left[\cos\alpha+\frac{1}{f\sin\alpha\sqrt{1+\varphi'^2\sin^2\alpha}-\cos\alpha}\right].$$

le second membre peut se réduire en fonction rationnelle d'une variable x, en posant

$$\sqrt{1+\varphi'^2\sin^2\alpha}=\varphi'\sin\alpha+x,$$

et s'intégrer par les méthodes connues. Mais afin d'éviter la longueur des calculs, il est préférable ici, de faire usage du théorème de M. Poncelet pour transformer en fonction rationnelle les radicaux de la forme $\sqrt{a^2+b^2}$, et, vu la petitesse de $\varphi'\sin\alpha$, on peut poser

$$\sqrt{1+\varphi'^2\sin^2\alpha}=1+q\varphi'\sin\alpha,$$

expression qui sera exacte à moins de $\frac{1}{1500}$ près, en prenant $q=\frac{1}{20}$.
On aura ainsi :

$$\int\frac{d\varphi'}{f\sin\alpha(1+q\varphi'\sin\alpha)-\cos\alpha}=\frac{1}{fq\sin^2\alpha}\log[f\sin\alpha(1+q\varphi'\sin\alpha)-\cos\alpha],$$

intégrale qu'il faut prendre depuis $\varphi'=\frac{2\pi}{m}$ jusqu'à $\varphi'=0$, ce qui donne

$$\frac{1}{fq\sin^2\alpha}\log\left[\frac{\cos\alpha-f\sin\alpha}{\cos\alpha-f\sin\alpha\left(1+q\,\frac{2\pi}{m}\sin\alpha\right)}\right],$$

ou, en opérant la division :

$$\frac{1}{fq\sin^2\alpha}\log\left[1+\frac{fq\,\frac{2\pi}{m}\sin^2\alpha}{\cos\alpha-f\sin\alpha\left(1+\frac{2\pi}{m}q\sin\alpha\right)}\right].$$

trouve sollicitée en ce point par la force verticale $\frac{P}{\text{tang}\,\alpha}+fP$, agissant de bas en haut; par la force horizontale $P+\frac{fP}{\text{tang}\,\alpha}$, dirigée en sens contraire du mouvement du point m; et par une autre force horizontale $\frac{fP}{\sin\alpha}$, dirigée dans le sens $n\,m$. On remarquera également que la roue est sollicitée au point m par la force verticale $\frac{P}{\text{tang.}\,\alpha}+fP$ agissant de haut en bas; par la force horizontale $P+\frac{fP}{\text{tang}\,\alpha}$ dirigée perpendiculairement au plan de cette roue, ou parallèlement à son axe; et enfin par la force horizontale $\frac{fP}{\sin\alpha}$, comprise dans ce même plan, et agissant dans le sens $m\,n$. Ces actions devront être composées avec les forces appliquées à la circonférence de la vis et de la roue, pour obtenir les efforts exercés sur les tourillons : les résultats de cette composition différeront suivant la position des forces

---

Dans les cas ordinaires des applications, où le second terme sous le signe *log* est très-petit devant l'unité, on peut remplacer le logarithme par

$$\frac{fq\,.\,\frac{2\pi}{m}\sin^2\alpha}{\cos\alpha-f\sin\alpha\left(1+\frac{2\pi}{m}q\sin\alpha\right)},$$

et l'on aura définitivement, toute réduction faite :

$$\frac{1}{2\pi}\int_0^{2\pi}P\,d\varphi=Q\left[\frac{\sin\alpha+f\cos\alpha\left(1+\frac{2\pi}{m}q\sin\alpha\right)}{\cos\alpha-f\sin\alpha\left(1+\frac{2\pi}{m}q\sin\alpha\right)}\right],$$

pour l'expression de la valeur moyenne de la force P.

dont il s'agit. On voit d'ailleurs que les axes de la vis et de la roue supportent nécessairement ici des efforts dirigés parallèlement à ces axes.

VI. *Evaluation numérique de l'action des moteurs, et du travail effectué par les machines.*

64. Les opérations ou fabrications que l'on exécute au moyen des machines sont très-variées. Il est nécessaire qu'on puisse avoir une idée exacte du travail que chacune exige, et qu'on soit à même de rapporter à une unité commune la quantité de travail effectuée par diverses machines employées à des usages différents. Un examen attentif de cette matière a appris que le genre de travail qu'il était le plus convenable d'adopter pour terme de comparaison était *l'élévation verticale des corps pesants.*

Quelle que soit la nature d'une machine, le travail qu'elle exécute pourrait toujours être facilement transformé en l'élévation d'un poids. On y parviendrait en supprimant l'effort de la résistance, et attachant au point d'application et suivant la direction de cet effort une corde passant sur une poulie de renvoi, à l'extrémité de laquelle on suspendrait un poids égal à l'effort que la résistance exerçait. L'élévation de ce poids remplacerait le travail de la machine. L'action que le moteur exerce est de la même nature que celle de la résistance. Cette action consiste également dans une pression exercée contre un point qui se meut. Elle peut être remplacée par la descente d'un poids égal à l'effort que le moteur produisait, agissant suivant une corde tendue dans la direction de cet effort.

Le travail à effectuer pour élever verticalement un corps pesant est d'autant plus grand que le poids du corps et la hauteur à laquelle on l'élève sont plus grands. Ce travail est proportionnel au produit de ces deux quantités. Désignant le poids par Q, et la hauteur par q, l'expression numérique de ce travail est le produit Qq. Il représente un nombre d'unités dont chacune est le travail à faire pour élever l'unité de poids à l'unité de hauteur.

65. D'après ce qui précède, considérant une machine en mouvement, et nommant P, Q, les efforts, supposés constants, exercés respectivement aux points d'application du moteur et de la résistance;

p, q, les espaces parcourus respectivement dans un temps donné par chacun de ces points, dans le sens des efforts P et Q; les quantités de travail effectuées par le moteur et par la résistance dans le même temps seront exprimées respectivement par les produits

$$Pp \quad \text{et} \quad Qq.$$

Si les efforts P, Q ne sont point constants, on les considérera comme données en fonction des espaces p, q parcourus dans la direction de ces efforts. Les quantités de travail effectuées par le motenr et la résistance seront alors exprimées par les intégrales

$$\int P dp \quad \text{et} \quad \int Q dq,$$

qui doivent être prises entre des limites correspondant aux instants où commence et où finit le travail.

Les expressions précédentes représentent évidemment les *quantités d'action* exercées aux points d'application du moteur et de la résistance. Ainsi une *quantité d'action*, c'est-à-dire le produit d'un poids par une ligne, est l'évaluation numérique d'un travail fait. C'est en unités de cette espèce que s'expriment les quantités de travail exigées par les fabrications ou opérations mécaniques auxquelles donnent lieu les usages et les besoins de la société.

VII. *Du mouvement des machines dans le cas où la vitesse des parties est constante, ou ne varie que par degrés insensibles.*

66. On considérera d'abord une machine dans laquelle, lorsque le mouvement est réglé, les efforts exercés aux points d'application du moteur et de la résistance sont constants. En observant une semblable machine, lorsqu'elle commence à se mouvoir en partant du repos, on remarque qu'il arrive toujours que l'effort du moteur est plus grand, et celui de la résistance plus petit qu'ils ne seront quand la machine travaillera. Le mouvement se produit, et la vitesse augmente progressivement, comme pour un corps soumis à l'action de deux forces accélératrices agissant en sens contraire, dont l'une l'emporte sur l'autre. A mesure que la vitesse augmente, l'effort de la résistance croît, celui du moteur diminue; et il arrive bientôt un terme où ces efforts ont respectivement les valeurs qu'il faudrait leur donner pour mettre la machine en équilibre. Désignons, comme dans l'article précédent, par P et Q les efforts qui sont exercés respectivement aux points d'application du moteur de la résistance; par p et q les espaces parcourus par ces points à la fin d'un temps donné, dans la direction de ces efforts. Considérons de plus les résistances au mouvement qui résultent de la constitution de la machine, telles que les frottements, la roideur des cordes, la résistance des milieux, etc.; et nommons en général F l'effort qu'il faut surmonter pour vaincre une de ces résistances, et f l'espace qui a été parcouru à la fin du même temps dans la direction de l'effort F par le point où cette résistance s'exerce. Les moments virtuels des actions du moteur et de la résistance seront respecti-

vement Pdp et Qdq; et on pourra représenter par $\Sigma F\,df$ la somme des moments virtuels dus aux résistances résultant de la constitution de la machine. On exprimera donc, en vertu du principe des vitesses virtuelles, la condition de l'équilibre, le moteur étant regardé comme surmontant toutes les résistances, en posant l'équation

$$Pdp - \Sigma Fdf - Qdq = 0, \text{ ou } Pdp = \Sigma Fdf + Qdq.$$

Or, cette équation exprime que la quantité d'action imprimée au système est nulle : donc, conformément au principe de la conservation des forces vives, la force vive de ce système doit cesser d'augmenter ; c'est-à-dire que la vitesse de la machine cesse de croître, et qu'elle continue indéfiniment à se mouvoir avec une vitesse uniforme tant que les efforts P et Q conservent des valeurs telles que l'équation précédente soit satisfaite. On voit d'après cela que la nature du mouvement de la machine, dans le cas dont il s'agit, consiste :

1° En ce que, après un certain temps (ordinairement très-court, et à peine appréciable), ce mouvement devient uniforme ;

2° En ce que le moteur et la résistance exercent à leurs points d'application respectifs des efforts dont les valeurs sont telles que ces efforts se feraient mutuellement équilibre au moyen de la machine, conformément aux lois de la statique ;

3° En ce que les quantités d'action exercées respectivement et en même temps par le moteur et la résistance à leurs points d'application seraient alors égales entre elles, si (ce qui est impossible) les résistances inhérentes à la constitution de la machine étaient nulles.

67. Nous avons supposé que, quand le mouvement de la

machine était réglé, les efforts exercés aux points d'application du moteur et de la résistance étaient constants. Si l'on supposait ces efforts arbitrairement variables, la machine prendrait un mouvement irrégulier qui ne pourrait être soumis utilement au calcul. Lorsque dans les machines les efforts dont il s'agit n'ont point des valeurs constantes, les variations de ces valeurs, aussi bien que les variations correspondantes des vitesses de leurs points d'application, sont ordinairement périodiques, comprises entre des limites fixes, et les périodes des variations se correspondent exactement pour le moteur et la résistance. Considérons une machine dans cet état, qui consiste essentiellement en ce que l'effort P du moteur est alternativement plus grand et plus petit qu'il ne devrait être, pour faire équilibre, conformément aux lois de la statique, à l'effort Q de la résistance (en regardant toujours l'effort du moteur comme surmontant les obstacles inhérens à la machine). Nommons

Dm un élément de la masse de la machine;

v la vitesse de cet élément au bout d'un temps donné;

(D et S étant des lignes de différentiation et d'intégration qui se rapportent aux éléments de la masse des parties mobiles de la machine; d le signe de différentiation qui se rapporte au temps.)

Supposons d'abord qu'on se trouve à l'instant où il y a équilibre entre P et Q, et qu'à partir de cet instant, l'effort P devient plus grand, ou l'effort Q plus petit qu'ils ne devraient être respectivement pour que cet équilibre continuât à subsister. La force vive de la machine, exprimée par $Sv^2\,Dm$, croîtra conformément à la loi exprimée par l'équation :

$$SvdvDm = Pdp - \Sigma Fdf - Qdq.$$

Elle ne cessera de croître qu'autant que Pdp sera redevenu égal à $\Sigma Fdf + Qdq$; et alors la machine aura acquis la plus grande vitesse possible.

Supposons ensuite qu'à partir de cet instant, l'effort Q de la résistance surmonte à son tour l'effort P du moteur, en sorte que Qdq soit $> Pdp - \Sigma Fdf$. La vitesse de la machine décroîtra conformément à la loi exprimée par l'équation précédente. Elle aura atteint son *minimum* lorsque les efforts P, Q auront recommencé à se faire équilibre. Elle recommencera à croître à partir de ce dernier instant, si P surmonte Q, comme on l'a supposé d'abord; et ainsi de suite indéfiniment.

La vitesse de la machine, dans les circonstances où l'on vient de la considérer, croît et décroît donc alternativement en oscillant autour d'une valeur moyenne. L'équation précédente montre que les accroissements ou décroissements de cette vitesse, et par suite, les écarts de ses *maxima* et *minima*, à partir de sa valeur moyenne, sont d'autant plus grands, que l'excès du moment virtuel du moteur sur celui de la résistance est moins grand, que la masse et la vitesse des parties mobiles de la machine sont plus petites. En augmentant la masse et la vitesse des parties de la machine, on diminue les variations que subit la vitesse par suite des variations dans les actions du moteur ou de la résistance.

68. Quand la vitesse d'une machine augmente et diminue alternativement, les roues qui reçoivent l'action du moteur conduisent les autres et sont conduites par elles alternativement, quoique le mouvement se fasse toujours dans le même sens.

69. Considérant un intervalle de temps entre deux *maxima*, ou entre deux *minima* quelconques de la vitesse, il arrive nécessairement, par suite du principe des forces vives, que la quantité d'action fournie par le moteur

pendant ce temps est égale à la quantité d'action qui a été consommée par les résistances. Car si ces quantités d'action n'étaient pas égales, la machine aurait acquis ou perdu au bout de l'intervalle de temps une quantité de force vive égale au double de leur différence. La vitesse aurait donc augmenté ou diminué, ce qui est contre la supposition.

Il résulte de ce qui précède, qu'en n'a ant point égard à l'effet des résistances intérieures qui tiennent à la constitution de la machine, on peut dire que, dans une machine où le mouvement varie ainsi, il ne se perd point de quantité d'action par le seul effet de cette variation, puisque la quantité d'action fournie en excès par le moteur pendant l'accélération du mouvement, est fournie en moins pendant sa retardation. Mais si l'on a égard aux résistances intérieures telles que les frottements, cette proposition n'est plus exacte, parce que les pressions que les diverses parties de la machine exercent les unes contre les autres et contre les appuis fixes, pressions dont dépend principalement l'intensité des frottements, varient généralement par suite des accroissements et des décroissements alternatifs de la vitesse. Il peut arriver, d'après cela, que de trop grands écarts de la vitesse, au delà ou en deçà d'un terme moyen, produisent une consommation de quantité d'action qui serait épargnée si cette vitesse était constante ou à très-peu près constante.

VIII. *Du mouvement des machines dans le cas où il y a des chocs et où les vitesses varient d'une quantité finie dans un temps très-court.*

70. Considérons en premier lieu le choc de deux corps solides. Supposons que ces corps se meuvent dans le même sens, snivant une ligne droite passant par leurs centres de

gravité, et perpendiculairement à leur surface au point de contact. Nous admettrons que l'effet du choc est de déplacer les molécules des deux corps au point de contact et dans le point voisin, en sorte qu'il se formera à leur surface un enfoncement ou *impression*. Les molécules résistant à ce déplacement, il s'établit entre les deux corps une force de répulsion qui tend à les écarter l'un de l'autre, et en altère les mouvements. Il s'agit de rechercher les lois de ces effets. Nommons

m, m' les masses des deux corps;

V, V' les vitesses des centres de gravité des deux corps à l'instant où le choc commence (ces vitesses sont supposées dirigées dans le même sens, V étant > que V'. Si les vitesses étaient dirigées en sens contraire, on donnerait à V' le signe — dans les formules);

v, v' les vitesses des centres de gravité des deux corps au bout du temps t, compté à partir du commencement du choc;

e, e' les espaces qui ont été parcourus par les centres de gravité des deux corps au bout du temps t;

x, x' les profondeurs des impressions faites dans les deux corps au bout du temps t;

N la valeur de la force de la répulsion qui existe entre les deux corps au bout du temps t (cette force est variable et dépend principalement, suivant des lois inconnues, des quantités x et x').

Nous avons d'abord évidemment

$$e = e' + x + x'.$$

Le principe de la conservation du mouvement du centre de gravité donne la relation

$$mv + m'v' = m\mathrm{V} + m'\mathrm{V}'.$$

Enfin on a, dans le principe de la conservation des forces vives,

$$mv^2+m'v'^2-(mV^2+m'V'^2)=2\int N(-de+de'),$$

l'intégrale étant prise depuis l'instant où le choc commence. Cette dernière équation devient, à cause de la première,

$$mv^2+m'v'^2-(mV^2+m'V'^2)=-2\int N(dx+dx').$$

En la combinant avec la seconde, on trouve, pour les expressions des vitesses des deux corps au bout du temps t,

$$v=\frac{mV+m'V'}{m+m'}\pm\frac{m'}{m+m'}\sqrt{(V-V')^2-\frac{m+m'}{mm'}2\int N(dx+dx')},$$

$$v'=\frac{mV+m'V'}{m+m'}\mp\frac{m}{m+m'}\sqrt{(V-V')^2-\frac{m+m'}{mm'}2\int N(dx+dx')}.$$

On doit prendre les signes supérieurs pendant la partie du choc où les impressions augmentent, et les signes inférieurs pendant que les impressions diminuent. Ces formules feraient connaître les changements que subissent par l'effet du choc les mouvements des deux corps, si la valeur de la force de répulsion N était donnée en fonction des profondeurs x, x' des impressions.

71. Quoique la valeur de la force de répulsion demeure inconnue, les vitesses finales des deux corps sont cependant déterminées dans les deux cas suivants :

1° Si la nature des corps est telle que leurs parties, après avoir cédé à une compression, ne tendent nullement à revenir à leurs positions primitives (ce que l'on exprime ordinairement en disant que *les corps ne sont point élastiques*), à partir de l'instant où l'impression aura atteint son maximum, et où les vitesses des deux corps seront devenues égales entre elles, on aura constamment $N=0$.

on voit d'après cela que la limite de la valeur de l'intégrale $\int N(dx+dx')$ est ici

$$\frac{1}{2}\frac{mm'}{m+m'}(V-V')^2,$$

et que l'effet du choc est de donner aux deux corps une vitesse commune exprimée par la formule

$$v=v'=\frac{mV+m'V'}{m+m'}.$$

On peut remarquer que l'on parvient au même résultat en supposant que le changement de vitesse des deux corps s'opère instantanément, et que, conformément au principe de d'Alembert, les quantités de mouvement, perdues par les deux corps à cet instant, sont telles, qu'elles pourraient se faire réciproquement équilibre.

On remarquera de plus que la somme des forces vives des deux corps avant le choc, moins la somme des mêmes forces vives après le choc, est

$$mV^2+m'V'^2-(mv^2+m'v'^2),\quad \text{ou}\quad mV^2+m'V'^2-\frac{(mV+m'V')^2}{m+m'}:$$

or cette quantité est la même chose que

$$m(V-v')^2+m'(-V'+v')^2,\quad \text{ou}\quad m\left(V-\frac{mV+m'V'}{m+m'}\right)^2+$$
$$+m'\left(-V'+\frac{mV+m'V'}{m+m'}\right)^2;$$

donc l'effet du choc est de faire perdre au système des deux corps la force vive qui serait due à la vitesse que l'un des corps a perdue et à la vitesse que l'autre a acquise.

72. 2° Si la nature des corps est telle, que lorsqu'une impression a été formée elle tend à se détruire complétement,

en sorte qu'à profondeur égale de l'impression, la force de répulsion est la même, soit que l'impression soit croissante ou décroissante (ce que l'on exprime ordinairement en disant que *les corps sont parfaitement élastiques*); et si de plus il arrive que les deux impressions soient totalement détruites à l'instant où les corps cessent d'être en contact, l'intégrale $\int N(dx + dx')$ a pour cet instant une valeur nulle, puisqu'elle se compose de deux parties égales, l'une positive et l'autre négative, qui se détruisent réciproquement. Les formules du n° 70 donnent alors pour les vitesses des deux corps à la fin du choc,

$$v = \frac{(m-m')V + 2m'V'}{m+m'},$$

$$v' = \frac{(m'-m)V' + 2mV}{m+m'}.$$

Si au moyen de ces valeurs on forme la somme des forces vives $mv^2 + m'v'^2$ du système des deux corps à la fin du choc, on trouve $mV^2 + m'V'^2$, c'est-à-dire la valeur de cette somme qui avait lieu avant le choc. Ainsi, dans le choc des corps parfaitement élastiques, la somme des forces vives ne subit aucun changement, pourvu que les conditions énoncées ci-dessus soient remplies. Mais un examen spécial a appris qu'il n'arrivait pas, en général, que les impressions fussent totalement détruites à l'instant où les deux corps cessaient d'être en contact. Il en résulte que les formules précédentes ne peuvent être considérées comme donnant toujours les vitesses des corps à la fin du choc; et que l'on ne peut admettre que, lors du choc des corps parfaitement élastiques, il n'y ait jamais aucune perte de force vive.

73. Dans le cas où les corps sont imparfaitement élas-

tiques, c'est-à-dire, lorsque l'impression qui a été formée ne tend pas à se détruire entièrement, ou bien lorsque, les corps étant parfaitement élastiques, les proportions des masses et des vitesses initiales sont telles que ces corps se séparent avant que les impressions soient totalement détruites; les formules précédentes n'apprennent plus rien sur les valeurs des vitesses finales, puisque l'on n'a pas les moyens de calculer la valeur de l'intégrale $\int N(dx + dx')$. Le mouvement des deux corps ne peut alors être connu qu'en soumettant directement au calcul leur composition mécanique. On remarquera d'ailleurs que, dans les applications aux machines, on s'écartera généralement peu des effets naturels, en supposant que les corps ne sont point élastiques, et admettant les résultats du n° 71. Cette supposition, que nous adopterons ici, tend à faire estimer la perte de force vive qui résulte des chocs un peu au-dessus de sa véritable valeur; et, dans les calculs relatifs à l'établissement des machines, il vaut mieux en général s'exposer à commettre une erreur dans ce sens que dans le sens contraire.

74. Considérons maintenant un système de corps solides, tels que ceux qui constituent les machines, et admettons que, dans le mouvement de ce système, deux ou plusieurs de ces corps viennent à se choquer. Nous supposerons d'abord que les corps du système en mouvement ne sont soumis à l'action d'aucune force. A l'instant où le choc commencera, il s'établira entre les corps qui se sont choqués des forces de répulsion, dirigées suivant la normale commune aux surfaces de chaque corps menée au point de contact. Ces forces agiront pendant toute la durée du choc, et le mouvement du système sera modifié en conséquence. En supposant, conformément à ce qui vient d'être dit, qu'il s'agit de corps non élastiques, le choc est fini lorsque les

impressions étant parvenues à leur maximum, les points en contact des deux corps ont pris des vitesses égales, en sorte que ces points ont un mouvement commun, sans exercer l'un contre l'autre aucun effort. Nous désignerons par

x, y, z, les coordonnées rectangulaires d'un point quelconque appartenant aux corps du système, au bout du temps t, compté à partir du commencement du choc;

Dm l'élément de masse qui est placé dans ce point (S sera le signe d'intégration correspondant au signe de différentiation D);

U, V, W les vitesses du point dont il s'agit, dans le sens des axes rectangulaires des x, des y et des z, à l'instant où le choc commence;

u, v, w les vitesses du même point qui ont eu lieu au bout du temps t;

N la force de *répulsion* qui existe au bout du temps t entre les deux points en contact des deux corps qui se choquent;

n la longueur de la normale commune menée en ce point aux surfaces des deux corps, suivant la direction de laquelle agit la force N.

D'après le principe général auquel est assujetti le mouvement d'un système quelconque de points matériels, on a l'équation

$$\mathrm{SD}m\left(\frac{du}{dt}\delta x+\frac{dv}{dt}\delta y+\frac{dw}{dt}dz\right)=\Sigma \mathrm{N}\delta n.$$

δx, δy, δz représentent les espaces qui seraient décrits respectivement dans le sens de chaque axe par un point quelconque du système, si, considérant ce système dans l'état où il se trouve au bout du temps t, on lui faisait prendre un mouvement quelconque infiniment petit, sans violer les conditions de la liaison des éléments matériels; δn représente l'espace qui serait décrit en même temps par le point de contact de deux corps qui se choquent, dans la direction de la normale n. Le signe Σ indique que l'on a fait la somme des quantités $\mathrm{N}\delta n$ qui appartiennent aux points en contact des corps qui se choquent; et il faut remarquer que le choc de deux corps introduit dans la somme Σ deux quantités de cette espèce, l'une relative au point du premier corps, l'autre relative au point du second corps repoussé par le premier, dans lesquelles la quantité N a la même valeur, mais des signes contraires.

On remarquera maintenant que, la durée d'un choc étant généralement très-courte, les positions et les conditions de la liaison des éléments matériels ne subissent pas, pendant cette durée, de changements sensibles. Il y aura donc très-peu d'erreur à considérer les variations δx, δy, δz, δn comme des quantités constantes pendant l'intervalle de temps dont il s'agit. Si l'on intègre alors par rapport au temps l'équation précédente, il viendra

$$\mathrm{SD}m\,[(u-\mathrm{U})\,\delta x+(v-\mathrm{V})\,\delta y+(w-\mathrm{W})\,\delta z]=\Sigma\int dt.\mathrm{V}\,\delta n.$$

Or le dernier membre de cette équation peut toujours être supposé égal à zéro; puisque, pourvu que le mouvement virtuel imprimé au système soit tel que les surfaces en contact des corps qui se choquent ne se séparent point, les forces de répulsion donneront toujours des moments virtuels égaux deux à deux et de signes contraires. Nous avons donc ici

$$\mathrm{SD}m\,[(u-\mathrm{U})\,\delta x+(v-\mathrm{V})\,\delta y+(w-\mathrm{W})\,\delta z]=0.$$

75. Considérons maintenant le système à l'instant où le choc

finit, et où d'après ce qui a été dit ci-dessus, les points en contact sont supposés demeurer appliqués les uns contre les autres sans se repousser, et animés d'un mouvement commun. A cet instant le mouvement effectif des points du système peut être pris pour un des mouvements virtuels : on peut donc supposer $\delta x = udt$, $\delta y = vdt$, $\delta z = wdt$. Alors l'équation précédente devient

$$\mathrm{SD}m\,[u^2+v^2+w^2-(u\mathrm{U}+v\mathrm{V}+w\mathrm{W})]=0,$$

dans laquelle u, v, w représentent les vitesses qui ont lieu à la fin du choc.

76. Le résultat auquel on vient de parvenir conduit à une expression très-simple du changement que subit la somme des forces vives d'un système par l'effet des chocs. La différence entre les sommes des forces vives qui ont lieu respectivement avant et après le choc est

$$\mathrm{SD}m\,[\mathrm{U}^2+\mathrm{V}^2+\mathrm{W}^2-(u^2+v^2+w^2)]:$$

en ajoutant à cette expression la précédente multipliée par 2, ce qui n'en altérera point la valeur, il viendra

$$\mathrm{SD}m\,[\mathrm{U}^2+\mathrm{V}^2+\mathrm{W}^2-2(u\mathrm{U}+v\mathrm{V}+w\mathrm{W})+u^2+v^2+w^2],$$

ou bien

$$\mathrm{SD}m\,[(\mathrm{U}-u)^2+(\mathrm{V}-v)^2+(\mathrm{W}-w)^2].$$

Ainsi la variation qui a lieu dans la force vive du système est égale à la force vive qui serait due aux vitesses que les éléments matériels ont perdues par l'effet du choc. On retrouve donc ici, pour ce que nous avons appelé *corps non élastique*, le théorème dû à Carnot, qui a été démontré dans la *deuxième partie des Leçons*, n° 10, en supposant un choc instantané, et établissant l'équilibre entre les quantités de mouvements perdues, conformément au principe de d'Alembert. Ce théorème suffit pour donner d'une manière très-simple la solution de beaucoup de questions dans lesquelles la vitesse de l'un des corps qui se choquent est constante, ou à très-peu près constante.

77. Quant à l'application des résultats précédents au mouvement des machines, on doit faire les remarques suivantes :

1° Les parties des machines sont toujours supportées par des appuis, et il arrive en général, quand il survient un choc, que ces appuis supportent des pressions instantanées, soit qu'il y ait un choc direct contre l'appui, soit par l'effet d'un choc exercé contre une pièce qui porte sur cet appui. Si les appuis sont regardés comme des corps fixes, dont les parties ne sont susceptibles de prendre aucun mouvement, l'expression qui vient d'être trouvée de la perte de force vive résultant d'un choc demeure la même, soit que l'on considère ou non ces corps comme faisant partie du système; puisque avant et après le choc, la force vive des parties de chaque appui est également nulle. Mais, dans la réalité, les corps servant d'appui ne sont jamais absolument fixes, et un choc imprime toujours à leurs parties un certain mouvement. La force vive que ces parties acquièrent ainsi doit être considérée comme augmentant la perte de force vive que ce choc occasionne dans le système, et qui est exprimée par la formule précédente.

2° On a supposé n° 74 que les parties du système en mouvement n'étaient soumises à l'action d'aucune force, si ce n'est les forces intérieures développées momentanément pendant la durée du choc, et cela a permis de regarder comme nul le second membre de l'équation intégrale obtenue dans ce numéro. Les parties des machines sont soumises à l'action de la gravité, aux actions du moteur, de la résistance provenant du travail effectué et des résistances intérieures, telles que les frottements. Il est permis cependant d'appliquer aux machines le résultat précédent, parce que la considération des forces permanentes dont il s'agit n'introduirait dans le second membre de l'équation du nº 74 que des termes extrêmement petits par rapport aux termes dus aux forces développées pendant la durée très-courte des chocs, et qui seraient tout à fait à négliger à l'égard de ces derniers. Il faut remarquer seulement que, par l'effet des forces mêmes développées par les chocs, il peut s'établir de nouveaux frottements, soit entre les surfaces qui se choquent, si ces surfaces glissent l'une sur l'autre pendant la durée du choc, soit sur les points d'appui des axes ou autres pièces, contre lesquels les corps peuvent réagir à l'instant du choc. Les résistances dues à ces derniers frottements sont du même ordre que les forces développées par la percussion, et ne doivent pas, en général, être négligées : elles ne pourraient l'être qu'autant que les vitesses virtuelles de leurs points d'application seraient très-petites par rapport aux vitesses virtuelles des points d'application des forces qui ont été désignées par N. L'évaluation de l'effet des résistances dont il s'agit présente d'ailleurs, dans les applications, beaucoup d'incertitude, parce que l'on n'est point assuré que les rapports du frottement à la pression qui ont été déterminés par des expériences faites sur des mouvements permanents, conviennent également au cas d'une action instantanée. Si l'on veut néanmoins tenir compte de ces résistances, on pourra le faire d'après les considérations suivantes.

78. En conservant les dénominations du nº 74, et désignant toujours par f le rapport du frottement à la pression, la résistance due au frottement produit par la pression N, qui est exercée l'un contre l'autre par deux corps qui se choquent,

sera exprimée par fN. Par conséquent, appelant généralement s la longueur de la ligne décrite par chacun des points en contact, on aura, en tenant compte de ces résistances, au lieu de l'équation posée dans ce numéro,

$$\mathrm{S\,D}m\left(\frac{du}{dt}dx+\frac{dv}{dt}dy+\frac{dw}{dt}dz\right)=\Sigma\mathrm{N}\delta n+\Sigma f\mathrm{N}\delta s,$$

δs indiquant l'espace parcouru par un point de contact des corps qui se choquent sur la surface à laquelle appartient ce point, par l'effet d'un mouvement virtuel quelconque infiniment petit du système.

En intégrant cette équation par rapport au temps, conformément à ce qui a été dit dans le numéro cité, il vient

$$\mathrm{S\,D}m[(u-\mathrm{U})\delta x+(v-\mathrm{V})\delta y+(w-\mathrm{W})\delta z]=\Sigma\int dt.\mathrm{N}\delta n+\Sigma\int dt.f\mathrm{N}\delta s,$$

équation dans laquelle u, v, w représenteront les vitesses qui ont lieu à la fin du choc, pourvu que les intégrales du second membre soient prises pour toute la durée du choc. Or cette équation est précisément celle que l'on obtiendrait si, supposant une altération finie du mouvement des corps, on appliquait le principe de d'Alembert, en exprimant qu'il y a équilibre entre les quantités de mouvement perdues par les corps, et les forces appliquées au système; ces forces étant ainsi représentées par les intégrales $\int dt.\mathrm{N}$ pour les pressions exercées aux points de contact des corps qui se choquent, et par les intégrales correspondantes $\int dt.f\mathrm{N}$ pour les résistances dues aux frottements résultants de ces pressions. L'équation dont il s'agit, réunie aux conditions des liaisons des éléments matériels du système (y compris la condition que les points en contact des corps qui se choquent sont animés à la fin du choc d'un mouvement commun), donnera d'ailleurs dans tous les cas le mouvement du système après le choc, et fera même connaître les valeurs des intégrales $\int dt.N$. Ainsi, en supposant toujours qu'il s'agit de corps *non élastiques*; l'application du principe de d'Alembert, faite de cette manière, donnera les solutions exactes de chaque question, en tenant compte de l'effet des frottements.

79. On voit, par ce qui précède, que l'effet d'un choc dans une machine en mouvement est toujours de causer une diminution dans la somme des forces vives des parties de cette machine. Cette diminution (abstraction faite de la force vive qui passe dans les appuis) est donnée par le théorème énoncé n° 76. Lorsqu'une machine travaille d'une manière permanente, il est nécessaire, à chaque choc qui a lieu, que le moteur fournisse une quantité d'action numériquement égale à la moitié de la force vive perdue par ce choc, en sus de la quantité d'action qui est consommée par les résistances permanentes, et que l'on calculerait d'après la considération de l'équilibre statique de la machine. Les exemples suivants suffiront pour mettre à même de déterminer facilement, dans les divers cas qui pourront se présenter, les altérations qu'un choc produit dans les vitesses de chaque partie, et la consommation de quantité d'action qu'il occasionne.

Du choc d'une camme contre un pilon.

80. Considérons un arbre tournant horizontal, dont l'axe est C (*fig.* 34), qui reçoit immédiatement l'action du moteur, et qui porte des cammes par le moyen desquelles il agit suivant la verticale AD sur le mentonnet ED d'un pilon vertical, contenu dans les prisons F, G. Nous supposerons que les cammes et les roues portées par l'arbre

tournant sont disposés symétriquement autour de l'axe C; et nous nommerons

R le rayon primitif AC de la roue qui porte les cammes;

ρ le rayon des tourillons de l'arbre qui porte cette roue;

h la hauteur AD du point de contact de la camme et du mentonnet au-dessus du plan horizontal AC, à l'instant du choc;

p la longueur DE du mentonnet;

e la largeur du manche du pilon, ou la distance horizontale des arêtes F, G, contre lesquels il s'appuie;

l la distance verticale des mêmes arêtes F, G;

Dm l'élément différentiel de la masse de l'arbre, des roues et cammes qu'il supporte;

r la distance de l'élément Dm à l'axe C de cet arbre;

m la masse du pilon;

V la vitesse des points de l'arbre situés à l'unité de distance de l'axe C, à l'instant où le choc commence;

v la même vitesse à la fin du choc;

λ, μ, ν les valeurs respectives des pressions qui se développent à l'instant du choc dans les points de contact D, F, G (ces quantités sont considérées comme représentant les valeurs des intégrales $\int dt.N$ du n° 78).

f_1 le rapport du frottement à la pression pour le frottement qui a lieu sur les tourillons de l'arbre;

f_2 le même rapport pour le frottement entre la camme et le mentonnet au point D;

f_3 le même rapport pour le frottement contre les prisons en F et G.

Il s'agit d'exprimer, conformément à ce qu'on a vu n° 78, qu'il y a équilibre dans le système des deux corps entre les quantités de mouvement perdues par l'effet du choc et les forces développées par ce choc, en tenant compte des résistances dues aux frottements. Les conditions de cet équilibre peuvent être établies en considérant successivement les deux parties du système.

En considérant d'abord l'arbre, on voit que les quantités de mouvement $Dm(V-v)r$ perdues par chaque élément, et agissant avec le bras de levier r, doivent faire équilibre à la force verticale λ agissant en D avec le bras de levier R. L'action de cette force est d'ailleurs augmentée par le frottement qui a lieu sur les tourillons de l'arbre, frottement qui équivaut à la force $f_1\lambda$ agissant au bout du rayon ρ. En effet, les éléments de masse étant distribués symétriquement autour de l'arbre, ses appuis ne supportent aucune action par l'effet de l'altération subite du mouvement de ces éléments, et sont seulement chargés de l'effort λ : il est permis de négliger, pour l'évaluation du frottement sur les tourillons, la force horizontale $f_2\lambda$ qui est développée en D par l'effet du frottement de la camme contre le mentonnet. Mais il faut tenir compte de cette force, qui agit avec le bras de levier h, lorsque l'on exprime les conditions de l'équilibre autour de l'axe. Ces conditions seront donc exprimées par l'équation

$$(V-v)\,SDm.r^2 = \lambda R + f_1\lambda.\rho + f_2\lambda.h, \quad \text{d'où} \quad \lambda = \frac{(V-v)\,SDm.r^2}{R+f_1\rho+f_2h},$$

dans laquelle $SDm.r^2$ est le moment d'inertie de l'arbre et des roues qu'il porte.

En considérant ensuite le pilon, on voit que la quantité de mouvement $m.vR$, acquise par ce corps, doit également faire équilibre à la force λ considérée comme agissant de bas en haut au point D, et do t l'action est diminuée par les frottements qui ont eu lieu en F et en G;

et qui sont produits par les pressions μ et ν. Conformément à ce qu'on a vu dans le n° 55, les conditions de ce dernier équilibre seront exprimées par les équations

$$m.\varphi R = \lambda - f_3(\mu+\nu),$$

$$\mu = \nu, \; (^*)$$

$$m.\varphi R.\frac{e}{2} + \lambda.p + f_3\nu.e = \nu.l,$$

d'où

$$\lambda = \frac{\varphi.mRl}{l - f_3(e+2p)}.$$

81. Egalant ces deux valeurs de λ, on trouve, pour l'expression de la vitesse angulaire de la roue après le choc,

$$\varphi = \frac{V}{1 + \frac{m.Rl}{SDm.r^2}.\frac{R+f_1\rho+f_2h}{l-f_3(e+2p)}}.$$

La valeur de la force de percussion λ est

$$\lambda = m.VR.\frac{SDm.r^2}{SDm.r^2\left(1 - \frac{f_3(e+2p)}{l}\right) + mR^2\left(1 + \frac{f_1\rho+f_2h}{R}\right)}.$$

Les termes affectés des facteurs f_1, f_2, f_3 seront toujours fort petits : en faisant pour abréger

---

(*) On a oublié d'introduire dans ces équations le frottement de la camme contre le mentonnet $f_2\lambda$, qui modifie les pressions μ, ν, produites par le couple $\lambda\left(p+\frac{e}{2}\right)$, en augmentant la première de la quantité $f_2\lambda\,\frac{l-y}{l}$, et en diminuant la seconde de $f_2\lambda\,\frac{y}{l}$. ($y = EF$)

$$\frac{1+\dfrac{f_1\rho+f_2h}{R}}{1-\dfrac{f_3(e+2p)}{l}}=1+k,$$

l'expression précédente de la vitesse angulaire après le choc s'écrira

$$v=\frac{V}{1+\dfrac{mR^2}{SDm.r^2}(1+k)},$$

k étant une petite fraction dont on peut négliger le quarré.

82. Les forces vives du système, avant et après le choc, sont respectivement $V^2SDm.r^2$ et $v^2SDm.r^2+mR^2v^2$. Par conséquent la perte de force vive résultant du choc est ici

$$(V^2-v^2)SDm.r^2-mR^2v^2=V^2\left\{SDm.r^2-\frac{SDm.r^2+mR^2}{\left(1+\dfrac{mR^2(1+k)}{SDm.r^2}\right)^2}\right\}$$

$$=mR^2V^2\left(1+\frac{2k}{1+\dfrac{mR^2}{SDm.r^2}}\right).$$

Si le mouvement d'inertie $SDm.r^2$ de la roue est grand par rapport au produit mR^2 de la masse du pilon par le quarré du rayon des cammes, la vitesse de rotation de la roue n'est pas sensiblement altérée par l'effet du choc. L'expression précédente de la perte de force vive devient à fort peu près

$$mR^2V^2(1+2k);$$

et en négligeant les frottements, mR^2V^2, c'est-à-dire, la force vive communiquée au pilon, ce dernier prenant une vitesse égale à celle du point de la camme qui rencontre le mentonnet.

Si un choc semblable a lieu au bout de chaque intervalle de temps égal à θ, il sera nécessaire que le moteur fournisse, dans chaque unité de temps, en sus de la quantité d'action nécessaire pour surmonter les résistances permanentes, une quantité d'action égale au double de la perte de force vive qui vient d'être calculée, divisée par θ. On remarquera d'ailleurs, conformément à ce qui a été dit n° 77, que l'expression précédente de la perte de force vive ne tient pas compte de celle qui résulte des secousses imprimées aux appuis des tourillons de l'axe, et aux prisons du pilon.

Du choc d'une camme contre un marteau.

83. Considérons un arbre tournant horizontal dont l'axe est C (*fig.* 35), qui reçoit immédiatement l'action du moteur, et qui porte des cammes qui rencontrent en M le manche d'un marteau dont l'axe également horizontal est C'. Nous supposons, comme dans le n° 80, que les cammes et les roues portées par l'arbre tournant sont disposées symétriquement autour de l'axe C; et de plus qu'un plan vertical passant par le point de contact M, et perpendiculaire aux deux axes C, C', partage le marteau en deux parties symétriques. Les lignes BMB' et DD'M, tracées dans ce plan, sont respectivement la tangente et la normale communes aux courbes de contact de la camme et du manche. On nommera

R, R' les rayons CM, C'M, menés des deux centres au point de contact à l'instant du choc;

θ, θ' les angles CMB, C'MB' que ces rayons forment respectivement avec la tangente commune BMB' des courbes de la camme et du marteau;

$\rho_{\prime\prime}, \rho'$ les rayons des tourillons des axes C, C′ de l'arbre et du marteau;

Dm, Dm' les éléments différentiels de la masse des roues portées par l'axe C et du marteau porté par l'axe C′;

r, r' les distances respectives des éléments Dm, Dm' aux axes C, C′;

V la vitesse des points de l'arbre de la roue situés à l'unité de distance de l'axe C, à l'instant où le choc commence;

v la même vitesse à la fin du choc;

v' la vitesse à la fin du choc des points du marteau situés à l'unité de distance de l'axe C′;

λ la valeur de la pression qui se développe à l'instant du choc au point de contact M;

f_1, f'_1 les rapports du frottement à la pression pour le frottement qui a lieu sur les tourillons des axes C, C′;

f_2 le même rapport pour le frottement entre la camme et le manche du marteau au point M.

En considérant en premier lieu l'équilibre qui doit s'établir autour de l'axe C, et remarquant que la force λ dirigée suivant MD agit avec le bras de levier CD $=$ R cos θ, et que le frottement $f_2\lambda$ dirigé suivant BM agit avec le bras de levier CB $=$ R sin θ, on aura comme dans le n° 80 pour la condition de cet équilibre

$$(V-v)SDm.r^2=\lambda.R\cos\theta+f_1\lambda.\rho+f_2\lambda.R\sin\theta,$$

d'où

$$(a) \qquad \lambda=\frac{(V-v)SDm.r^2}{R\cos\theta+f_1\rho+f_2R\sin\theta}.$$

En considérant ensuite l'équilibre qui doit s'établir autour de l'axe C′, on remarquera que la masse du marteau n'étant pas en général distribuée symétriquement des deux côtés de cet axe, la pression exercée par les tourillons à l'instant du choc, n'est pas seulement due à la force λ. A l'action de cette force se réunit celle du mouvement qui est imprimé instantanément au marteau. Pour déterminer la pression dont il s'agit, considérons la ligne C'D' comme un axe des abscisses comptées à partir de C', les ordonnées étant comptées en dessous et à partir de cette ligne. Nommons

x' la distance de l'élément Dm' de la masse du marteau au centre C', cette distance étant mesurée parallèlement à la ligne C'D';

y' la distance du même élément à la ligne C'D', cette distance étant comptée de haut en bas :

la quantité de mouvement $Dm'.v'r'$ acquise par cet élément à la fin du choc, peut se décomposer en deux autres, l'une parallèle à C'D', exprimée par $Dm'.v'r'.\frac{y'}{r'}=Dm'.v'y'$; l'autre perpendiculaire à C'D', exprimée par $Dm'.v'r'\frac{x'}{r'}=Dm'.v'x'$. On aura donc pour la résultante des pressions exercées sur l'axe C' à l'instant du choc

$$\sqrt{(\lambda-v'SDm'.x')^2+(v'SDm'.y')^2}.$$

En remarquant d'ailleurs que le frottement $f_2\lambda$ agit suivant B'M avec le bras de levier $C'B'=R'\sin\theta'$, on aura, pour exprimer l'équilibre autour de l'axe C',

$$(b)\qquad v'SDm'.r'^2$$
$$=\lambda.R'\cos\theta'-f_1'\rho'\sqrt{(\lambda-v'SDm'.x')^2+(v'SDm'.y')^2}-f_2\lambda.R'\sin\theta'.$$

Enfin, comme après le choc, les surfaces de la camme et du manche du marteau demeurent en contact, les vitesses de rotation v, v' doivent être telles que la vitesse du point M considéré comme appartenant à l'un ou à l'autre système, décomposée dans le sens de la normale MB, ait la même valeur : condition qui donne

$$(c) \qquad v \mathrm{R} \cos\theta = v' \mathrm{R}' \cos\theta'. \quad \text{d'où} \quad v' = v \frac{\mathrm{R}' \cos\theta'}{\mathrm{R}\cos\theta}.$$

84. Les trois équations (a), (b), (c) détermineront les valeurs des vitesses v, v' qui ont lieu à la fin du choc, et de la force de percussion λ.

Si le centre de gravité du marteau était placé sur l'axe C', on aurait $\mathrm{SD}m'.x' = 0$, $\mathrm{SD}m'.y' = 0$. S'il se trouvait à une petite distance de cet axe, ces quantités pourraient être négligées, et l'équation (c) se réduirait à

$$v' \mathrm{SD}m'.r'^2 = \lambda.\mathrm{R}'\cos\theta' - f_1'\lambda.\rho' - f_2\lambda.\mathrm{R}'\sin\theta';$$

d'où

$$\lambda = \frac{v' \mathrm{SD}m'.r'^2}{\mathrm{R}'\cos\theta' - f_1'\rho' - f_2\mathrm{R}'\sin\theta'}.$$

On trouve alors, en égalant cette valeur de λ à la valeur (a), pour la vitesse angulaire de la roue après le choc

$$v = \frac{\mathrm{V}}{1 + \frac{\mathrm{SD}m'.r'^2}{\mathrm{SD}m.r^2}\left(\frac{\mathrm{R}\cos\theta}{\mathrm{R}'\cos\theta'}\right)^2 \frac{1 + \frac{f_1\rho + f_2\mathrm{R}\sin\theta}{\mathrm{R}\cos\theta}}{1 - \frac{f_1'\rho' + f_2\mathrm{R}'\sin\theta'}{\mathrm{R}'\cos\theta'}}}.$$

et pour la valeur de la force de percussion

$$\lambda = \mathrm{V}\frac{\mathrm{R}\cos\theta}{\mathrm{R}'\cos\theta'}\cdot\frac{\mathrm{SD}m'.r'^2}{\mathrm{R}'\cos\theta'}\cdot\frac{\mathrm{SD}m.r^2.\mathrm{SD}m'.r'^2}{\mathrm{SD}m.r^2\left(1 - \frac{f_1'\rho' + f_2\mathrm{R}'\sin\theta'}{\mathrm{R}'\cos\theta'}\right) + \mathrm{SD}m'.r'^2\left(\frac{\mathrm{R}\cos\theta}{\mathrm{R}'\cos\theta'}\right)^2\left(1 + \frac{f_1\rho + f_2\mathrm{R}\sin\theta}{\mathrm{R}\cos\theta}\right)}.$$

En posant pour abréger

$$\frac{1 + \frac{f_1\rho + f_2\mathrm{R}\sin\theta}{\mathrm{R}\cos\theta}}{1 - \frac{f_1'\rho' + f_2\mathrm{R}'\sin\theta}{\mathrm{R}'\cos\theta'}} = 1 + k,$$

k sera une petite fraction dont on pourra négliger le quarré, et l'expression de la vitesse angulaire de la roue après le choc s'écrira plus simplement

$$v = \frac{V}{1 + \frac{SDm'.r'^2}{SDm.r^2}\left(\frac{R\cos\theta}{R'\cos\theta'}\right)^2(1+k)}.$$

85. Avant le choc la force vive du système est $V^2 SDm.r^2$: après le choc elle est $v^2 SDm.r^2 + v'^2 SDm'.r'^2$. La force vive perdue par l'effet du choc est donc exprimée par

$$(V^2 - v^2) SDm.r^2 - v'^2 SDm'.r'^2$$

$$= V^2 \left\{ SDm.r^2 - \frac{SDm.r^2 + SDm'.r'^2\left(\frac{R\cos\theta}{R'\cos\theta'}\right)^2}{\left[1 + \frac{SDm'.r'^2}{SDm.r^2}\left(\frac{R\cos\theta}{R'\cos\theta'}\right)^2(1+k)\right]} \right\},$$

$$= \left(V\frac{R\cos\theta}{R'\cos\theta'}\right)^2 SDm'.r'^2 \left(1 + \frac{2k}{1 + \frac{SDm'.r'^2}{SDm.r^2}\left(\frac{R\cos\theta}{R'\cos\theta'}\right)^2}\right).$$

On pourra souvent réduire cette expression à

$$\left(V\frac{R\cos\theta}{R'\cos\theta'}\right) SDm'.r'^2(1+2k);$$

et si l'on négligeait les frottements, la perte de force vive serait exprimée simplement par

$$\left(V\frac{R\cos\theta}{R'\cos\theta'}\right)^2 SDm'.r'^2,$$

c'est-à-dire la force vive communiquée au marteau, ce dernier prenant une vitesse angulaire telle que les points en contact de la camme et du manche aient une même vitesse absolue dans le sens de la normale MD.

Cette expression de la force vive perdue par l'effet du choc, doit être employée dans les calculs de l'établissement de la machine conformément à ce qui a été dit à la fin du n° 81.

86. On a supposé n° 84 que l'on pouvait négliger dans le radical du second membre de l'équation (b) les quantités $\nu' \mathrm{SD}m'.x'$ et $\nu'\mathrm{SD}m'.y'$. Dans la plupart des cas le centre de gravité de la masse du marteau sera effectivement placé à une fort petite distance de la ligne C′D′, et l'on pourra négliger, sans erreur sensible, le terme $\nu' \mathrm{SD}m'.y'$. Mais il peut arriver qu'il n'en soit pas de même du terme $\nu'\mathrm{SD}m'.x'$. En conservant ce terme, on pourra encore faire usage des formules des n°s 84 et 85, pourvu que l'on pose

$$\left(1+\frac{f_1'\rho'\mathrm{SD}m'.x'}{\mathrm{SD}m'.r'^2}\right)\frac{1+\dfrac{f_1\rho+f_2\mathrm{R}\sin\theta}{\mathrm{R}\cos\theta}}{1-\dfrac{f_1'\rho'+f_2'\mathrm{R}'\sin\theta'}{\mathrm{R}'\cos\theta'}}=1+k.$$

Si aucun des deux termes du radical dont il s'agit ne pouvait être négligé, il serait toujours facile de déduire par approximation des équations (a), (b), (c) du n° 83 les valeurs des vitesses à la fin du choc, et de la perte de force vive.

87. On cherche quelquefois à établir les marteaux de manière qu'à l'instant du choc les tourillons de l'axe ne supportent aucun effort. Cette condition exige que l'on ait

$$(\lambda-\nu'\mathrm{SD}m'.x')^2+(\nu'\mathrm{SD}m'.y')^2=0.$$

On y satisfera de la manière la plus simple : 1° si le centre de gravité du marteau se trouve sur la ligne C′D′ (c'est-à-dire sur la perpendiculaire abaissée du centre C′ sur la ligne suivant laquelle le choc s'exerce), ce qui donnera

$SDm'.y'=0$; et 2° si $\lambda=v'SDm'.x'$. L'équation (b) du n° 83 se réduit alors à

$$v'SDm'.r'^2=\lambda.R'(\cos\theta'-f_2\sin\theta'),$$

ou, à cause de l'expression précédente de λ, à

$$SDm'.r'^2=R'(\cos\theta'-f_2\sin\theta')SDm'.x',$$

d'où

$$R'=\frac{SDm'.r'^2}{(\cos\theta'-f_2\sin\theta')SDm'.x'},$$

équation qui détermine la distance de l'axe C' à laquelle doit être placé le point M où le choc s'exerce pour que la condition dont il s'agit soit remplie. Si l'angle θ' était nul, c'est-à-dire si la direction du choc était perpendiculaire au rayon passant par le centre de gravité du marteau, la formule précédente deviendrait

$$R'=\frac{SDm'.r'^2}{SDm'.x'},$$

ce qui est l'expression connue de la distance du centre de percussion.

Lorsque l'on a ainsi déterminé la distance R' du point frappé par la camme, de manière à rendre nul l'effort instantané supporté par les points d'appuis de l'axe du marteau, on peut employer les formules des n°s 84 et 85, en y supprimant le terme $f_1'\rho'$ introduit par la considération du frottement qui a lieu sur les tourillons de cet axe.

88. On a supposé, dans les deux exemples précédents, que l'arbre portant les cammes recevait immédiatement l'action du moteur. S'il en était autrement, et en général si, dans une machine quelconque, l'arbre qui exerce le choc recevait l'action du moteur par l'intermédiaire de plusieurs pièces, il faudrait considérer chacune de ces

pièces comme perdant par l'effet du choc une portion de sa quantité de mouvement, et établir pour chacune une équation d'équilibre entre la quantité de mouvement perdue et les forces de percussion développées aux points de contact de cette pièce et des pièces contiguës. On pourra toujours, au moyen de ces équations et de celles qui exprimeront que les surfaces entre lesquelles le choc s'exerce ne se séparent point, déterminer comme ci-dessus les valeurs des forces de percussion, et des vitesses qui ont lieu après le choc.

IX. *De la manière de disposer les roues, pignons, cammes, etc., pour que les axes supportent les moindres efforts qu'il est possible.*

89. Un des objets qu'on doit se proposer dans l'établissement des machines, est que leurs parties supportent les moindres efforts qu'il est possible, surtout quand ces efforts sont produits par des chocs. On y parvient en ayant égard à des considérations telles que les suivantes.

Supposons un axe A (*fig*. 36), qui tourne par l'effort P du moteur, et sur lequel est montée une roue qui doit faire marcher un pignon. L'effort que supportera cet axe, sera généralement la résultante de trois forces : 1° le poids de l'axe et de la roue; 2° l'effort P; 3° l'effort Q exercé contre les dents du pignon. Cette résultante sera la plus petite possible si le pignon est placé en B. Elle serait la plus grande s'il était placé en C. Le pignon étant placé en B, les efforts P et Q seraient égaux, si les rayons Am, An étaient égaux, et la pression exercée sur l'axe se réduirait au poids dont il est chargé.

90. Considérons maintenant un axe en A (*fig*. 37), auquel un mouvement de rotation est imprimé sans qu'il

supporte aucune pression de la part du moteur. Imaginons que sur cet axe sont montées des roues qui doivent en conduire d'autres. Si l'on place les roues conduites B, C, deux à deux, de manière que les points d'engrenage soient aux extrémités d'un même diamètre de la roue qui conduit, il en résultera que l'axe A ne supportera aucun effort, par suite des pressions exercées contre les dents. Toute autre disposition n'offrira pas le même avantage.

91. La disposition précédente laisse d'ailleurs l'axe A chargé de son propre poids et de celui des roues qu'il supporte. Si cet axe ne conduit qu'une seule roue B (*fig.* 38), et si les diamètres des roues A et B sont tellement réglés que l'effort Q exercé contre les dents soit égal au poids dont on vient de parler, l'axe A ne supportera plus aucun effort. On peut toujours disposer les roues et régler leurs diamètres de manière que cette condition soit remplie. On doit tâcher de le faire, autant que le permettent les autres conditions de l'établissement de la machine.

92. Considérons un pilon soulevé par une camme fixée à une roue. L'effet du choc de la camme contre le pilon sera généralement de produire un effort momentané contre les prisons du pilon. Cet effort sera nul, si la direction de la force de percussion passe par le centre de gravité du pilon. Lorsqu'une camme soulève un marteau, en le faisant tourner autour d'un axe fixe, l'appareil peut être disposé de manière que le choc de la camme n'exerce aucun effort sur cet axe. On y parvient : 1° en donnant au marteau une figure susceptible d'être partagée en deux parties symétriques par un plan perpendiculaire à l'axe de rotation, qui contiendra le centre de gravité; 2° en faisant en sorte que le choc se fasse suivant une direction contenue dans ce plan, perpendiculaire à l'axe, et distante de cet axe d'une quantité R', dont l'expression a été donnée ci-dessus n° 87. Si

l'on veut que le choc du marteau contre l'enclume n'exerce non plus aucun effort sur l'axe, la position du point de contact, et la direction suivant laquelle le choc s'exerce devront être assujetties aux mêmes conditions. On ne pourra éviter, en adoptant ces dispositions, qu'il n'y ait un effort exercé sur l'axe, par l'effet de la force centrifuge, pendant le mouvement du marteau. Mais cet effort ne produira qu'un frottement moins dangereux pour la solidité des machines que les actions instantanées, et dont on doit d'ailleurs tenir compte dans l'évaluation des résistances permanentes.

93. Dans les machines où il y a des mouvements alternatifs, il se produit souvent des actions instantanées du genre de celles dont on vient de parler. Elles ont lieu quand les corps en mouvement parviennent à la fin d'une oscillation avec une vitesse finie, et commencent l'oscillation suivante avec une vitesse finie dirigée en sens contraire. On doit en général éviter ces effets, et préférer les moyens de transmettre les mouvements qui, tels que les manivelles, règlent les vitesses de manière qu'elles sont toujours nulles, à l'instant où le mouvement change de direction.

X. *Des moyens de maintenir l'uniformité du mouvement dans les machines. — Établissement des volants. — Pendule conique.*

94. Les causes qui peuvent faire varier la vitesse dans les machines sont de deux espèces : 1° les actions exercées par le moteur et par la résistance peuvent être tantôt plus grandes, tantôt plus petites qu'elles ne devraient être, pour qu'un équilibre constant se maintienne; 2° une des actions peut être dans le cas de l'emporter progressivement de plus en plus sur l'autre, en sorte que la machine tendrait à s'ar-

rêter, ou à prendre indéfiniment une vitesse de plus en plus grande. Le but qu'on se propose est que la vitesse de la machine demeure comprise entre des limites fixes, et que ces limites diffèrent le moins qu'il est possible de la valeur moyenne de cette vitesse.

Lorsque les variations de la vitesse sont uniquement dues à des variations régulières et périodiques dans les actions du moteur et de la résistance, et sont produites conformément aux lois énoncées n° 67, on limite à volonté l'étendue de ces varations par l'emploi des *volants*, c'est-à-dire, de grandes roues fixées sur les axes de rotation qui font partie de la machine. L'établissement des volants est fondé sur les considérations présentées dans le numéro cité. Les exemples suivants indiqueront la manière dont cet établissement doit être fait dans les divers cas qui peuvent se présenter dans les applications.

95. Soit en premier lieu une roue soulevant un poids Q (*fig.* 39), au moyen d'une corde qui s'enroule sur la circonférence. A l'axe de cette roue est fixée la manivelle CM, sur laquelle agit une force constante P, dont la direction est toujours verticale. Cette force n'agit qu'en descendant, c'est-à-dire, pendant que la manivelle décrit le demi-cercle EAF, l'action étant nulle quand la manivelle décrit le demi-cercle EBF. Cet appareil ne peut imprimer au poids Q un mouvement continu, qu'autant que la masse de la roue est déterminée d'après certaines conditions qu'il s'agit de reconnaître. Nommons :

a le rayon CM de la manivelle;
b le rayon de la roue à la circonférence de laquelle le poids Q est suspendu;
x l'angle ACM;
Dm l'élément de la masse de la roue;

r la distance de cet élement à l'axe de rotation C;

v' la plus petite vitesse de rotation des points situés à l'unité de distance de l'axe;

v'' la plus grande vitesse de rotation des mêmes points;

$\pi = 3{,}1416$;

$g = 9^{\mathrm{m}}{,}8088$.

Le mouvement du système étant, par hypothèse, uniforme, en sorte que chaque tour commence avec la même vitesse, les quantités d'action imprimées par le moteur et la résistance, pendant la durée d'un tour, doivent être égales. On a donc, en négligeant les frottements,

$$\mathrm{P}.2a = \mathrm{Q}.2\pi b.$$

On connaîtra les situations où le moteur fait équilibre à la résistance en posant :

$$\mathrm{P}.a\cos x = \mathrm{Q}b, \quad \text{d'où } \cos x = \frac{1}{\pi},$$

valeur qui appartient à deux situations du cou de la manivelle, telles que CM et CN.

D'après les notions exposées n° 67, le minimum de la vitesse a lieu quand la manivelle est en CM, et le maximum quand elle est en CN. Quand la manivelle passe de CM en CN, puis de CN en CM, la force vive acquise par le système, puis perdue, doit être égale au double des quantités d'actions imprimées respectivement dans chacun de ces intervalles, par les forces P, Q : on aura donc les deux équations

$$\left(\mathrm{S}r^2\mathrm{D}m + \frac{b^2\mathrm{Q}}{g}\right)(v''^2 - v'^2) = 4\mathrm{P}a\sqrt{1-\frac{1}{\pi^2}} - 2\mathrm{Q}.2b\,\mathrm{arc}\left(\cos = \frac{1}{\pi}\right),$$

$$\left(\mathrm{S}r^2\mathrm{D}m + \frac{b^2\mathrm{Q}}{g}\right)(v''^2 - v'^2)$$

$$= 2\mathrm{Q}b\left(\pi + 2\,\mathrm{arc}\left(\sin = \frac{1}{\pi}\right)\right) - 4\mathrm{P}a\left(1 \quad \sqrt{1-\frac{1}{\pi^2}}\right),$$

Ces équations étant combinées avec la relation $P.a = Q.\pi b$, donneront également

$$Sr^2Dm + \frac{b^2Q}{g} = \frac{4Pa}{v''^2 - v'^2}\left(\sqrt{1 - \frac{1}{\pi^2}} - \frac{1}{\pi}\operatorname{arc\,cos} = \frac{1}{\pi}\right).$$

96. Supposons maintenant qu'on veuille régler le mouvement de manière que la moyenne des vitesses extrêmes v'', v' soit V, et que ces vitesses extrêmes diffèrent de V de la quantité $\frac{V}{n}$. On aura

$$v' = \frac{n-1}{n}V, \quad v'' = \frac{n+1}{n}V, \quad v''^2 - v'^2 = \frac{4V^2}{n};$$

et en substituant dans l'équation précédente, on en déduira

$$Sr^2Dm = -\frac{b^2Q}{g} + \frac{n}{V^2}Pa\left(\sqrt{1 - \frac{1}{\pi^2}} - \frac{1}{\pi}\operatorname{arc.\,cos} = \frac{1}{\pi}\right)$$

pour l'expression du moment d'inertie de la roue qui satisfera à la condition énoncée. La plus petite valeur qu'il soit possible d'attribuer à Sr^2Dm, pour obtenir un mouvement continu, est celle qui répondrait à $v' = 0$, d'où $n = 1$. On ne doit point oublier que les moments d'inertie sont exprimés en unités de masse.

97. Considérons, pour second exemple, un appareil semblable au précédent, mais dans lequel la force P, après avoir tiré de haut en bas pendant que la manivelle parcourt le demi-cercle EAF, tire de bas en haut pendant que la manivelle parcourt le demi-cercle FBE. L'égalité des quantités d'action qui doivent être fournies par la résistance et par le moteur pendant la durée d'un tour, donne ici la relation :

$$P.2a = Q.\pi b.$$

On a également, pour exprimer l'équilibre entre P et Q,

$$P.a\cos x = Qb, \quad \text{d'où} \quad \cos x = \frac{2}{\pi}.$$

Cette valeur appartient à quatre situations du rayon de la manivelle, dans lesquelles ont alternativement lieu les maxima et minima de la vitesse de rotation. Les équations exprimant que la force vive acquise pendant que P surmonte Q, et la force vive perdue pendant que Q surmonte P, sont égales au double des quantités d'actions imprimées pendant ces intervalles, sont :

$$\left(Sr^2Dm + \frac{b^2Q}{g}\right)(v'^2 - v^2) = 4Pa\sqrt{1 - \frac{4}{\pi^2}} - 4Qb\,\text{arc}\left(\cos = \frac{2}{\pi}\right),$$

$$\left(Sr^2Dm + \frac{b^2Q}{g}\right)(v'^2 - v^2)$$
$$= 4Qb\,\text{arc}\left(\sin = \frac{2}{\pi}\right) - 4Pa\left(1 - \sqrt{1 - \frac{4}{\pi^2}}\right).$$

En ayant égard à la relation $P.\,2a = Q.\,\pi b$, ces équations donneront également

$$Sr^2Dm + \frac{b^2Q}{g} = \frac{4Pa}{v'^2 - v^2}\left[\sqrt{1 - \frac{4}{\pi^2}} - \frac{2}{\pi}\,\text{arc}\left(\cos = \frac{2}{\pi}\right)\right].$$

98. Si l'on suppose, comme dans le n° 96, que les vitesses extrêmes v, v' doivent différer au plus de la quantité $\frac{V}{n}$ d'une vitesse moyenne V, on aura pour déterminer le moment d'inertie de la roue,

$$Sr^2Dm = -\frac{b^2Q}{g} + \frac{nPa}{V^2}\left[\sqrt{1 - \frac{4}{\pi^2}} - \frac{2}{\pi}\,\text{arc}\left(\cos = \frac{2}{\pi}\right)\right].$$

99. S'il s'agissait d'une machine dont l'objet ne fût pas

d'élever un poids Q, mais d'exercer, à une distance quelconque de l'axe C, un effort dont la valeur fût indépendante de la vitesse de rotation de cet axe, l'équation précédente se réduirait à

$$Sr^2Dm = \frac{nPa}{V^2}\left[\sqrt{1-\frac{4}{\pi^2}} - \frac{2}{\pi}\,\text{arc}\left(\cos = \frac{2}{\pi}\right)\right].$$

100. Reprenons le cas du n° 95, en tenant compte de l'effet du frottement sur les tourillons de l'axe C. Nommons :

M le poids de la roue $= gSDm$;
ρ le rayon des tourillons de l'axe C;
f le rapport du frottement à la pression;
v la valeur de la vitesse angulaire de la roue au bout du temps t;
x la valeur de l'angle ACM au bout du même temps.

L'axe est constamment chargé de l'effort vertical P, et des poids Q, M. De plus, par l'effet de la variation du mouvement du poids Q, cet axe supporte encore l'effort vertical $\frac{Q}{g}\,b\,\frac{dv}{dt}$. Ainsi, la résistance due au frottement est

$$f\left(P+Q+M+\frac{Q}{g}\,b\,\frac{dv}{dt}\right).$$

L'équation du mouvement de la roue, exprimant que, dans chaque élément du temps, la force vive acquise est égale au double des quantités d'actions exercées est donc, pendant que la manivelle descend dans le demicercle EAF,

$$\left(Sr^2Dm+\frac{Q}{g}b^2\right)vdv=\left[Pa\cos x - Qb - f\rho\left(P+Q+M+\frac{Q}{g}\,b\,\frac{dv}{dt}\right)\right]vdt.$$

Cette équation, puisque $v\,dt = -dx$, revient à

$$\left[Sr^2Dm+\frac{Q}{g}(b^2+fb\rho)\right]vdv=-[Pa\cos x-Qb-f\rho(P+Q+M)]\,dx;$$

et elle conviendra, au cas où la manivelle monte dans le demi-cercle FBE, en y faisant $P=0$.

En intégrant, on aura

$$\left[Sr^2Dm+\frac{Q}{g}(b^2+fb\rho)\right]\frac{v^2}{2}=\text{const}-Pa\sin x+[Qb+f\rho(P+Q+M)]\,x.$$

D'après ce résultat, il est facile de déterminer, comme ci-dessus, le moment d'inertie Sr^2Dm, de manière que le mouvement soit régulier, et que la vitesse demeure constamment comprise entre deux limites données. La régularité du mouvement exige qu'à la fin de chaque tour reprenne la même valeur. Or quand la manivelle est au point E on a $x=\frac{\pi}{2}$, et la valeur de la partie variable du second membre de l'équation précédente est

$$-Pa+[Qb+f\rho(P+Q+M)]\frac{\pi}{2}.$$

uand la manivelle est en F, on a $x=-\frac{\pi}{2}$, et cette valeur est

$$Pa-[Qb+f\rho(P+Q+M)]\frac{\pi}{2}.$$

Donc quand la manivelle passe de E en F cette partie variable augmente de la quantité

$$2Pa-[Qb+f\rho(P+Q+M)]\pi.$$

Lorsque la manivelle passe de F en E, comme on a $P=0$, la valeur de la partie variable dont il s'agit est en F,

$$-[Qb+f\rho(Q+M)]\frac{\pi}{2};$$

et en E,

$$-[Qb+f\rho(Q+M)]\frac{3\pi}{2}.$$

Donc l'augmentation que cette valeur subit dans ces intervalles est

$$-[Qb+f\rho(Q+M)]\pi.$$

L'accroissement total de la force vive, lorsque la manivelle revient au point E, devant être nul, on a entre les quantités P et Q la relation

$$2Pa-[2Qb+f\rho(P+2Q+2M)]\pi=0.$$

Les positions du coude de la manivelle dans lesquelles la force vive est la plus grande et la plus petite répondent d'ailleurs aux points d'où l'on a $dv=0$, c'est-à-dire

$$Pa\cos x-Qb-f\rho(P+Q+M)=0;$$

d'où

$$\cos x=\frac{Qb+f\rho(P+Q+M)}{Pa}.$$

Soit θ la valeur de l'arc dont le cosinus est exprimé par cette formule : on aura respectivement aux points où la vitesse est la plus petite et la plus grande qu'il soit possible

$$\left[Sr^2Dm+\frac{Q}{g}(b^2+fb\rho)\right]\frac{v'^2}{2}=\text{const}-Pa\sin\theta+[Qb+f\rho(P+Q+M)]\theta,$$

$$\left[Sr^2Dm+\frac{Q}{g}(b^2+fb\rho)\right]\frac{v''^2}{2}=\text{const}+Pa\sin\theta-[Qb+f\rho(P+Q+M)]\theta,$$

et par conséquent

$$\left[Sr^2Dm+\frac{Q}{g}(b^2+fb\rho)\right]\frac{v''^2-v'^2}{2}=2Pa\sin\theta-[Qb+f\rho(P+Q+M)]2\theta,$$

équation au moyen de laquelle on résoudra la question proposée en opérant comme on l'a fait n° 96.

101. L'emploi des volants n'est pas le seul moyen de maintenir la vitesse d'une machine entre des limites données. Toute disposition dont l'effet sera de s'opposer à l'accroissement de la vitesse pourra produire le même résultat. On emploie à cet effet des ailes adaptées à un axe vertical que la machine fait mouvoir dans l'air, ce qui donne lieu à une résistance croissant rapidement avec la vitesse; un frein qu'on fait presser contre une roue, pour en modérer le mouvement, etc. L'emploi de ces derniers moyens devient indispensable quand il s'agit, non-seulement de prévenir de trop grandes variations périodiques dans la vitesse, mais encore d'empêcher que la vitesse ne s'accroisse indéfiniment. Parmi les dispositions de ce genre, celles qui tendent à faire consommer inutilement une partie de la quantité d'action fournie par le moteur doivent en général être rejetées; et on doit employer de préférence celles qui modèrent la vitesse de la machine en économisant l'action du moteur. C'est ainsi qu'on prévient l'accroissement de la vitesse dans un moulin à eau, en diminuant l'orifice qui donne l'eau à la roue, dans un moulin à vent en pliant la toile qui couvre les ailes; dans une machine à vapeur, en ouvrant moins les soupapes qui donnent passage à la vapeur, etc. Les régulateurs de ce genre emploient divers mécanismes, dont le plus remarquable est connu sous le nom de *pendule conique*.

Un axe vertical AB, *fig.* 40, que le mouvement d'une machine fait tourner, supporte les verges AD, chargées à leurs extrémités inférieures des poids C. D'autres verges DB sont articulées avec les premières, et supportent une boîte B, au travers de laquelle passe AB. Les verges peuvent tourner librement en ADB, dans le plan vertical où elles sont placées, mais sont entraînées par le mouvement de rotation communiqué à l'axe. Par l'effet de la force centrifuge, ce mouvement élève le point C, et par suite la boîte B, à une hauteur d'autant plus grande que le mouvement est plus rapide. Le mouvement de cette boîte est ensuite communiqué aux pièces par le moyen desquelles l'action du moteur est réglée. Nommant

b la distance verticale AE des poids C au point de suspension A;

ω l'angle EAC;

m la masse des corps C;

t le temps employé par l'axe AB à faire une révolution;

$g = 9^m 8088$, $\pi = 3{,}1416$.

On aura $CE = b \operatorname{tang} \omega$; vitesse des corps $C = \frac{2\pi b \operatorname{tang} \omega}{t}$; force centrifuge de ces corps $= \frac{4\pi^2 b \operatorname{tang} \omega}{t^2}$. Le poids des corps C est $m.g$. En négligeant la considération du poids des verges, observant que la résultante du poids des corps C et de leur force centrifuge, doit être dirigée suivant AC, et que ces forces doivent conséquemment être entre elles comme les lignes AE, EC, on aura

$$\frac{mgt^2}{m.4\pi^2 b \operatorname{tang}.\omega} = \frac{b}{b \operatorname{tang} \omega}, \quad \text{d'où} \quad t = 2\pi \sqrt{\frac{b}{g}}.$$

Cette relation entre la hauteur à laquelle se tiennent les poids C et la durée d'une révolution de l'axe, donne le moyen de régler le mécanisme auquel la boîte B doit transmettre le mouvement. La distance b, est la longueur du pendule simple qui ferait deux oscillations pendant que l'axe fait un tour. Ce qui précède suppose d'ailleurs que l'effort qui doit être exercé en B est très-petit par rapport aux poids C, et peut être négligé.

XI. *Mesure de la quantité d'action exercée dans une machine.*

102. L'action du moteur est ordinairement transmise à la résistance, dans les grandes machines, par des axes de rotation. On a employé pour la mesure de cette action, divers procédés dont le plus simple est le *frein* dout s'est servi M. de Prony dans ses expériences sur la machine à vapeur du Gros-Caillou. A (*fig.* 41) est l'axe qui transmet l'action qu'il s'agit de mesurer, et sur lequel on place un frein formé de deux parties en équilibre autour de cet axe, et serré par des boulons. La communication de l'axe A avec les parties de la machine comprises entre cet axe et la résistance est interrompue. Un poids additionnel Q est placé sur le frein, et on règle ce poids et la pression du frein sur l'arbre, de manière que le poids Q demeurant immobile, l'action du moteur imprime à l'axe A la même vitesse qui a lieu dans le travail habituel de la machine. Nommant

n le nombre de tours fait par l'axe dans l'unité de temps;

a le rayon de l'axe A;

b la distance horizontale de l'axe A au centre de gravité du poids Q;

F la résistance provenant du frottement qui a lieu entre le frein et l'axe;

on a pour la condition de l'équilibre entre le poids et la résistance F,

$$Fa = Qb;$$

et pour l'expression de la quantité d'action dépensée dans l'unité de temps,

$$n.2\pi a F, \quad \text{ou bien} \quad n.2\pi b.Q.$$

103. L'usage de cet appareil présente quelques difficultés auxquelles on remédie en partie en substituant au poids Q un dynamomètre attaché à un point fixe (*fig.* 42). Peut-être pourrait-on aussi employer une bande de tôle passant sur la circonférence d'une roue montée sur l'axe, dont une extrémité serait attachée à un dynamomètre fixe, et l'autre porterait un poids q. Ce dernier poids serait réglé de manière à obtenir la vitesse de rotation qui a lieu quand la machine travaille. Nommant Q la tension marquée par le dynamomètre, b le rayon de la roue, n le nombre de tours faits dans l'unité de temps, la quantité d'action dépensée dans l'unité de temps est ici $n.2\pi b(Q-q)$.

XII. *Considérations générales sur l'action des moteurs.*

104. Le travail effectué par une machine est toujours relatif à la quantité d'action exercée par le moteur, et augmente avec cette quantité. Un moteur étant donné, on doit tâcher d'en obtenir la plus grande quantité d'action qu'il est possible. Nommons généralement

P l'effort exercé par le moteur à son point d'application.

V l'espace que ce point parcourt dans l'unité de temps, dans le sens de l'effort P.

t la durée du travail journalier, quand le moteur est un animal qui ne peut travailler continuellement.

Considérons en premier lieu un moteur dont l'action peut être continue, tel qu'un courant d'eau : la quantité d'action qu'il fournira dans l'unité de temps sera exprimée par PV. Il s'agit de rendre cette quantité la plus grande possible. L'examen de la nature des moteurs apprend qu'on ne peut jamais augmenter un des facteurs sans diminuer l'autre. Les lois connues de la mécanique, ou des observations immédiates, établissent entre ces facteurs une relation au moyen de laquelle on peut déterminer les valeurs respectives de P et de V de manière à rendre le produit PV un maximum. C'est dans la recherche de ces valeurs que consiste la question du meilleur emploi d'un moteur.

105. Considérons ensuite un moteur, tel qu'un animal, dont l'action ne peut durer qu'une portion de la journée. On aura PVt pour l'expression de sa quantité d'action journanalière. L'observation apprend encore ici qu'on ne peut augmenter un des facteurs de ce produit sans faire diminuer les autres. Ces facteurs ont entre eux des relations qu'on peut découvrir par l'expérience. On doit chercher à régler l'action de l'animal de manière que les valeurs respectives P, V, t, donnent à leur produit la plus grande valeur.

XIII. *De l'action de l'homme et du cheval.*

106. Les lois auxquelles est soumise l'action des animaux ne peuvent être connues que par l'observation. Cette action est sujette à varier d'après beaucoup de circonstances. Les observations connues ne sont ni assez suivies, ni assez multipliées, pour établir exactement les relations des facteurs du produit qui en donne l'expression (*voyez* le n° précédent).

Ces observations établissent toutefois un fait général, qui consiste en ce que la quantité d'action journalière que peut fournir un animal, varie avec la nature du travail. Des travaux différents peuvent, la quantité d'action journalière demeurant la même, ne pas causer le même degré de fatigue.

Le rapprochement des faits observés dans l'exécution des grands ouvrages ou obtenus par des expériences spéciales, a permis d'établir l'expression numérique des quantités d'actions journalières produites par l'homme et par le cheval, dans divers travaux. Ces résultats sont contenus dans le tableau suivant. Ils ne doivent être considérés que comme offrant des termes moyens, à partir desquels diverses circonstances, et surtout les inégalités que l'on observe dans les forces de divers hommes ou de divers animaux, peuvent causer d'assez grands écarts. Les éléments de la quantité d'action journalière, tel que ce tableau les offre, paraissent être d'ailleurs ceux qu'il convient d'adopter pour obtenir la valeur maximum de cette action.

107. On a cherché, par des considérations hypothétiques, à déduire les valeurs des éléments qui sont propres à remplir cette condition de l'observation des efforts et des vitesses extrêmes que pouvaient prendre les animaux. Nommant

v la vitesse que l'homme peut prendre quand il n'exerce aucun effort;
V la vitesse avec laquelle il travaille;
p l'effort qu'il peut exercer quand il ne prend aucune vitesse;
P l'effort qu'il exerce en travaillant;

on suppose qu'on a toujours la relation

$$P=p\left(1-\frac{V}{v}\right)^2, \quad \text{d'où} \quad PV=p\left(1-\frac{V}{v}\right)^2 V.$$

La valeur maximum de PV répondrait alors aux valeurs

$$V=\tfrac{1}{3}v, \quad P=\tfrac{4}{9}p, \quad \text{et serait} = \tfrac{4}{27}pv.$$

Coulomb a aussi supposé que, pour l'homme marchant horizontalement, ou montant chargé d'un fardeau, la quantité d'action journalière subissait une diminution proportionnelle au fardeau dont il était chargé. La relation entre P et V à laquelle conduit cette hypothèse donne des résultats qui diffèrent peu de ceux de la formule précédente. On peut voir sur ce sujet le *Mémoire de Coulomb* inséré dans le tome IIe des *Mémoires de la première classe de l'Institut*; et le *Plan raisonné de l'enseignement de l'école Polytechnique* qui a pour objet l'équilibre et le mouvement des corps, par M. de Prony, page 188 et suivantes.

108. *Tableau des quantités d'action que peuvent fournir moyennement l'homme et le cheval, dans divers genres de travaux.*

NATURE DU TRAVAIL.	POIDS transporté ou effort exercé.	VITESSE par seconde.	QUANTITÉ d'action par seconde.	DURÉE du travail journalier.	QUANTITÉ d'action journalière.
1° *Transport horizontal des poids*	kilogram.	mètres.	kil.×met.	heures	kil.×mèt.
Un homme marchant sur un chemin horizontal, sans fardeau, son travail consistant dans le transport du poids de son corps.	65	1,5	97,5	10	3510000
Un manœuvre transportant des matériaux dans une petite charrette ou camion, à deux roues, et revenant à vide chercher de nouvelles charges . .	100	0,5	50	10	1800000
Un manœuvre transportant des matériaux dans une brouette, et revenant à vide chercher de nouvelles charges . .	60	0,5	30	10	1080000
Un homme voyageant en portant des fardeaux sur son dos	40	0,75	30	7	756000
Un manœuvre transportant des matériaux sur son dos et revenant à vide chercher de nouvelles charges	65	0,5	32,5	6	702000
Un cheval transportant des fardeaux sur une charrette, et marchant au pas continuellement chargé.	700	1,1	770	10	27720000
Un cheval attelé à une voiture et marchant continuellement chargé	350	2,2	770	4,5	12474000

Suite du tableau précédent.

NATURE DU TRAVAIL.	POIDS transporté ou effort exercé.	VITESSE par seconde.	QUANTITÉ d'action par seconde.	DURÉE du travail journalier.	QUANTITÉ d'action journalière.
	kilogram.	mètres.	kil.×mèt.	heures.	kil.×mèt.
Un cheval transportant des fardeaux sur une charrette, au pas, et revenant à vide chercher de nouvelles charges. .	700	0,6	420	10	15120000
Un cheval chargé sur son dos, allant au pas.	120	1,1	132	10	4752000
Un cheval chargé sur son dos, allant au trot	80	2,2	176	7	4435200
2° *Élévation verticale des poids.*					
Un homme montant une rampe douce ou un escalier sans fardeau, son travail consistant dans l'élévation du poids de son corps.	65	0,15	9,75	8	280800
Un manœuvre élevant des poids au moyen d'une corde passant sur une poulie, ce qui l'oblige à faire descendre la corde à vide	18	0,2	3,6	6	77760
Un manœuvre élevant des poids en les soulevant avec la main	20	0,17	3,4	6	73440
Un manœuvre élevant des poids en les portant sur son dos au haut d'une rampe douce ou d'un escalier	65	0,04	2,6	6	56160
3° *Action sur les machines.*					
Un manœuvre agissant sur une roue à chevilles ou à tambour, 1° au niveau de l'axe de la roue	60	0,15	9	8	259200
2° vers le bas de la roue. .	12	0,7	8,4	8	251120
Un manœuvre marchant, et poussant ou tirant dans une direction horizontale.	12	0,6	7,2	8	207360
Un manœuvre agissant sur une manivelle	8	0,75	6	8	172800
Un cheval attelé à un manége et allant au pas.	45	0,9	40,5	8	1166400
Un cheval attelé à un manége et allant au trot	30	2	60	4,5	972400

XIV. *De l'action d'un courant ou d'une chute d'eau. — Des roues hydrauliques.*

Roues verticales placées dans un courant d'eau d'une largeur et d'une profondeur indéfinies.

109. Dans une roue verticale placée dans un courant d'une largeur et d'une profondeur indéfinies, l'aire des aubes exposées au choc du courant peut varier à la volonté du constructeur. Plus cette aire sera grande, plus la quantité d'action transmise par la roue pourra être considérable. L'aire des aubes étant donnée, on peut établir divers rapports entre leur vitesse et celle du courant. Les questions qu'on peut se proposer dans l'établissement d'un moteur de ce genre, sont :

1° Connaître en fonction de la vitesse du courant, de celles des aubes et de leurs dimensions, la quantité d'action qui peut être transmise par la roue;

2° Déterminer la vitesse de la roue de manière à rendre cette quantité la plus grande possible. Nommant

Ω l'aire de la partie de l'aube plongée dans l'eau quand cette aube est verticale;

V la vitesse circulaire du centre de cette aire;

v la vitesse du courant d'eau;

p l'effort exercé par ce courant, tangentiellement à la circonférence passant par le centre de l'aire Ω;

Π le poids de l'unité de volume du fluide;

$h=\frac{(v-V)^2}{2g}$ la hauteur due à la vitesse relative de l'aube et du courant;

K un coefficient numérique, à déterminer par l'observation.

Observant que l'action du courant sur le segment de la

roue plongé dans l'eau, est semblable à celle qui aurait lieu sur un corps de la même figure que ce segment, et qui serait mu dans le sens du courant avec la vitesse V, on doit avoir

$$P = k\Pi\Omega \frac{(v-V)^2}{2g} = k\Pi\Omega h.$$

Le coefficient k peut varier suivant le nombre des aubes que porte la roue, la figure, la disposition, la hauteur de ces aubes comparée à celle du rayon, etc. On déduit de la formule précédente, pour l'expression de la quantité d'action transmise dans l'unité de temps,

$$PV = k\Pi\Omega \frac{(v-V)^2 V}{2g}.$$

110. En faisant varier V, et supposant que le coefficient k ne varie pas, la valeur de P V deviendra un maximum quand on aura

$$V = \tfrac{1}{3} v, \text{ d'où } PV = \tfrac{4}{27} . k\Pi\Omega \frac{v^3}{2g}, \; P = \tfrac{4}{9} . k\Pi\Omega \frac{v^2}{2g}.$$

111. Il paraît que le nombre k demeure sensiblement constant quand v et V varient, lorsque les aubes plongent entièrement dans l'eau. Quand elles ne plongent qu'en partie, k augmente probablement un peu quand V diminue par rapport à v. La valeur de V, correspondant au maximum d'effet, serait alors un peu plus petite que $\frac{1}{3}$ v.

Les tentatives faites pour évaluer k, en estimant les actions exercées sur les aubes d'après les principes des anciennes théories de la résistance des fluides, ne peuvent conduire qu'à des résultats entièrement illusoires et erronés. La valeur du coefficient k ne peut être déterminée que par des observations faites sur des roues, et il ne paraît pas nécessaire que les observations de ce genre soient faites très en grand.

Les expériences connues ne donnent pas sur ce sujet des résultats suffisamment précis et assurés. Pour les roues à aubes, telles qu'on les construit communément, la valeur de k paraît être comprise entre 2, 5 et 3.

Cette valeur peut être augmentée par une disposition plus avantageuse de la roue. Il ne faut pas que la roue plonge dans l'eau de plus du $\frac{1}{3}$ ou plutôt du $\frac{1}{4}$ de son rayon. Les aubes doivent avoir au moins 0^m33 de hauteur, et doivent être espacées d'une quantité au plus égale à leur hauteur. Elles doivent être inclinées en avant, et former, avec le rayon, un angle égal au $\frac{1}{3}$ de l'angle droit quand la roue plonge du $\frac{1}{4}$ ou du $\frac{1}{5}$ de son rayon, et un angle moitié moindre si la roue plongeait du $\frac{1}{3}$ du rayon. On trouve de l'avantage à leur donner de la concavité du côté où l'eau les frappe.

Roues verticales destinées à transmettre l'action d'un courant ou d'une chute d'eau d'une capacité donnée.

112. Quelque variée qu'en soit la disposition, l'action de l'eau sur les roues présente généralement les circonstances suivantes. Avant de frapper les aubes ou les augets fixés à la circonférence de la roue, l'eau a parcouru une partie de la hauteur de la chute, et acquis une vitesse. Cette vitesse est plus grande que celle de la circonférence de la roue. Après avoir frappé les aubes, l'eau a pris leur vitesse, avec laquelle elle parcourt le reste de la chute, et qu'elle possède encore, à l'instant où étant parvenue au bas de la chute, cette eau cesse d'agir sur la roue. On nommera

H la hauteur totale de la chute;

h la portion de la chute parcourue par l'eau avant qu'elle ne frappe les aubes ou les augets;

m la masse d'eau fournie par la chute dans l'unité de temps ;

E le volume de cette eau ;

Π le poids de l'unité de volume du fluide ;

Ω l'aire moyenne de la section transversale de la veine d'eau qui agit à la circonférence de la roue ;

V la vitesse uniforme de la circonférence de la roue passant par l'axe de cette veine (on a $mg = \Pi E = \Pi\Omega V$) ;

P l'effort qui s'exerce, par suite de l'action de l'eau, dans le sens de cette circonférence ;

s la longueur de l'arc de la circonférence de la roue compris entre le point où l'eau frappe les aubes, et le point le plus bas, où elle quitte la roue ;

z la distance verticale de ces deux points ;

p le poids du volume d'eau que déplace la portion de la circonférence de la roue dont la longueur est s, et qui plonge dans l'eau contenue dans le coursier.

Supposant le mouvement de la roue uniforme, et observant qu'à l'instant où l'eau frappe les aubes ou augets elle perd subitement la vitesse $\sqrt{2gh}-V$; et qu'à l'instant où elle quitte la roue elle possède la vitesse V : on a

force vive acquise par le système dans l'unité de temps. . . . . mV^2 ;

force vive perdue par l'effet du choc. $m(\sqrt{2gh}-V)^2$;

Quantité d'action imprimée dans le même temps. . . . . $mgH-PV$.

Égalant la somme des forces vives acquises et perdues au double des quantités d'action imprimées, il vient pour la quantité d'action transmise dans l'unité de temps,

$$PV = mg(H-h) + m(\sqrt{2gh}-V)V.$$

113. On peut en général disposer des quantités h et V, et on doit le faire de manière à rendre PV le plus grand possible.

Si la hauteur h était donnée, on rendrait le produit PV le plus grand possible en faisant

$$V = \frac{1}{2}\sqrt{2gh}, \text{ d'où } PV = mg(H - \tfrac{1}{2}h).$$

Si c'est au contraire la vitesse V qui est donnée, on doit faire

$$h = \frac{V^2}{2g}, \text{ ou } \sqrt{2gh} = V, \text{ d'où } PV = mg\left(H - \frac{V^2}{2g}\right) = mg(H - h).$$

La valeur de PV augmente d'ailleurs à mesure que les quantités h et V sont plus petites, et si ces deux quantités étaient nulles, cette valeur serait mgH : d'où il suit 1° que si la portion de la chute parcourue par l'eau avant de frapper les aubes est donnée, on doit faire la vitesse des aubes égales à la moitié de la vitesse due à cette portion de chute; 2° que si la vitesse des aubes est donnée, la portion de la chute parcourue par l'eau avant de frapper les aubes doit être égale à la hauteur due à cette vitesse, en sorte que l'eau rencontre les aubes sans choc; 3° que le maximum d'effet obtenu est d'autant plus grand que la vitesse des aubes est plus petite, et que la limite théorique de ce maximum est la quantité représentée par la chute de l'eau.

On examinera successivement les principales dispositions qui ont été adoptées pour les roues verticales auxquelles s'applique la théorie précédente.

114. *Roues en dessous, fig.* 43. Ce qui caractérise ce genre de roues c'est que l'eau frappe les aubes après avoir parcouru toute la hauteur de la chute et avec la vitesse due à cette hauteur. On a alors H$=h$, et

$$PV = m(\sqrt{2gH} - V)V.$$

Le plus grand effet a lieu quand

$$V = \tfrac{1}{2}\sqrt{2gH}, \quad \text{d'où} \quad PV = \tfrac{1}{2}mg.H.$$

Ainsi la vitesse des aubes doit être la moitié de celle de l'eau qui les frappe, et la limite théorique de la quantité d'action transmise est la moitié de la quantité d'action représentée par la chute de l'eau.

115. Les observations et expériences faites sur ce genre de roues ont appris ; 1° que la vitesse des aubes doit être seulement les $\frac{2}{5}$ de celle de l'eau qui les frappe ; 2° que la quantité d'action transmise à la roue était seulement le $\frac{1}{3}$ de celle qui est représentée par la chute. On a donc pour les applications généralement

$$PV = \tfrac{2}{3}\, m(\sqrt{2gH} - V)\, V,$$

$$PV = \tfrac{2}{3}\, \frac{\Pi E}{g}\, (\sqrt{2gH} - V)\, V,$$

$$PV = \tfrac{2}{3}\, \frac{\Pi \Omega}{g}\, (\sqrt{2gH} - V)\, V^2.$$

Dans le cas du maximum d'effet

$$V = \tfrac{2}{5}\sqrt{2gH},$$

$$PV = \tfrac{1}{3}\, mg.H, \quad P = \tfrac{1}{3}\, m\sqrt{2gH},$$

$$PV = \tfrac{1}{3}\, \Pi E.H, \quad P = \tfrac{4}{3}\, \frac{\Pi E}{g}\, (\sqrt{2gH},$$

$$PV = \tfrac{1}{6}\, \Pi \Omega H \sqrt{2gH}, \quad P = \tfrac{1}{3}\, \Pi \Omega H.$$

Ω représente ici l'aire de la partie des aubes plongées dans l'eau du coursier.

Ces formules ne représenteront d'ailleurs exactement l'effet obtenu qu'autant que les suppositions admises seront réalisées. Les principales conditions à remplir sont : 1° que la vitesse de la veine d'eau, quand elle vient frapper les aubes, soit véritablement due à la chute (on y parviendra en évasant l'entrée de l'orifice, et mettant peu de distance entre cet orifice et les aubes); 2° que les aubes soient contenues dans un coursier qu'elles remplissent exactement, et aient une hauteur suffisante pour que la veine d'eau ne passe pas par-dessus.

116. *Roues de côté*, *fig.* 44. Ce sont les roues pour lesquelles l'orifice qui donne l'eau est placé à une hauteur intermédiaire entre le haut et le bas de la roue. L'établissement de ces roues doit être assujetti aux résultats du n° 113. Leur vitesse devrait être la moindre possible ; mais l'expérience apprend que la vitesse de la circonférence d'une roue hydraulique, pour que cette roue marche régulièrement, doit être d'environ un mètre par seconde. Il faut régler les dimensions de l'orifice, et la charge d'eau sur le centre de cet orifice, de manière que la vitesse de l'eau quand elle frappe les aubes, soit égale à la vitesse de ces aubes.

Les roues dont il s'agit peuvent être disposées de deux manières différentes : 1° l'eau peut être reçue dans des augets portés par la roue ; 2° elle peut agir sur des aubes tournant dans un canal ou coursier concentrique à la roue, que ces aubes remplissent exactement. Dans le premier cas, le poids de l'eau qui agit sur la roue est entièrement supporté par cette roue, en fatigue la charpente, et augmente le frottement. Dans la seconde disposition, qui paraît préférable (surtout quand la hauteur de la chute est petite), la plus grande partie du poids de cette eau est portée par la paroi du coursier. Mais il arrive alors qu'une portion de la circonférence de la roue plongeant dans l'eau, y perd un poids égal à celui du volume d'eau qu'elle déplace; ce qui diminue l'action que le courant exerce sur la roue.

117. *Roues en dessus*, *fig.* 45. On désigne ainsi les roues qui reçoivent l'eau sur leur sommet. Elles la reçoivent ordinairement dans des augets, quelquefois entre des aubes tournant dans un coursier concentrique, comme il vient d'être dit. L'usage des augets paraît convenir dans le cas où il y a une très-petite quantité d'eau, et une grande hauteur; et l'usage des aubes dans le cas contraire. L'établissement de la roue est d'ailleurs assujéti aux conditions théoriques énoncées n° 113. Les observations et expériences indiquent que la quantité d'action transmise à la roue est les $\frac{4}{5}$ environ de la valeur donnée par la théorie.

118. Le calcul des roues de côté et des roues en dessus, lorsque l'eau est reçue dans des augets, se fera d'une manière approchée au moyen des formules suivantes.

Dans le cas général,

$$PV=\tfrac{4}{5}\left[gm(H-h)+m(\sqrt{2gh}-V)V\right],$$

$$PV=\tfrac{4}{5}\left[\Pi E(H-h)+\frac{\Pi E}{g}(\sqrt{2gh}-V)V\right].$$

Dans le cas du maximum d'effet,

$$h=\frac{V^2}{2g},$$

$$PV=\tfrac{4}{5}\left(mgH-\frac{mV^2}{2}\right),$$

$$PV=\tfrac{4}{5}\Pi E\left(H-\frac{V^2}{2g}\right).$$

18

119. Lorsque la roue sera contenue dans un coursier, on aura, pour le cas général,

$$PV = mg(H-h) + m(\sqrt{2gh}-V)V - p\frac{z}{s}V,$$

$$PV = \Pi E(H-h) + \frac{\Pi E}{g}(\sqrt{2gh}-V)V - p\frac{z}{s}.$$

Pour le cas du maximum d'effet,

$$h = \frac{V^2}{2g},$$

$$PV = mgH - \frac{mV^2}{2} - p\frac{z}{s}V,$$

$$PV = \Pi E\left(H - \frac{V^2}{2g}\right) - p\frac{z}{s}V.$$

Pour avoir égard aux pertes d'eau qui ont lieu autour des aubes, il faudra supposer une dépense d'eau un peu plus grande que la valeur de E introduite dans ces formules.

Les augets doivent avoir une figure particulière, qui les rende propres à admettre l'eau facilement, et à la conserver longtemps. (*Voyez* les notes du tome Ier de l'*Architecture hydraulique* de Bélidor, page 415.) Quand la roue se meut dans un coursier, les aubes doivent le remplir exactement, être un peu inclinées en avant, sur le rayon, saillir au-delà des jantes de la roue (afin que ces dernières ne plongent point dans l'eau), ou au-delà d'un tambour. On diminue l'effet des pertes d'eau, en laissant prendre à la roue une plus grande vitesse.

Roues verticales dans lesquelles l'action de l'eau s'exerce sans choc. (*Fig.* 46.)

120. Ces roues ont été proposées et mises en usage par

M. Poncelet. Elles sont formées par des aubes courbes entre lesquelles l'eau pénètre sans choc, en jaillissant d'un orifice placé au bas de la chute. L'eau s'élève le long de l'aube, perd en s'élevant sa vitesse, retombe, et quitte la roue en se mouvant en sens contraire du mouvement de l'aube. En conservant les dénominations précédentes, la vitesse de l'eau en entrant dans la roue, est $\sqrt{2gH}$; et sa vitesse relative, quand elle est emportée par la roue, est simplement $\sqrt{2gH}-V$. Elle s'élève le long de l'aube à une hauteur due à cette vitesse, puis retombe, et acquiert, en retombant, une vitesse relative égale, et en sens contraire. L'eau en quittant la roue, est donc animée de la vitesse absolue $\sqrt{2gH}-2V$.

La somme des quantités d'action imprimées dans l'unité de temps étant toujours $mgH-PV$, et la force vive acquise par le système $m(\sqrt{2gH}-2V)^2$, l'équation du mouvement de la roue est

$$2mg.H-2PV=m(\sqrt{2gH}-2V)^2, \text{ d'où } PV=2mV(-V+\sqrt{2gH}).$$

121. On rendra cette quantité la plus grande possible en faisant

$$V=\tfrac{1}{2}\sqrt{2gH}; \text{ d'où } PV=mgH.$$

La plus grande quantité d'action possible est obtenue, quand la vitesse des aubes est la moitié de celle de la veine d'eau; et cette quantité d'action est théoriquement égale à celle qui est représentée par la chute.

122. La hauteur de la courbe des aubes doit être la hauteur due à la vitesse V, c'est-à-dire le quart de la hauteur de la chute, lorsque V est réglé de manière à obtenir le maximum d'effet.

L'inclinaison du premier élément des aubes doit être

parallèle à *np* (*fig.* 47), en supposant que *mn* représente la vitesse de l'eau, et *mp* la vitesse de cet élément à l'instant où l'eau entre dans l'aube.

D'après les expériences de M. Poncelet, la quantité d'action réellement obtenue est les $\frac{2}{3}$ ou les $\frac{3}{4}$ de celle qui est représentée par la chute; et la vitesse qui donne le maximum est la moitié de celle de l'eau; comme l'indique la théorie précédente.

ROUES HORIZONTALES DESTINÉES A TRANSMETTRE L'ACTION D'UNE CHUTE D'EAU D'UNE CAPACITÉ DONNÉE.

123. *Roues horizontales mues par le choc de l'eau* (*fig.* 48). Considérons une roue horizontale dont la circonférence est garnie de palettes inclinées, faites en forme de cuillers, qui reçoivent le choc d'une veine d'eau jaillissant hors d'un tuyau ou d'une buse. Supposons le mouvement de la roue uniforme, et nommons

H la hauteur AC de la chute;

V la vitesse horizontale circulaire du point C de la palette rencontrée par l'axe de la veine d'eau;

α l'angle DCM, ou l'inclinaison de la palette sur l'horizon;

x l'angle de l'axe de la veine d'eau avec la normale à la surface de la palette en C;

P l'effort exercé tangentiellement à la circonférence passant par le point C, par suite de l'action du courant;

m, E, Π, g, ayant les mêmes significations que ci-dessus; nous aurons :

Vitesse de la palette estimée perpendiculairement à sa surface....... V sin α.

Vitesse perdue par l'eau par l'effet du choc

$$\sqrt{2gH}.\cos x - V\sin\alpha.$$

Vitesse conservée par l'eau, après le choc, et quand elle cesse d'agir sur la roue

$$\sqrt{2gH.\sin^2 x + V^2\sin^2\alpha}.$$

d'où :

force vive acquise par le système dans l'unité de temps

$$m(2gH.\sin^2 x - V^2\sin^2\alpha),$$

force vive perdue par l'effet du choc

$$m(\sqrt{2gH}.\cos x - V\sin\alpha)^2.$$

La quantité d'action imprimée dans l'unité de temps est $mg.H - PV$.

Égalant la somme des forces vives acquises et perdues au double des quantités d'action imprimées, il vient

$$PV = m(\sqrt{2gH}.\cos x - V\sin\alpha)V\sin\alpha$$

pour l'équation du mouvement de la roue.

124. La roue doit être disposée de manière à rendre cette expression de PV un maximum. On voit d'abord que l'on doit avoir $x=0$, c'est-à-dire que la veine d'eau doit choquer perpendiculairement les palettes ; d'où

$$PV = m(\sqrt{2gH} - V\sin\alpha)V\sin\alpha.$$

On devra faire ensuite

$$V = \frac{\sqrt{2gH}}{2\sin\alpha},$$

d'où

$$PV = \tfrac{1}{2}mgH, \quad \text{ou} \quad PV = \tfrac{1}{2}\Pi E.H.$$

Le mouvement de la roue doit être réglé de manière que la vitesse ait la valeur ci-dessus. La quantité d'action transmise est alors théoriquement la moitié de celle qui est due à la chute de l'eau. On voit que, la vitesse de l'eau demeurant la même, on peut faire varier la vitesse de la roue sans cesser d'obtenir le maximum d'effet, en variant l'inclinaison des palettes.

125. On n'a pas, sur les roues de cette espèce, d'expériences spéciales qui fassent connaître avec certitude la quantité d'action qu'elles transmettent. On peut présumer qu'elle est à peu près la même que pour les roues verticales considérées n° 115, et qu'il y aurait aussi de l'avantage à donner à la roue une vitesse un peu moindre que celle que la théorie indique.

126. *Roues horizontales mues par le choc et par la pression de l'eau* (*fig.* 49). On considère une roue dont la circonférence est garnie de palettes courbes. La veine d'eau BC, qui arrive suivant une direction inclinée, choque perpendiculairement le haut de ces palettes, coule entre elles, et sort de la roue à leur extrémité inférieure D. La veine d'eau est supposée, pendant son mouvement dans la roue, demeurer toujours à la même distance de l'axe. Nommons

H la hauteur totale de la chute;

h la portion AC de la chute parcourue par l'eau avant qu'elle n'entre dans la roue;

V la vitesse circulaire horizontale de la roue à l'endroit où l'eau rencontre les palettes courbes;

θ l'angle ACB formé par la direction de la veine d'eau avec la verticale;

P l'effort exercé, par suite de l'action du courant, tangentiellement à la circonférence passant par le point où l'eau rencontre les palettes;

m, E, Π, g, auront les mêmes significations que ci-dessus.

La vitesse que perd l'eau, par l'effet du choc à son entrée dans la roue, est, comme ci-dessus, $\sqrt{2gh}-V\sin\theta$.

Après ce choc, l'eau n'a plus aucune vitesse relative dans la roue; mais, en y parcourant la hauteur $H-h$, elle acquiert la vitesse relative $\sqrt{2g(H-h)}$. Cette dernière se décompose en une vitesse verticale $=\cos\varphi\sqrt{2g(H-h)}$, et une vitesse horizontale $=\sin\varphi\sqrt{2g(H-h)}$. Quand l'eau quitte la roue, la vitesse verticale n'est point altérée; mais la vitesse horizontale effective de l'eau se trouve plus petite que sa vitesse horizontale relative, de la quantité V. La vitesse effective de l'eau est donc alors

$$\sqrt{\cos^2\varphi\, 2g(H-h)+\left(\sin\varphi\sqrt{2g(H-h)}-V\right)^2}.$$

D'où l'on conclut : force vive acquise par le système dans l'unité de temps,

$$m\left\{\cos^2\varphi\,.\,2g(H-h)+\left(\sin\varphi\sqrt{2g(H-h)}-V\right)^2\right\};$$

force vive perdue par l'effet du choc,

$$m\left(\sqrt{2gh}-V\sin\theta\right)^2.$$

La somme des quantités d'actions imprimées est

$$mgH-PV.$$

L'équation du mouvement de la roue est donc

$$PV=\tfrac{1}{2}m\left\{2V\sin\theta\sqrt{2gh}-V^2(1+\sin^2\theta)+2\sin\varphi\,.\,V\sqrt{2g(H-h)}\right\}$$

quantité qu'il faudra rendre la plus grande possible, en réglant les valeurs de φ, θ, h et V.

127. On voit en premier lieu que l'on doit prendre $\sin\varphi = 1$; c'est-à-dire que l'eau, en quittant la roue, doit avoir une direction horizontale. L'expression précédente devient alors,

$$PV = m\left[\sin\theta\sqrt{2gh} + \sqrt{2g(H-h)} - \tfrac{1}{2}V(1+\sin^2\theta)\right]V.$$

La valeur de θ qui rendra cette expression la plus grande possible, est donnée par la relation

$$V\sin\theta = \sqrt{2gh}, \qquad \text{d'où} \qquad \sin\theta = \frac{\sqrt{2gh}}{V}.$$

On en conclut qu'il ne doit pas y avoir de choc à l'entrée de l'eau dans la roue. L'expression de PV devient

$$PV = m\left[gh + V\sqrt{2g(H-h)} - \tfrac{1}{2}V^2\right],$$

et sera la plus grande possible si l'on a

$$V = \sqrt{2g(H-h)},$$

c'est-à-dire si l'eau sort de la roue avec une vitesse nulle. La valeur correspondante de PV est

$$PV = mgH,$$

ou la quantité d'action représentée par la chute de l'eau. Ainsi la roue dont il s'agit est susceptible de donner le maximum d'effet. Mais cela suppose qu'il n'y ait pas de choc quand l'eau entre dans la roue.

128. *Roues horizontales mues par la pression de l'eau.* En conservant toutes les dénominations du numéro précédent, on supposera les aubes tellement formées, que la veine d'eau entrant dans la roue ne les choque point, mais s'introduise entre elles tangentiellement à leur courbure. On admettra toujours que cette veine d'eau demeure

à la même distance de l'axe de la roue. Comme ici, il n'y a point de choc, il s'agit seulement de chercher l'expression de la force vive possédée par l'eau à l'instant où elle quitte la roue.

La vitesse de l'eau, quand elle entre dans la roue, est $\sqrt{2gh}$, équivalente à la vitesse verticale $\cos\theta\sqrt{2gh}$, et à la vitesse horizontale $\sin\theta\sqrt{2gh}$. L'eau commence donc à couler le long de l'aube avec la vitesse relative

$$\sqrt{\cos^2\theta\,.\,2gh+(\sin\theta\sqrt{2gh}-\mathrm{V})^2}.$$

L'eau descendant dans la roue de la quantité $\mathrm{H}-h$, sa vitesse relative, quand elle arrive à l'extrémité de l'aube, est due à la hauteur $\frac{1}{2g}[\cos^2\theta\,.\,2gh+(\sin\theta\sqrt{2gh}-\mathrm{V})^2]+\mathrm{H}-h$, c'est-à-dire que cette vitesse est $\sqrt{2g\mathrm{H}-2\mathrm{V}\sin\theta\sqrt{2gh}+\mathrm{V}^2}$. Elle équivaut à la vitesse verticale $\cos\varphi\sqrt{2g\mathrm{H}-2\mathrm{V}\sin\theta\sqrt{2gh}+\mathrm{V}^2}$, et à la vitesse horizontale $\sin\varphi\sqrt{2g\mathrm{H}-2\mathrm{V}\sin\theta\sqrt{2gh}+\mathrm{V}^2}$. Quand l'eau quitte la roue, sa vitesse horizontale effective est plus petite que la vitesse relative de la quantité V, et par conséquent la vitesse effective de l'eau est alors

$$\sqrt{\cos^2\varphi(2g\mathrm{H}-2\mathrm{V}\sin\theta\sqrt{2gh}+\mathrm{V}^2)+\left(\sin\varphi\sqrt{2g\mathrm{H}-2\mathrm{V}\sin\theta\sqrt{2gh}+\mathrm{V}^2}-\mathrm{V}\right)^2}.$$

La force vive possédée par l'eau est égale à m multipliée par le quarré de cette vitesse.

La somme des quantités d'action imprimées étant toujours

$$mg\,.\,\mathrm{H}-\mathrm{PV},$$

on a donc pour l'équation du mouvement de la roue

$$\mathrm{PV}=m(\sin\theta\sqrt{2gh}-\mathrm{V}+\sin\varphi\sqrt{2g\mathrm{H}-2\mathrm{V}\sin\theta\sqrt{2gh}+\mathrm{V}^2})\mathrm{V}.$$

129. Il faut déterminer φ, θ, V et h de manière à rendre cette expression de PV un maximum. On voit d'abord, comme dans le cas précédent, qu'on doit supposer

$$\sin\varphi = 1.$$

ou que l'eau sorte de la roue suivant une direction horizontale. On aura alors

$$PV = m(\sin\theta\sqrt{2gh} - V + \sqrt{2gH - 2V\sin\theta\sqrt{2gh} + V^2})V;$$

et en faisant varier V, on trouve pour la valeur correspondante au maximum :

$$V = \frac{gH}{\sin\theta\sqrt{2gh}}, \text{ d'où } PV = mgH.$$

Cette valeur de V est celle qui rend nulle la vitesse effective de l'eau au sortir de la roue.

Des trois quantités V, θ, h, il y en a deux arbitraires. La troisième *étant réglée conformément* au résultat précédent, la plus grande quantité d'action possible se trouvera transmise à la roue. La valeur théorique de ce maximum est la quantité d'action représentée par la chute de l'eau.

130. Les roues où l'eau ne choque point les aubes peuvent donc, d'après la théorie, transmettre une quantité d'action double de celle que pourraient transmettre les roues où l'aube est choquée. Il y a lieu de présumer que l'avantage est au moins aussi considérable dans la pratique. On n'a point encore publié d'expériences suffisamment exactes sur les roues de ce genre. Pour que l'eau entre dans la roue sans choquer les aubes, elles doivent être tracées comme il suit (*fig.* 50). BC représentant la vitesse effective $\sqrt{2gh}$ de l'eau quand elle entre dans la roue en C, les composantes horizontales et ver-

ticales de cette vitesse sont AB, AC. Portant la vitesse V en BF, CF représentera la vitesse relative avec laquelle l'eau commencera à couler le long de l'aube. Cette ligne indique la direction qui doit être donnée à la courbe de l'aube en C. La figure de la courbe entre le point C et le point inférieur D, où sa direction doit être horizontale, est indifférente. On pourrait même se dispenser de mettre des aubes dans la roue; il suffirait qu'il y eût au fond des orifices dont l'eau sortît suivant une direction horizontale, et en sens contraire du mouvement de rotation.

131. En considérant toujours la roue dans l'hypothèse du n° 128, c'est-à-dire en supposant que l'eau ne choque point les aubes, on examinera ce qui aurait lieu si l'eau, en descendant dans la roue, s'approchait ou s'éloignait de l'axe de rotation. Conservant toutes les dénominations précédentes, on nommera de plus

v la vitesse angulaire;

r la distance à l'axe d'un point quelconque de la roue;

r' la distance à l'axe du point où l'eau entre dans la roue;

r'' la distance à l'axe du point où l'eau sort de la roue;

on verra comme ci-dessus que la vitesse relative avec laquelle l'eau commence à couler le long de l'aube étant

$$\sqrt{\cos^2\theta \,.\, 2gh + (\sin\theta \sqrt{2gh} - vr')^2},$$

la force vive que l'eau possède à cet instant (en ne considérant que son mouvement relatif dans la roue), est

$$m\,[\cos^2\theta \,.\, 2gh + (\sin\theta \sqrt{2gh} - vr')^2].$$

Pendant que l'eau est contenue dans la roue, la force vive doit augmenter d'une quantité égale au double des quantités d'action qui lui sont imprimées par la gravité et par la force centrifuge. La quantité d'action imprimée par la gravité est $mg(\mathrm{H}-h)$. Celle qui est imprimée par la force centrifuge est

$$\int m v^2 r dr = \tfrac{1}{2} m v^2 (r''^2 - r'^2).$$

Par conséquent la force vive de l'eau doit devenir

$$m[\cos^2\theta . 2gh + (\sin\theta\sqrt{2gh} - vr')^2] + 2mg(\mathrm{H}-h) + mv^2(r''^2 - r'^2),$$

ou

$$m(2g\mathrm{H} - 2vr'\sin\theta\sqrt{2gh} + v^2 r''^2).$$

La vitesse effective, à l'instant où l'eau quitte la roue, est donc, en supposant sa direction horizontale,

$$\sqrt{2g\mathrm{H} - 2vr'\sin\theta\sqrt{2gh} + v^2 r''^2} - vr''.$$

La force vive que l'eau possède alors est égale à m multipliée par le quarré de cette vitesse. Égalant cette force vive à $2mg.\mathrm{H} - 2\mathrm{P}.vr'$, on a

$$\mathrm{P}.vr' = m\left[vr'\sin\theta\sqrt{2gh} - v^2 r''^2 + vr''\sqrt{2g\mathrm{H} - 2vr'\sin\theta\sqrt{2gh} + v^2 r''^2}\right].$$

132. Cette valeur de la quantité d'action transmise à la roue sera la plus grande possible et égale à la quantité d'action $mg.\mathrm{H}$ fournie par la chute de l'eau, si la vitesse effective de l'eau au sortir de la roue est nulle, ou si l'on a

$$\sqrt{2g\mathrm{H} - 2vr'\sin\theta\sqrt{2gh} + v^2 r''^2} - vr'' = 0, \text{ d'où } vr' = \frac{g\mathrm{H}}{\sin\theta\sqrt{2gh}}.$$

valeur identique à celle qui a été trouvée pour V, dans

le n° 129. Ainsi quand l'eau, en se mouvant dans la roue, s'approche ou s'éloigne de l'axe, cette circonstance n'a aucune influence sur les conditions de l'établissement de la machine. Il faut toujours donner la même vitesse de rotation au point de la roue où l'eau entre.

133. La théorie des diverses roues horizontales connues, ou qui pourraient être proposées, est comprise dans les résultats des numéros précédents; le n° 128 a rapport aax roues semblables à celles des moulins du *Basacle* décrites par Bélidor. Le n° 132 montre que les roues construites sur le même principe que la *Danaïde* de M. Manoury Dectot, c'est-à-dire les roues où l'eau entre à la circonférence, et sort près de l'axe, ont les mêmes propriétés, et doivent être établies d'après les mêmes conditions que les précédentes. Ces conditions conviennent aussi aux roues où l'eau entre près de l'axe et sort à la circonférence, disposition qui appartient aux *roues à réaction* proprement dites. Dans ces dernières, la roue a souvent toute la hauteur de la chute, et l'eau y entre avec une vitesse sensiblement nulle : on a alors $\sqrt{2gh}=0$ d'où $V=\infty$. Ainsi le maximum d'effet a lieu quand la vitesse de la roue est infinie.

134. Le même résultat peut être obtenu par un autre procédé, qui s'applique plus directement aux roues à réaction où l'eau entre par dessous. Supposons une roue (*fig.* 51), tournant dans l'air, ou plongée dans l'eau du réservoir inférieur, dans l'intérieur de laquelle l'eau arrive par le centre, et à la circonférence de laquelle sont des orifices disposés de manière que l'eau sorte horizontalement et en sens contraire du mouvement de rotation. Admettons que l'aire de ces orifices est très-petite par rapport aux sections du réservoir supérieur, que l'entrée en est évasée, et que l'eau ne subit dans les con-

duits qui l'amènent dans la roue aucun changement brusque de vitesse. Nommant

H la hauteur de la chute, ou la différence de niveau des réservoirs supérieur et inférieur;

V la vitesse circulaire horizontale de la roue, au centre des orifices d'écoulement;

v la vitesse angulaire;

r la distance à l'axe d'un point quelconque de la roue;

R la distance des orifices à l'axe;

P l'effort exercé, par suite de l'action du courant, tangentiellement à la circonférence passant par le centre des orifices;

m, E, Π, g ayant les mêmes significations que ci-dessus.

Si la roue était immobile, la pression contre les orifices étant due à la hauteur H, l'eau en sortirait avec la vitesse $\sqrt{2gH}$. La roue étant en mouvement, la force centrifuge cause à l'endroit où les orifices sont placés, une pression qui s'ajoute à celle qui résulte de l'action de la gravité; et qui est due à l'action de la force centrifuge sur une colonne horizontale de fluide dont la longueur comptée à partir de l'axe est R. Cette pression exprimée par

$$\frac{\Pi}{g}\int_0^R v^2 r . dr = \Pi \frac{v^2 R^2}{2g} = \Pi \frac{V^2}{2g},$$

est due à la hauteur $\frac{V^2}{2g}$. La pression totale exercée contre les orifices est donc due à la hauteur $H+\frac{V^2}{2g}$; et par conséquent, la vitesse relative avec laquelle l'eau en sort est

$$\sqrt{2gH+V^2}.$$

L'eau quitte donc la roue avec une vitesse effective

$$\sqrt{2gH+V^2}-V,$$

et une force vive

$$m(\sqrt{2gH+V^2}-V)^2.$$

La quantité d'action imprimée est toujours.... $mgH-PV$: l'équation du mouvement de la roue est donc

$$PV=m(\sqrt{2gH+V^2}-V)V,$$

comme on le trouverait en faisant $h=0$ dans l'expression du n° 128. Cette quantité sera la plus grande possible, et égale à la quantité d'action $mg.H$ fournie par la chute d'eau, quand la vitesse effective de l'eau au sortir de la roue sera nulle, ou quand on aura

$$\sqrt{2gH+V^2}-V=0, \text{ d'où } V=\infty.$$

Norias ou chapelets employés comme moyens de transmettre l'action d'un courant ou d'une chute d'eau.

135. On remplace quelquefois une roue à augets par une chaîne sans fin garnie de seaux ou augets, et tournant sur deux tambours cylindriques placés verticalement l'un au dessus de l'autre (*fig.* 52). Cette disposition a l'avantage que les augets gardent l'eau plus longtemps et que la machine occupe moins d'espace. Cet avantage est compensé par plusieurs inconvénients. La théorie mécanique de ces appareils est la même que celle de la roue à augets, et l'établissement doit en être fait d'après les mêmes conditions.

On a aussi proposé de remplacer la roue de côté par une chaîne garnie d'aubes qui se meuvent dans un coursier incliné (*fig.* 53). Cette nouvelle disposition paraît offrir moins d'avantages, et plus d'inconvénients que la précédente.

XV. *Des balanciers hydrauliques et machines à colonne d'eau.*

136. Le principe des machines désignées communément sous le nom de *balanciers hydrauliques* (*fig.* 54), consiste dans l'emploi d'un sceau susceptible de monter et descendre en parcourant verticalement la hauteur de la chute. Le seau, étant placé un peu au dessous du niveau du réservoir supérieur, s'emplit d'eau; il descend en soulevant un poids. Étant arrivé un peu au dessus du niveau du réservoir inférieur, il se vide; un contre-poids le fait ensuite remonter.

Ce principe peut être appliqué de diverses manières. On peut rendre la paroi cylindrique du seau fixe, en laissant mobile le fond de ce seau. Ce fond devient alors un piston qui se meut dans un cylindre vertical occupant la hauteur de la chute. On peut employer deux seaux ou deux pistons, assujétis aux deux bras d'un balancier, en sorte que l'un descend pendant que l'autre monte, et réciproquement. L'action de l'eau produit dans tous les cas un mouvement rectiligne alternatif, qui peut être employé à faire marcher le piston d'une pompe, ou à produire d'autres effets.

La théorie de cet appareil est très-simple, Nommant

H la hauteur de la chute, ou la différence de niveau des réservoirs supérieur et inférieur;

h la hauteur du seau, ou la hauteur que l'eau versée à chaque oscillation occupe dans le cylindre où se meut le piston;

E le volume d'eau versé à chaque descente du seau ou du piston :

Π le poids de l'unité de volume de l'eau;

on aura H—*h* pour la hauteur parcourue par le seau ou le piston dans leur descente. La quantité d'action transmise abstraction faite des frottements et autres résistances, sera donc ΠE(H—*h*), tandis que la quantité d'action représentée par la chute sera ΠE.H.

Le rapport de ces deux quantités sera d'autant plus grand que *h* sera plus petit par rapport à H. Cet appareil est peu avantageux pour les petites chutes.

137. Le principe des *machines à colonne d'eau* est analogue au précédent, dont il diffère néanmoins. Un piston P (*fig.* 55), est contenu dans un cylindre. Par l'effet du jeu du piston auxiliaire *p*, la face inférieure du piston moteur P est alternativement exposée à la pression de la colonne d'eau dans le tuyau AB, et soustraite à cette pression. Quand le piston P est parvenu au haut de sa course, il est ramené dans sa position primitive par un contre-poids, tandis que l'eau qui remplit le cylindre où se meut ce piston s'écoule librement dans le réservoir inférieur. Cet appareil produit un mouvement rectiligne alternatif, qui est ordinairement employé à faire marcher des pompes.

Quelquefois la machine à colonne d'eau est à double effet : le jeu des pistons auxiliaires *p* met alternativement la face supérieure et la face inférieure du piston moteur P, *fig.* 56, en communication avec la colonne d'eau qui prend son origine dans le réservoir supérieur. Il est évident d'ailleurs qu'en plaçant verticalement les cylindres, ce qui présente plus de facilité pour la construction, on perd sur la hauteur de la chute la hauteur occupée par ces cylindres.

La machine à colonne d'eau n'étant guère appliquée qu'à des chutes d'une très-grande hauteur, cette perte est généralement peu importante.

Supposons cette machine dans l'instant où une demi-oscillation va commencer, et où toutes les parties sont immobiles. Considérons le système formé de l'eau contenue dans les tuyaux, du piston, et des parties mobiles de la machine auxquelles ce piston transmet le mouvement. Ce système prendra, par l'action de la gravité, un mouvement accéléré. La loi de ce mouvement, à raison des obstacles à l'écoulement de l'eau résultant du frottement contre les parois des tuyaux et du passage de l'eau dans les robinets ou soupapes, est donnée par une fonction exponentielle, et la vitesse du piston, après un temps très-court, devient sensiblement uniforme. Il ne peut y avoir aucune erreur sensible, quand on cherche les lois de l'établissement de la machine, à considérer seulement le mouvement du piston pendant le temps où ce mouvement est uniforme. Admettant cette restriction, et le piston étant censé se mouvoir horizontalement, on nommera

H la hauteur de la chute, comptée du niveau du réservoir supérieur au centre du piston;

E le volume d'eau fourni par la source pendant chaque unité de temps;

Ω l'aire du piston;

U la vitesse du piston (ou a $E = \Omega U$);

P la pression exercée contre le piston par l'action de l'eau;

Π le poids de l'unité de volume du fluide.

Faisant abstraction des effets du frottement de l'eau et de son passage par les robinets, soupapes et autres étranglements, on aura pour la quantité d'action exercée sur le système pendant l'unité de temps

$$(\Pi.\Omega H - P)U,$$

et pour la force vive acquise pendant le même intervalle,

$$\frac{\Pi}{g}.\Omega U.U^2 = \Pi E.\frac{U^2}{g}.$$

l'équation du mouvement sera donc

$$(\Pi.\Omega H - P)U = \Pi E\frac{U^2}{2g}, \text{ d'où } PU = \Pi E\left(H - \frac{U^2}{2g}\right).$$

138. PU est la quantité d'action transmise par le piston dans l'unité de temps. Cette quantité sera un maximum quand on aura

$$U = 0, \text{ d'où } PU = \Pi EH.$$

Ainsi le maximum d'effet a lieu quand la vitesse du piston est infiniment petite; et il est égal à la quantité d'action représentée par la chute de l'eau. On fait prendre ordinairement aux pistons une vitesse d'environ 0^m3 par secondes. Il n'en résulte pas théoriquement une perte sensible sur la quantité d'action transmise.

Les observations recueillies sur les machines à colonne d'eau employées à faire marcher des pompes indiquent un effet utile qui varie entre le tiers et la moitié de la quantité d'action représentée par la chute de l'eau. Faute de connaître exactement la portion de cette quantité d'action consommée inutilement par le jeu des pompes, on ne peut évaluer celle qui est transmise par la machine à colonne d'eau considérée dans la tige de son piston. Cette dernière quantité d'action peut varier beaucoup avec la disposition de la machine; elle dépend de la grosseur des tuyaux où l'on fait couler l'eau, de la figure des coudes, et de la figure de la paroi près des ouvertures ou soupapes que l'eau doit franchir. Les notions présentées dans la seconde partie des *Leçons*, permettront, quand ces circonstances seront connues, d'évaluer approximativement la quantité d'action que la machine pourra transmettre. Conservant les dénominations du numéro précédent, appelant

Ω' l'aire de la section d'un des tuyaux que l'eau parcourt;
λ' la longueur de ce tuyau;
χ' le contour de la section;
ω l'aire de la veine d'eau après son passage dans un étranglement;
o l'aire de la section qui a lieu immédiatement après cet étranglement;
g la vitesse imprimée en une seconde par la gravité $=9^{m}8088$;

on aurait égard aux effets des obstacles qui s'opposent au mouvement de l'eau dans le tuyau, et à son passage par l'étranglement, en ajoutant au second membre de l'équation du mouvement écrite n° 137 les termes suivants :

$$\frac{\Pi}{g}\chi'\lambda'\left[\frac{\alpha\Omega U}{\Omega'}+6\left(\frac{\Omega U}{\Omega'}\right)^2\right]\frac{\Omega U}{\Omega'}+\Pi E.\frac{U^2}{2g}\left(\frac{\Omega}{\omega}-\frac{\Omega}{o}\right)^2.$$

On en déduirait également l'expression de la quantité d'action transmise PU. On doit donner à α et à 6 les valeurs indiquées dans la *deuxième partie des Leçons* comme ayant été déduites des expériences faites sur l'écoulement de l'eau dans les tuyaux de conduite.

Si l'eau parcourait plusieurs tuyaux de diamètres différents, ou si elle devait franchir plusieurs étranglements, on introduirait dans l'équation de nouveaux termes semblables à ceux qui ont été écrits ci-dessus. Un seul étranglement peut être tel que la quantité d'action transmise s'en trouve diminuée autant qu'on le voudra.

La première idée de la machine à colonne d'eau se trouve dans la machine de Denisart et la Deuille, décrite par Bélidor dans le tome second de son *Architecture hydraulique* (il a paru en 1739). Cet auteur donne le projet d'une machine de ce genre, mieux conçue que celle des inventeurs. Un autre projet, proposé en 1741 par M. de Gensanne, est décrit dans le tome septième des *Machines approuvées par l'Académie des Sciences.* La machine a été construite en grand pour la première fois par Hoël, en 1749, à Schemnitz. Elle est employée à produire de très-grands effets dans les travaux des mines.

XVI. *De l'action du vent.*

139. L'action du vent est transmise aux machines par le moyen de roues. On emploie à cet effet des roues de deux espèces : les unes ont leur axe horizontal et parallèle à la direction du vent; les autres ont cet axe vertical et perpendiculaire à la direction du vent. Les conditions de l'établissement de ces deux espèces de roues sont fondées sur des considérations différentes.

140. *Moulins à vent dont l'axe est horizontal.* Ces moulins sont employés généralement : ce sont ceux qui peuvent produire les plus grands effets. La roue ou *volant* est formée par quatre rayons, sur chacun desquels est placée une aile qui reçoit obliquement l'action du vent. La figure de cette aile est ordinairement rectangulaire. Elle est formée par une surface gauche, légèrement concave, et dont les éléments forment avec l'axe de la roue et la direction du vent des angles d'autant plus grands qu'ils sont plus éloignés de cet axe.

On augmente toujours la quantité d'action qu'un moulin peut transmettre en augmentant l'aire des ailes. La question qu'on peut se proposer est, en supposant donnée l'aire des ailes, ou bien la longueur du rayon, de déterminer la figure des ailes et la vitesse du mouvement par la condition que la roue transmette la plus grande quantité d'action qu'il est possible. La solution de cette question est essentiellement fondée sur la connaissance de l'action d'un courant d'air sur des plans minces legèrement concaves, que l'air frapperait obliquement, et qui céderait à son action en prenant un mouvement de rotation autour d'un axe. En se reportant à l'exposition présentée dans la deuxième partie des *Leçons*, des connaissances acquises jusqu'à présent sur la résistance des fluides, on verra que l'on est fort éloigné de connaître la nature de l'action dont il s'agit. La recherche des lois de l'établissement des moulins à vent, ne peut donc être, quant à présent, qu'une recherche purement *expérimentale*.

Pour donner toutefois une idée des notions théoriques qui peuvent être présentées sur ce sujet, l'axe de la roue étant supposé dans la direction du vent, *fig*. 57, on nommera :

v la vitesse du vent;
φ l'angle formé par le plan de l'aile avec la direction du vent;
V la vitesse circulaire du centre de l'aile;
Ω l'aire de l'aile;
P l'effort exercé par le vent tangentiellement à la circonférence passant par le centre de Ω;
Π le poids de l'unité du volume de l'air;
k un coefficient numérique à déterminer par l'observation; et l'on aura :

vitesse du vent estimée perpendiculairement à l'aile. . . . . $v \sin \varphi$;

vitesse de l'aile estimée dans la même direction . . . . $V \cos \varphi$;

vitesse relative avec laquelle le vent frappe l'aile. . . . . $v \sin \varphi - V \cos \varphi$.

Supposant qu'ici, comme dans le choc direct, l'effort exercé est proportionnel à la hauteur due à la vitesse relative, cet effort sera $k \Pi \Omega \frac{(v \sin \varphi - V \cos \varphi)^2}{2g}$, et sa composante dans le sens du mouvement circulaire,

$$P = k \Pi \Omega \frac{(v \sin \varphi - V \cos \varphi)^2}{2g} \cos \varphi;$$

d'où

$$PV = k \Pi \Omega \frac{(v \sin \varphi - V \cos \varphi)^2}{2g} V \cos \varphi.$$

141. *Cette expression de la quantité d'action transmise doit être rendue un maximum*. En faisant d'abord varier V, on aura

$$V = \tfrac{1}{3} v \tang \varphi, \quad \text{d'où} \quad PV = \tfrac{4}{27} k \Pi \Omega \frac{v^3 \sin^3 \varphi}{2g}.$$

Faisant ensuite varier φ, il vient

$$\sin \varphi = 1, \quad \text{d'où } V = \infty, \quad PV = \tfrac{4}{27} k \Pi \Omega \frac{v^3}{2g}.$$

Ainsi l'effet maximum aurait lieu lorsque le plan de l'aile serait perpendiculaire à la direction du vent, et la vitesse de la roue infinie. Ces résultats, par les raisons énoncées ci-dessus, ne méritent pas une entière confiance, quoique beaucoup moins éloignés de la vérité que d'autres considérations théoriques présentées sur le même sujet dans divers ouvrages.

142. Les résultats fondés sur l'observation et l'expé-

rience, d'après lesquels l'établissement des moulins à vent doit être fait, sont principalement dus à Coulomb (*Mémoires de l'Académie des Sciences*, 1781), et à Smeaton (*Recherches expérimentales sur l'eau et le vent*, traduites par M. Girard). Ces résultats peuvent être résumés comme il suit :

1° *Figure des ailes*. L'aile étant supposée rectangulaire, la figure la plus avantageuse est celle de l'aile dite à la *hollandaise*, offrant au vent une surface légèrement concave, et dont les éléments transversaux ont les inclinaisons suivantes. Le rayon de l'aile étant divisé en six parties, le premier élément, en comptant de l'axe, est désigné par 1. Celui qui est placé à l'extrémité de l'aile est désigné par 6.

Numéros des éléments.	1	2	3 milieu de l'aile.	4	5	6 extrémité.
Angle fait avec l'axe.	72°	71°	72°	74°	77° ½	83°
Angle fait avec le plan du mouvement.	18°	19°	18°	16°	12° ½	7°

La largeur de l'aile ne doit pas surpasser le quart de sa longueur. Elle en est ordinairement le $\frac{1}{5}$ ou le $\frac{1}{6}$. On doit plutôt diminuer l'angle des éléments avec le plan du mouvement, que l'augmenter.

Si, renonçant à la figure rectangulaire, on veut former l'aile de manière qu'en employant la même surface de toile, le moulin transmette la plus grande quantité d'action qu'il est possible, la figure qui réussit le mieux en grand est celle d'une aile élargie (*fig.* 58), formée en plaçant à l'extrémité du rayon un barreau égal au $\frac{1}{3}$ du rayon, et partagé au point où il le coupe dans le rapport de 3 à 2. Les inclinaisons des éléments transversaux doivent être réglées d'après la table précédente.

143. 2° *Vitesse des ailes par rapport à celle du vent.* Les ailes étant disposées de l'une ou de l'autre manière indiquées ci-dessus, on doit, pour obtenir le maximum d'effet, maintenir leur vitesse de rotation dans un rapport constant avec celle du vent. Cette vitesse de rotation, à l'extrémité de l'aile, doit être égale à 2, 7 ou 2, 6 fois celle du vent. Ce résultat, établi par Smeaton d'après des expériences en petit, s'accorde à fort peu près avec les observations de Coulomb sur les moulins de la Belgique.

144. 3° *Quantité d'action transmise par les ailes.* Les ailes étant disposées comme il a été dit ci-dessus, et leur vitesse maintenue par rapport à celle du vent dans le rapport qui vient d'être énoncé, la quantité d'action transmise est proportionnelle à l'aire des ailes. Elle croît un peu moins rapidement que le cube de la vitesse du vent; en sorte que la vitesse du vent devenant double, il s'en faut de $\frac{11}{20}$ que la quantité d'action transmise devienne octuple. Négligeant cette différence, on écrira entre la quantité d'action transmise en un seconde par une aile de moulin, et les éléments de cette quantité, l'équation

$$P.2{,}6 : v = \lambda . \Omega v^3,$$

d'où

$$P = \frac{\lambda}{2{,}6} \Omega v^3.$$

Les expériences en petit de Smeaton donnent pour les ailes hollandaises

$$\lambda = 0{,}05\,;$$

Celles de Coulomb qui ont été faites en Belgique sur des moulins à pilons donnent

$$\lambda = 0{,}03.$$

Les moulins de Paris diffèrent peu de ces derniers.

Ω aire d'une aile exprimée en mètres quarrés;
v vitesse du vent exprimée en mètres;
P effort exercé sur une aile par l'action du vent dans le sens du mouvement circulaire, supposé appliqué à l'extrémité de l'aile et exprimée en kilogrammes;
λ coefficient numérique déterminé par l'observation.

Cette équation servira à faire l'établissement d'un moulin. On néglige ici la considération de la variation de la densité de l'air atmosphérique, à laquelle on n'a pas eu égard dans les observations.

145. Les moulins à vent dont l'axe est horizontal présentent divers inconvénients, dont les principaux sont : 1° la nécessité de faire varier la vitesse des ailes, quand celle du vent varie ; 2° la nécessité de les orienter; 3° le danger qu'ils courent quand la vitesse ou la direction du vent change brusquement.

On peut remédier aux inconvénients provenant de la variation de la vitesse par les moyens *connus*, *employés* pour faire en sorte que des axes se transmettent le mouvement de rotation, avec des vitesses dont les rapports puissent être changés.

Les moulins sont souvent disposés de manière à s'orienter d'eux-mêmes. On emploie à cet effet une queue placée dans le prolongement de l'axe du volant, et portant un plan vertical sur lequel le vent agit comme sur une girouette. Un moyen plus avantageux consiste dans l'usage d'un petit moulin auxiliaire, placé à l'extrémité d'une queue, dans le plan vertical passant par l'axe du volant (*fig*. 59). Ce moulin, lorsqu'il ne se trouve point dans la direction du vent, fait tourner un axe; et par suite un pignon engrenant dans une crémaillère circulaire fixe. Il en résulte le mouvement nécessaire pour orienter le système mobile dont le volant et le petit moulin font partie. Enfin on remédie aux effets de la violence du vent en serrant la toile dont les ailes sont couvertes; et on peut employer des dispositions d'après lesquelles cette manœuvre est opérée par le mouvement même du volant, lorsque la vitesse dépasse une certaine limite.

146. *Moulins à vent dont l'axe est vertical.* Les dispositions de ces moulins sont plus variées que celles des précédents. On peut distinguer : 1° ceux dont les ailes sont formées de plusieurs volets mobiles sur des axes verticaux, qui présentent leur largeur au vent quand ils doivent recevoir son action, et leur épaisseur quand ils doivent s'y soustraire; 2° ceux dont les ailes sont fixes et protégées dans leur retour contre le vent par une enveloppe cylindrique. Ils doivent être orientés comme les moulins à axe horizontal; 3° les moulins dits *panémores* dont la surface des ailes est une sorte de conoïde présentant alternativement à la direction du vent sa concavité et sa convexité. Le mouvement est imprimé au moulin en raison de la différence de l'action du vent sur les deux faces des ailes.

Aucune de ces dispositions n'est exempte d'inconvénients, et toutes, à dimensions égales, ne peuvent transmettre qu'une faible partie de la quantité d'action qui serait transmise par un moulin à axe horizontal. On n'a pas publié d'observations propres à en faire apprécier exactement l'effet.

147. Parmi les moulins à vent à axe vertical, on peut distinguer le suivant (*fig.* 60), qui n'est point décrit dans les traités de mécanique. L'axe passe au travers d'un cylindre vertical susceptible de tourner, et portant à l'extrémité supérieure une roue dentée. Ce cylindre est fixe pendant que le moulin travaille. L'axe du moulin porte quatre bras.

Les ailes sont fixées sur les roues extrêmes, qui ont un diamètre double de celui de la roue fixe. Le diamètre des roues est arbitraire. Les situations des ailes entre elles, et par rapport à la direction du vent, étant une fois fixées, le mouvement du moulin ne les changera pas. On orientera facilement le moulin, et on réglera l'effort qu'il pourra recevoir du vent, en faisant tourner le cylindre auquel la roue dentée fixe est adaptée. Cet appareil, inventé par J. Jackson, est décrit dans le *Repertory of arts*, tome 8, 1806.

XVII. *De l'action de la chaleur développée par les combustibles.*

148. Les effets mécaniques produits par les combustibles résultent de ce que la chaleur peut être employée à faire passer les corps solides ou liquides à l'état de fluide élastique, ou simplement à augmenter le volume et la force élastique des gaz et des vapeurs.

C'est principalement en produisant la vapeur aqueuse, que l'on obtient des effets mécaniques de la combustion du bois et du charbon. On a aussi tenté d'employer la combustion d'un corps à dilater l'air atmosphérique.

La quantité d'action que l'on peut obtenir d'une quantité donnée de combustible, est susceptible dans les divers cas qui peuvent se présenter, d'être évaluée par le calcul. On peut obtenir ainsi une expression que représentera un maximum dont la quantité d'action qui est effectivement réalisée dans les appareils demeure toujours assez éloignée, mais dont il faut tâcher de s'approcher de plus en plus. La connaissance d'un semblable maximum est propre à diriger l'esprit dans les recherches qui ont pour but le perfectionnement des machines, et à fixer les idées sur la limite dont ce perfectionnement est susceptible.

Quantité de chaleur développée par la combustion de divers corps.

149. L'évaluation des quantités de chaleur comporte l'établissement d'une unité spéciale. On prendra ici pour unité la chaleur nécessaire pour élever d'un degré du thermomètre centigrade la température d'un kilogramme d'eau à l'état liquide; et l'on nommera cette quantité *un degré de chaleur*.

150. Les quantités de chaleur fournies par la combustion de divers corps, en supposant que la totalité de cette chaleur est recueillie, comme elle l'est lorsque les corps brûlent dans un calorimètre, est évaluée approximativement comme il suit :

INDICATION DES CORPS.	Chaleur fournie par la combustion d'un kilogramme de chaque substance.
Huile d'olive	10000 degrés de chaleur.
Charbon de bois	7200
Charbon de terre.	7000
Tourbe	3000
Bois de chêne.	3000
Bois de sapin	2000

151. On estime que dans les chaudières des machines de Watt, la chaleur qui passe dans la chaudière et qui est employée à vaporiser l'eau, est environ la moitié de la chaleur développée par la combustion, et indiquée ci-dessus. Dans les chaudières de Woolf, elle est environ les deux tiers.

D'après des résultats donnés par Watt, il faut exposer au feu du charbon de terre une surface de chaudière de $0^{m.q},74$ pour vaporiser $28^{kil.},4$ d'eau par heure.

Quantités de chaleur nécessaires pour constituer l'air atmosphérique et la vapeur aqueuse dans des états donnés de température et de force élastique.

152. Les connaissances expérimentales et théoriques que l'on possède aujourd'hui sur ce sujet sont encore très-imparfaites. On exposera ici, en la présentant de la manière la plus simple, la théorie qui a été donnée par M. de Laplace dans le douzième livre de la *Mécanique céleste.*

L'état d'un gaz dépend de trois éléments, qui sont : 1° la pesanteur spécifique; 2° la force élastique ou la pression qu'il supporte; 3° la température. Il existe entre ces éléments des relations qui sont exprimées par l'équation suivante :

$$\varpi = \Pi \frac{h}{H} \frac{h}{1+\alpha\nu};$$

ou

$$h = H \frac{\varpi}{\Pi} (1+\alpha\nu).$$

Π poids d'un mètre cube de fluide élastique à la température 0°, et sous la pression mesurée par la colonne de mercure H;

ϖ poids d'un mètre cube du même fluide, à la température ν°, sous la pression h.

$\alpha = 0{,}00375$, $\frac{1}{\alpha} = 266{,}7$.

153. Cette équation convient également aux gaz et aux vapeurs. Mais on sait que, pour les vapeurs considérées aux maximum de densité, il existe de plus une relation déterminée entre la température ν et la force élastique h. Cette relation, dont la nature n'est pas connue, mais qui a été étudiée par l'expérience, est donnée pour la vapeur d'eau par la table suivante.

Table des forces élastiques de la vapeur d'eau à diverses températures.

Degrés du thermomètre centigrade v.	Hauteur de la colonne de mercure qui mesure la force élastique h.	Degrés du thermomètre centigrade v.	Hauteur de la colonne de mercure qui mesure la force élastique h.	Degrés du thermomètre centigrade v.	Hauteur de la colonne de mercure qui mesure la force élastique h.	Degrés du thermomètre centigrade v.	Hauteur de la colonne de mercure qui mesure la force élastique h.	Nombre d'atmosphères qui mesure la force élastique.
−20	0,0013	31	0,0324	66	0,1913	100	0,76	1
−15	0,0019	32	0,0343	67	0,2002	112.2	1,14	1 ½
−10	0,0026	33	0,0362	68	0,2094	121.4	1,52	2
− 5	0,0037	34	0,0383	69	0,2191	128.8	1,90	2 ½
− 0	0,0051	35	0,0404	70	0,2291	135.1	2,28	3
1	0,0054	36	0,0427	71	0,2395	140.6	2,66	3 ½
2	0,0057	37	0,0450	72	0,2502	145.4	3,04	4
3	0,0061	38	0,0476	73	0,2614	149.06	3,42	4 ½
4	0,0065	39	0,0501	74	0,2730	153.08	3,80	5
5	0,0069	30	0,0530	75	0,2851	156.8	4,18	5 ½
6	0,0074	41	0,0558	76	0,2976	160.2	4,56	6
7	0,0079	42	0,0588	77	0,3105	163.48	4,94	6 ½
8	0,0084	43	0,0620	78	0,3239	166.5	5,32	7
9	0,0089	44	0,0656	79	0,3378	169.37	5,70	7 ½
10	0,0095	45	0,0687	80	0,3521	172.1	6,08	8
11	0,0101	46	0,0724	81	0,3670	177.1	6,84	9
12	0,0107	47	0,0762	82	0,3824	181.6	7,60	10
13	0,0114	48	0,0802	83	0,3983	186.03	8,36	11
14	0,0121	49	0,0844	84	0,4147	190.0	9,12	12
15	0,0128	50	0,0887	85	0,4317	193.7	9,88	13
16	0,0136	51	0,0933	86	0,4493	197.19	10,64	14
17	0,0145	52	0,0981	87	0,4674	200.48	11,40	15
18	0,0154	53	0,1031	88	0,4861	203.60	12,16	16
19	0,0163	54	0,1083	89	0,5054	206.57	12,92	17
20	0,0173	55	0,1137	90	0,5253	209.4	13,68	18
21	0,0183	56	0,1194	91	0,5458	212.1	14,44	19
22	0,0194	57	0,1253	92	0,5670	214.7	15,20	20
23	0,0206	58	0,1315	93	0,5887	217.2	15,96	21
24	0,0218	59	0,1379	94	0,6112	219.6	16,72	22
25	0,0231	60	0,1447	95	0,6343	221.9	17,48	23
26	0,0245	61	0,1517	96	0,6581	224.2	18,24	24
27	0,0259	62	0,1590	97	0,6826	226.3	19,00	25
28	0,0274	63	0,1666	98	0,7076	236.2	22,80	30
29	0,0290	64	0,1745	99	0,7335	244.85	26,60	35
30	0,0306	65	0,1827	100	0,7600	252.55	30,40	40
						259.52	34,20	45
						265.89	38,00	50

Nota. Pour avoir la pression en kilogrammes sur un centimètre quarré, il faut multiplier la hauteur de la colonne de mercure par 1,3568, ou le nombre d'atmosphères par 1,033.

Les résultats contenus dans cette table peuvent être regardés comme étant donnés par l'expérience jusqu'à 24 atmosphères. Jusqu'à 4 atmosphères ils sont représentés très exactement par la formule

$$h=\left(\frac{v+75}{85}\right)^6.$$

- v température comptée à partir de 0° sur le thermomètre centigrade;
- h hauteur en centimètres de la colonne de mercure qui mesure la pression.

Au-delà de ce terme, la formule

$$h=76(0,2847+0,007153.v)^5$$

est plus exacte.

154. Quant aux propriétés des gaz relatives à la chaleur, ces corps, aussi bien que tous les autres, exigent qu'on leur transmette des quantités de chaleur plus ou moins grandes, pour en élever la température; de plus, si, en élevant la température d'une masse donnée de gaz, on lui laisse la liberté de se dilater, il faudra, pour élever cette température d'une même quantité, fournir une quantité de chaleur plus grande que celle qui eût été nécessaire si le volume du gaz était demeuré invariable. Lorsqu'un gaz est dilaté ou condensé, la température demeurant la même, ce gaz absorbe ou dégage de la chaleur. Ainsi l'on voit, en général, que la quantité de chaleur que l'on peut concevoir existante dans une masse donnée d'un fluide élastique, dépend à la fois de la température et de la densité de ce fluide; que cette quantité est d'autant plus grande que la température est plus élevée, et la densité moindre.

On voit également que l'on doit considérer ici; 1° la

chaleur spécifique, c'est-à-dire la quantité de chaleur qu'il faut introduire dans l'unité de poids du gaz, pour en élever la température d'un degré, le volume demeurant constant; 2° ce que l'on pourrait nommer la *chaleur latente* (par analogie avec la propriété désignée sous ce nom dans la théorie de la formation des vapeurs), c'est-à-dire la chaleur qui serait absorbée par le seul effet de la dilatation, la température demeurant la même. L'expérience apprend que la chaleur spécifique et la chaleur latente des gaz varient en général, avec leur densité.

155. Cela posé, prenant en considération les notions précédentes et l'ensemble des phénomènes, on regardera la quantité de chaleur qu'il est nécessaire de fournir à un fluide élastique, pour le constituer dans un nouvel état différent d'un premier état donné, comme étant susceptible d'être représenté par l'expression suivante :

$$q = A + B\frac{h^m}{\varpi};$$

ou, ce qui est la même chose eu égard à la relation rapportée n° 152

$$q = A + B\frac{H h^{m-1}(1+\alpha v)}{\Pi}.$$

ϖ poids du mètre cube du fluide;

h hauteur de la colonne de mercure mesurant la pression qu'il supporte;

v température du fluide, en degrés centigrades;

q quantité de chaleur qu'il faut fournir au fluide pour le faire passer d'un état donné à l'état exprimé par les valeurs de ϖ, h et v;

A, B, m coefficients constants qui doivent être déterminés de manière à satisfaire aux résultats des expériences. Le coefficient A doit être déterminé d'après l'état du fluide élastique qui sert de point de départ, et pour lequel on supposera $q=0$.

156. D'après cette formule, et en remarquant que lorsque la température augmente de dv, la quantité de chaleur contenue dans le fluide augmente de $\frac{dq}{dv}dv$; et par conséquent que, pour augmenter la température de 1°, il faut augmenter la quantité de chaleur de $\frac{dq}{dv}$, la chaleur spécifique du fluide se trouvera exprimée par

$$\frac{dq}{dv}=\text{B}\,\frac{\text{H}h^{m-1}\alpha}{\Pi}.$$

Cette chaleur spécifique, pour la valeur particulière $h=0^{\text{m}},76$, a été déterminée pour divers fluides par des expériences directes. Ces expériences déterminent donc le coefficient B. Quant à la constante m, elle peut l'être, pour l'air atmosphérique, au moyen d'un autre genre d'expérience dont la première idée est due à MM. Clément et Désormes.

157. Ces expériences consistent à enfermer dans un vase une certaine quantité d'air condensé, dont la force élastique surpasse la pression atmosphérique qui a lieu au dehors du vase. 1° On observe cette force élastique; 2° on ouvre un robinet qui fait communiquer l'intérieur du vase avec l'air extérieur, et, dans un temps très-court, une partie de fluide étant écoulée, et la pression intérieure étant devenue égale à la pression extérieure, on ferme le robinet (on doit remarquer que la dilatation résultant de l'écoulement d'une partie de l'air ayant donné lieu à un abaissement de température, l'air, à l'instant de la fermeture du robinet, a une force élastique moindre que celle qui répondrait à sa densité, si cet abaissement n'eût pas eu lieu); 3° après avoir

attendu le temps nécessaire pour que les corps environnants aient restitué la chaleur qui a été absorbée, on observe la force élastique de l'air contenu dans le vase, et on la trouve plus grande que la pression extérieure.

Pour faire usage des expériences dont il s'agit, on admet, eu égard à la petitesse de l'intervalle de temps pendant lequel le robinet est ouvert, que la quantité de chaleur contenue dans le fluide ne varie pas pendant ce temps, d'où il suit que la diminution de cette quantité provenant de ce que la pression a diminué, doit compenser exactement l'augmentation provenant de la dilatation que le fluide a subie. Or les données de l'expérience faisant connaître exac tement les variations respectives de la pression et de la densité, on peut en déduire une relation entre les constantes qui entrent dans l'équation du n° 155.

En effet si, dilatant brusquement une masse donnée d'air, on fait varier la pesanteur spécifique ϖ d'une très-petite quantité $\Delta\varpi$, la quantité de chaleur contenue dans cet air augmentera par cette raison de $\frac{dq}{d\varpi}\Delta\varpi$. Mais la pression h de l'air diminuant en même temps d'une quantité également très-petite Δh, la même quantité de chaleur diminuera par cette raison de $\frac{dq}{dh}\Delta h$. Si cette diminution et cette augmentation se compensent exactement il faudra donc que l'on ait la relation

$$\frac{dq}{d\pi}\Delta\varpi + \frac{dq}{dh}\Delta h = 0.$$

L'équation du n° 155 donne

$$\frac{dq}{d\varpi} = -B\frac{h^m}{\varpi^2}, \quad \frac{dq}{dh} = mB\frac{h^{m-1}}{\varpi};$$

en sorte que cette relation devient

$$m\frac{\Delta h}{h}-\frac{\Delta\varpi}{\varpi}=0.$$

Mais si, dans l'expérience décrite ci-dessus, on nomme

h' la pression observée dans le vase avant l'ouverture du robinet;

h la pression atmosphérique qui a lieu hors du vase;

h'' la pression observée dans le vase après que le robinet a été fermé, et que la température s'est rétablie :

On aura évidemment

$$\frac{\Delta h}{h}=\frac{h'-h}{h'},\quad \frac{\Delta\varpi}{\varpi}=\frac{h'-h''}{h'};$$

d'où l'on déduit, en substituant ces valeurs dans l'équation précédente,

$$m=\frac{h'-h''}{h'-h}.$$

158. D'après un grand nombre d'expériences faites sur l'air atmosphérique par MM. Gay-Lussac et Welther, la valeur moyenne qui convient à la constante m pour ce fluide est

$$m=0,7273.$$

(Voyez la *Mécanique céleste*, tome V, page 126.) On n'a pas d'expériences applicables aux autres fluides élastiques.

159. En vertu de cette détermination la formule du n° 155 deviendra, pour l'air atmosphérique,

$$q=A+B\frac{H(1+\alpha v)}{\Pi h^{0,2727}}.$$

et l'expression de la chaleur spécifique du n° 156,

$$\frac{dq}{dv}=B\frac{H.\alpha}{\Pi h^{0,2727}}.$$

D'après les expériences de MM. Delaroche et Bérard, la chaleur spécifique de l'air atmosphérique, sous la pression $0^m,76$, est $0,267$. Donc

$$0,267 = B\,\frac{H \cdot \alpha}{\Pi(0,76)^{0,2727}},\quad \text{d'où}\quad B\frac{H}{\Pi} = 0,267\,(0,76)^{0,2727}\cdot\frac{1}{\alpha}.$$

Au moyen de cette valeur, l'expression de q devient

$$q = A + 0,267\left(\frac{0,76}{h}\right)^{0,2727}\cdot\frac{1+\alpha v}{\alpha};$$

et si l'on prend pour point de départ l'état de l'air à la température zéro, sous la pression $0^m,76$; ou si l'on veut que $q=0$ quand $v=0^\circ$, $h=0^m,76$, il viendra définitivement

$$q = 0,267\left[\left(\frac{0,76}{h}\right)^{0,2727}\cdot\frac{1+\alpha v}{\alpha} - \frac{1}{\alpha}\right].$$

L'expression de la chaleur spécifique est

$$\frac{dq}{dv} = 0,267\left(\frac{0,76}{h}\right)^{0,2727},$$

formule qui s'accorde assez bien avec le petit nombre d'expériences qui ont été faites sur la chaleur spécifique de l'air sous diverses pressions.

160. L'expression précédente de q servira à calculer les quantités de chaleur qui doivent être fournies à un kilogramme d'air atmosphérique pour le porter à la température v et à la pression h. On peut aussi employer cette formule à déterminer les variations de température qui surviennent dans une masse d'air par l'effet d'une condensation ou d'une dilatation subites, pendant lesquelles la quantité de chaleur contenue dans cette masse est supposée demeurer constante.

En effet, soient ϖ', h' et ν' les valeurs qu'auront prises, après la condensation ou la dilatation, les quantités ϖ, h et ν qui subsistaient auparavant; on aura également,

$$q = 0{,}267\left[\left(\frac{0{,}76}{h}\right)^{0{,}2727}\cdot\frac{1+\alpha\nu}{\alpha}-\frac{1}{\alpha}\right],$$

$$q = 0{,}267\left[\left(\frac{0{,}76}{h'}\right)^{0{,}2727}\cdot\frac{1+\alpha\nu'}{\alpha}-\frac{1}{\alpha}\right],$$

d'où

$$1 = \frac{1+\alpha\nu}{1+\alpha\nu'}\left(\frac{h}{h'}\right)^{0{,}2727}.$$

Mais on a $\frac{h'}{h} = \frac{\varpi'}{\varpi}\cdot\frac{1+\alpha\nu'}{1+\alpha\nu}$. Donc

$$1 = \left(\frac{1+\alpha\nu}{1+\alpha\nu'}\right)^{0{,}7273}\left(\frac{\varpi'}{\varpi}\right)^{0{,}2727};$$

d'où l'on déduit

$$\nu' = \frac{1+\alpha\nu}{\alpha}\left(\frac{\varpi'}{\varpi}\right)^{0{,}3748}-\frac{1}{\alpha},$$

équation au moyen de laquelle la température acquise par le fluide est donnée en fonction du rapport des pesanteurs spécifiques, ou du rapport inverse des volumes, et de la température primitive.

161. Les équations des nos 155 et 156 peuvent s'appliquer à la vapeur aqueuse; mais on manque d'expériences précises qui puissent servir à la détermination des constantes. Les hypothèses qui conduisent aux résultats les plus simples, et qui paraissent en même temps se rapprocher le plus des effets naturels, consistent à admettre en premier lieu que la chaleur spécifique de la vapeur d'eau, prise à la température 100° sous la pression 0m,76, est égale à celle d'eau à l'état liquide. D'après cette supposition l'équation du n° 156 devient

$$1 = B\frac{H(0{,}76)^{m-1}.\alpha}{\Pi}, \quad \text{d'où} \quad \frac{BH}{\Pi} = \frac{(0{,}76)^{1-m}}{\alpha}.$$

Cette valeur, substituée dans l'expression q du n° 155, donne

$$q = A + \left(\frac{0{,}76}{h}\right)^{1-m} . \frac{1+\alpha\nu}{\alpha};$$

et si l'on veut prendre pour point de départ l'état de l'eau liquide à la température 0°, comme on sait qu'il faut transmettre à cette substance 650° de chaleur pour la faire passer de cet état à celui de vapeur à 100° sous la pression $0^m{,}76$, il faudra que cette équation soit satisfaite par les valeurs $\nu = 100°$, $h = 0^m{,}76$, $q = 650°$. Elle deviendra donc

$$q = 650° + \left(\frac{0{,}76}{h}\right)^{1-m} . \left(\frac{1}{\alpha} + \nu\right) - \left(\frac{1}{\alpha} + 100°\right).$$

161 *bis.* En second lieu, à l'égard de la constante m qui reste encore indéterminée, on la supposera égale à l'unité, ce qui réduit l'expression précédente à

$$q = 550° + \nu.$$

Cette dernière supposition revient à regarder la quantité de chaleur nécessaire pour faire passer l'eau de l'état liquide à l'état gazeux, comme étant constamment égale à 550°, à quelque température que la vapeur soit formée, ce qui est conforme aux expériences de M. Southern. (*Voyez* pour ces expériences le *System of mechanical philosophy* de J. Robison, tome II, page 160 et suivantes.)

(La formule précédente s'éloigne des notions adoptées par M. Clément, qui conduiraient, pour la vapeur d'eau supposée au maximum de densité, à l'équation $q = 650°$. M. Clément regarde en effet la quantité de chaleur contenue dans un poids donné de cette vapeur comme étant la même, à quelque température que la vapeur soit formée. M. de Laplace remarque que cette supposition obligeant à faire dans l'équation du n° 155 le coefficient $B=0$, et par conséquent à regarder la chaleur spécifique de la vapeur d'eau comme nulle, ne peut être admise (*Mécanique céleste*, tome V, page 140). M. Poisson a donné (*Annales de Chimie*, août 1823) l'expression suivante de la quantité q pour la vapeur d'eau :

$$q = 650^\circ + 0,847 \left[\left(\frac{0,76}{h} \right)^{0,0683} \cdot \left(\frac{1}{\alpha} + \nu \right) - \left(\frac{1}{\alpha} + 100^\circ \right) \right].$$

Cette expression satisfait à très-peu près au résultat admis par M. Clément, et suppose la chaleur spécifique de cette vapeur, prise à 100° sous la pression 0m,76, égale à 0,847 conformément à une expérience un peu incertaine de MM. Delaroche et Bérard.)

Quantités d'action qui peuvent être obtenues en faisant varier par l'action de la chaleur le volume et la force élastique des gaz et des vapeurs.

162. La quantité d'action qui est le résultat nécessaire de la formation d'un gaz ou d'une vapeur, peut être considérée dans deux hypothèses différentes, savoir :

1° Quand le fluide élastique ayant été formé sous une pression donnée, qui demeure constante, on le laisse échapper dans l'air atmosphérique, ou bien on le condense immédiatement, s'il s'agit d'une vapeur;

2° Lorsqu'avant de laisser échapper le fluide, ou de le condenser, on lui fait produire son action de manière qu'il se dilate en exerçant des pressions progressivement décroissantes.

163. Dans le premier cas, concevant le fluide élastique formé dans un cylindre dont la section transversale est l'unité superficielle, et agissant sur un piston qui se meut dans un cylindre, on a pour l'expression de la quantité d'action produite

$$\varpi(H - H').A.$$

- H hauteur de la colonne de mercure mesurant la pression constante sous laquelle la vapeur est formée, et qui s'exerce contre la face intérieure du piston;
- H' hauteur de la colonne de mercure mesurant la pression exercée contre la face extérieure du piston;
- A volume de la vapeur produite;
- ϖ poids de l'unité de volume de mercure (le mètre cube de mercure pèse 13568 kil.).

164. En considérant *maintenant le second* cas, c'est-à-dire *celui où on laisse le* gaz se dilater, on supposera que, pendant cette dilatation, la température qui lui a été donnée est maintenue constante, et l'on remarquera que le volume primitif A du gaz étant devenu a par l'effet de la dilatation, la force élastique primitive H sera devenue $H\frac{A}{a}$. Donc la variation da du volume donne lieu à une quantité d'action $\varpi\left(H\frac{A}{a} - H'\right).da$, en sorte que, si on laisse le gaz se dilater jusqu'à ce que le volume A soit devenu A_1, la quantité d'action totale résultant de cette dilatation sera exprimée par

$$\varpi\int_A^{A_1} da\left(H\frac{A}{a} - H'\right) = \varpi HA \log\frac{A_1}{A} - \varpi H'(A_1 - A);$$

ou bien, si l'on nomme H_1 la force élastique qui reste au gaz lorsque son volume est devenu $A_{\prime}$; d'où $H_{\prime}=H\frac{A}{A_{\prime}}$, par

$$\varpi A\left[H\log\frac{H}{H_{\prime}}-H'\left(\frac{H}{H_{\prime}}-1\right)\right].$$

165. En ajoutant cette expression à celle du numéro précédent, on a pour l'expression de la quantité d'action totale qui peut résulter de la production d'un volume A de fluide élastique,

$$\varpi AH\left[\log\frac{H}{H_{\prime}}+1-\frac{H'}{H_{\prime}}\right].$$

H est la pression sous laquelle le fluide est formé, $H_{\prime}$ la force élastique qui lui reste après sa dilatation (pendant laquelle la température est supposée constante), H' la pression qui a lieu contre la face extérieure du piston.

166. La valeur de l'expression précédente augmentera évidemment à mesure que $H_{\prime}$ sera plus petite. La plus petite valeur qu'il soit possible de supposer à cette quantité étant H', on a simplement

$$\varpi A.H\log\frac{H}{H'}$$

pour l'expression de la limite de la quantité d'action qu'il est possible d'obtenir (*).

167. Si l'on veut connaître la quantité d'action qui peut être donnée par un poids déterminé de fluide élastique, il suffit de mettre à la place de A, dans les formules précédentes, le volume correspondant à ce poids, sous la pression H, et à la température à laquelle le fluide est formé.

(*) Le logarithme des formules précédentes est hyperbolique : si on le prend dans les tables ordinaires, il faut le multiplier par 2,3026.

Pour l'air atmosphérique, par exemple, le mètre cube à 0° sous la pression $0^{m},76$, pèse $1^{kil.},3$. Par conséquent le volume occupé par un kilogramme d'air est alors $0^{mc},7692$. Donc supposant que la température actuelle de l'air soit V', et la pression atmosphérique H', le volume occupé par un kilogramme d'air, sera

$$0^{m.c.},7692\left(\frac{0,76}{H'}\right)(1+0,00375.V').$$

Supposons qu'ayant enfermé cet air dans une capacité, on l'échauffe jusqu'à la température V, sans laisser augmenter son volume, ce qui lui fera prendre une force élastique H, donnée par l'expression

$$H=H'\frac{1+0,00375V}{1+0,00375V'};$$

et qu'*ensuite on le laisse dilater*, en le faisant agir sur un piston qui supporte sur sa face opposée la pression H', et en maintenant la température V. La quantité d'action obtenue de cette manière sera donnée par la formule du n° 164, en y faisant $H_{,}=H'$, et en y substituant pour A et H les valeurs précédentes on aura donc

$$13568^{kil.}(0^{m.c.},7692)(0^{m},76)\left[(1+0,00375V)\log\frac{1+0,00375V}{1+0,00375V'}-0,00375(V-V')\right]$$

pour la limite de la quantité d'action que l'on peut obtenir en agissant ainsi sur un kilogramme d'air. V' est la température à laquelle on prend cet air, et V la température à laquelle il est porté, et maintenu pendant sa dilatation.

168. Pour la vapeur aqueuse, le mètre cube, à 100° sous la pression $0^{m},76$, pèse $0^{kil.},59$. Par conséquent, à la tem-

pérature V sous la pression H, le mètre cube pèsera

$$0^k,59 \cdot \frac{H}{0,76} \cdot \frac{1,375}{1+0,00375 \cdot V},$$

et un kilogramme de vapeur occupera un volume exprimé par

$$1^{m.c.},7 \cdot \frac{0,76}{H} \cdot \frac{1+0,00375 \cdot V}{1,375}.$$

Supposons que l'on fasse passer un kilogramme d'eau liquide à l'état gazeux sous la pression H, la vapeur agissant contre un piston dont la face opposée supporte la pression H'; et qu'on laisse dilater cette vapeur, sa température étant maintenue constante, jusqu'à ce que sa force élastique soit réduite à H'. La formule du n° 166 donnera en remplaçant A par la valeur précédente,

$$13568^k (1^{m.c.},7)(0^m,76) \frac{1+0,00375 \cdot V}{1,375} \log \frac{H}{H'}$$

pour la limite de la quantité d'action qui peut résulter de la production d'un kilogramme de vapeur. H et V doivent se correspondre dans la table du n° 153, H' correspond dans la même table à la température à laquelle se fait la condensation.

169. On a supposé dans les n°s 163 et suivants que le fluide élastique déplaçait un piston contenu dans un cylindre. Ce mode d'action n'est pas le seul qui puisse être employé.

Concevons la vapeur aqueuse formée au fond d'un vase contenant un fluide pesant; et que, en s'élevant dans ce fluide, elle s'engage dans les aubes d'une roue qui s'y trouve plongée, et à laquelle un mouvement de rotation sera exprimé. Nommons

V la température du fluide;

Π le poids du mètre cube de ce même fluide;

ζ la hauteur verticale que la vapeur parcourt avant de s'échapper dans l'atmosphère à la surface supérieure du fluide.

Lorsque la vapeur, en s'élevant dans le fluide, se trouvera à la profondeur z au-dessous de la surface supérieure, elle supportera la pression atmosphérique que nous désignerons par H', plus la pression due à la hauteur z. Le volume occupé par un kilogramme de vapeur sera donc alors

$$1^{\text{m.c.}},7 \cdot \frac{0,76}{H' + \frac{\Pi}{\varpi} z} \cdot \frac{1 + 0,00375 \cdot V}{1,375}.$$

Donc, en s'élevant de la hauteur dz, un kilogramme de vapeur produira la quantité d'action

$$-\left[\Pi(1,7) \frac{0,76}{H' + \frac{\Pi}{\varpi} z} \cdot \frac{1 + 0,00375 \cdot V}{1,375} - 1\right] dz.$$

Cette expression étant intégrée depuis $z = \zeta$ jusqu'à $z = 0$, donnera pour la quantité d'action totale produite par le kilogramme de vapeur,

$$\varpi(1,7)(0,76) \frac{1 + 0,00375 \cdot V}{1,375} \log \frac{H' + \frac{\Pi}{\varpi} \zeta}{H'} - \zeta;$$

expression qui, abstraction faite du terme ζ qui pourra être négligé dans les cas ordinaires des applications, revient à la formule du numéro précédent.

170. Concevons encore qu'on fasse écouler la vapeur par un petit orifice hors d'un vase qui serait repoussé en sens contraire par l'effet de la force de réaction. Désignant

par H la pression sous laquelle la vapeur est formée, et qui a lieu dans le vase; par H′ la pression qui a lieu dans le milieu où l'écoulement s'opère; la vitesse d'écoulement sera

$$\sqrt{2k \log \frac{H}{H'}}.$$

k désignant le rapport de la pression à la densité qui convient à la vapeur.

Soit U la vitesse avec laquelle le vase se meut en sens contraire de l'écoulement du fluide : on aura

$$\sqrt{2k \log \frac{H}{H'}} - U$$

pour la vitesse absolue avec laquelle la vapeur entre dans le milieu où l'écoulement s'opère. La quantité d'action transmise au vase étant égale à la moitié de la force vive qui peut être produite, moins la moitié de la force vive conservée par le fluide, on a donc ici

$$\frac{1^k}{g}\left[k \log \frac{H}{H'} - \frac{1}{2}\left(\sqrt{2k \log \frac{H}{H'}} - U\right)^2\right],$$

pour la quantité d'action transmise par l'effet de l'écoulement d'un kilogramme de vapeur.

Le maximum de cette quantité aura lieu quand la vitesse U du vase sera égale à la vitesse d'écoulement de la vapeur, et sera

$$\frac{1^k}{g} \cdot k \log \frac{H}{H'}.$$

Comme l'on a pour la vapeur aqueuse, ρ étant la densité

$$\rho g = 0{,}59 \cdot \frac{H}{0{,}76} \cdot \frac{1{,}375}{1 + 0{,}00375 \cdot V},$$

d'où

$$k=\frac{\varpi H}{\rho}=\varpi(1,7)(0,76)\,\frac{1+0,00375.V}{1,375}.g,$$

la formule précédente devient

$$\varpi(1,7)(0,76)\,\frac{1+0,00375.V}{1,375}\log\frac{H}{H'},$$

expression conforme à celle du n° 168.

Il paraît, d'après ce qui précède, que, de quelque manière qu'on fasse agir la vapeur, la limite de la quantité d'action que l'on peut obtenir est représentée par la même expression. On remarquera d'ailleurs que les vitesses de la vapeur s'écoulant dans l'air atmosphérique étant respectivement de

240^m	quand elle est produite sous la pression de	1,18	atmosphères.
502	—	—	2
642	—	—	3
730	—	—	4
796	—	—	5

il serait nécessaire que le vase se mût avec une vitesse excessive pour que la quantité d'action qui est produite fût utilisée.

On doit remarquer encore que le calcul précédent suppose que le vase d'où la vapeur s'écoule se meut en ligne droite : si ce vase est mu circulairement, comme la force centrifuge augmente la vitesse d'écoulement du fluide, on n'obtiendrait plus alors le maximum d'effet qu'en donnant à ce vase une vitesse infinie.

Quantités d'action qui peuvent être obtenues en brûlant une quantité donnée de combustible.

171. L'évaluation de ces quantités d'action s'obtiendra par le rapprochement des résultats présentés dans les articles précédents.

Considérons en premier lieu l'air atmosphérique, et supposons qu'il soit pris à la température de 12°, et échauffé à celle de 500°. La formule du n° 167 donnera pour la quantité d'action obtenue en agissant sur un kilogramme d'air, en faisant $v = 12°$, $V = 500°$,

$$13568(0{,}7692)(0{,}76)\left[2{,}875 \log \frac{2{,}875}{1{,}045} - 1{,}83\right] = 8566^{k} \times^{m}.$$

D'un autre côté, la formule du n° 159, en y faisant $h = 0^{m}{,}76$, et $v = 12°$ ou $V = 500°$, donnera pour la quantité de chaleur contenue dans un kilogramme d'air à ces deux températures, en sus de celle qui y serait contenue à 0° sous la même pression,

$$q = (0{,}267)\ 12° = \ 3°{,}2,$$
$$q = (0{,}267)\ 500° = 133°{,}5;$$

en sorte que la dépense de chaleur sera de 130°,3.

On aura donc

$$\frac{8566}{130°{,}3} = 66^{k} \times^{m}$$

pour la quantité d'action obtenue par degré de chaleur dépensée.

Comme, d'après le n° 150, un kilogramme de charbon de terre peut donner 7000° de chaleur, il s'ensuit que la quantité d'action obtenue par kilogramme de charbon brûlé est ici $462000^{k} \times^{m}$ environ.

172. Considérons en second lieu la vapeur aqueuse, et supposons qu'elle soit produite à 182° sous la pression de 10 atmosphères, et condensée à 12° sous la pression de $0^{m}{,}0107$. En faisant dans la formule du n° 168 $H = 7^{m}{,}6$, $H' = 0^{m}{,}0107$, $V = 182°$, on aura pour la quantité d'action obtenue par kilogramme de vapeur formée

$$13568(1{,}7)(0{,}76)\frac{1{,}683}{1{,}375} \log \frac{7{,}6}{0{,}0107} = 140870^{k} \times^{m}.$$

D'après le n° 161, la quantité de chaleur dépensée par kilogramme de vapeur, en supposant l'eau prise à 12°, sera

$$q = 550° + 182° - 12° = 720°.$$

On aura donc

$$\frac{140870}{720} = 196^{k} \times^{m}$$

pour la quantité d'action obtenue par degré de chaleur dépensée.

La quantité d'action obtenue par kilogramme de charbon brulé sera $1372000^{k}\times^{m}$. Ce résultat peut être regardé comme la limite théorique de l'effet qu'il est possible d'obtenir dans les machines à vapeur actuellement employées, où la pression sous laquelle la vapeur est formée ne dépasse guère 10 atmosphères.

173. En désignant toujours par V et V' les températures auxquelles *la vapeur est formée et condensée*, et adoptant la seconde des formules indiquées n° 153, on aurait

$$\log \frac{H}{H'} = 5 \log \frac{0{,}2847 + 0{,}007153 . V}{0{,}2847 + 0{,}007153 . V'}.$$

Mettant cette valeur dans la formule du n° 168, et adoptant également l'expression du n° 161, il viendra

$$\frac{13568 (1{,}7) (0{,}76) \dfrac{1 + 0{,}00375 . V}{1{,}375} . 5 \log \dfrac{0{,}2847 + 0{,}007153 . V}{0{,}2847 + 0.007153 . V'}}{550° + V - V'}$$

pour l'expression de la quantité d'action qui peut être obtenue par chaque degré de chaleur employé à former la vapeur.

Supposons, comme ci-dessus, V'=12°; le facteur variable de cette expression devient

$$\frac{(1+0{,}00375.V)\log\dfrac{0{,}2847+0{,}007153.V}{0{,}3705}}{538+V}.$$

En y faisant successivement

$V=$ 100°, ce facteur croîtra comme les nombres			116
$V=$ 200	—	—	158
$V=$ 300	—	—	219
$V=$ 500	—	—	282
$V=$ 1000	—	—	935

Ainsi, en formant la vapeur à 200° sous la pression de 15 atmosphères, l'effet maximum dû à l'emploi d'une quantité déterminee de chaleur surpasse seulement de $\frac{1}{3}$ environ l'effet maximum correspondant au cas où la vapeur est formée à 100° sous la pression d'une atmosphère. Pour obtenir le double de ce dernier effet, il faudrait former la vapeur à une température plus élevée que 300°, sous une pression plus grande que 85 atmosphères. On conclut de ces résultats qu'il doit y avoir très-peu d'avantage à produire la vapeur sous de très-fortes pressions, *quant à l'économie du combustible*.

174. Il est essentiel de remarquer d'ailleurs que la valeur de l'expression précédente croissant indéfiniment avec V, on en conclurait que le maximum théorique de la quantité d'action qui peut résulter de l'emploi d'une quantité déterminée de chaleur n'a pas de limite. On ne doit point compter sur l'exactitude de cette conséquence, parce qu'elle est fondée sur des expressions analytiques qui ne peuvent être regardées que comme des formules empiriques, et qui, selon toute apparence, n'expriment pas les véritables lois des phénomènes. Mais lors même que la proposition dont il s'agit serait admise, il ne s'en suivrait pas qu'en produisant la vapeur sous une pression de plus en

plus forte, on obtiendrait une quantité d'action de plus en plus grande par la consommation d'une quantité donnée de combustible. En effet, outre qu'en élevant la température des appareils on augmente les pertes de chaleur que nous ne considérons pas ici; comme la quantité de chaleur, qui dans un temps donné, passe du foyer dans le vase où la vapeur se forme, dépend de l'excès de la température du corps en combustion sur la température de ce vase, on diminue nécessairement, en élevant cette température, la proportion de la chaleur produite qui peut être utilisée. Ainsi le rapport de la quantité d'action obtenue à la quantité de combustible consommé doit nécessairement présenter un maximum correspondant à une valeur déterminée de V, au delà de laquelle il n'y aurait que du désavantage à élever la température de la formation de la vapeur.

Indication succincte des principales machines à vapeur qui ont été employées jusqu'a présent.

175. *Premières machines de Savery* (*fig.* 61). Ces machines, exécutées dans les dernières années du dix-septième siècle, ne servaient qu'à élever de l'eau. La vapeur, produite en B, élevait l'eau dans le tuyau A, par suite de la pression exercée en S. Le robinet C étant ensuite fermé, la vapeur était condensée en S par l'effet d'un jet d'eau froide provenant du réservoir E. La pression atmosphérique élevait alors l'eau du réservoir inférieur en S par le tuyau D. On ne pouvait élever l'eau par le moyen de cet appareil qu'à 12^{m} de hauteur environ. Les robinets se manœuvraient à la main.

176. *Machines atmosphériques*, ou secondes machines de Savery, mais dont l'invention est attribuée à Newcomen.

Elles ont été exécutées en 1705. Le piston P (*fig.* 62), se meut dans le cylindre C, qui est ouvert par le haut. La vapeur est formée en B. Le robinet O étant fermé, et le robinet à vapeur *p* ouvert, la vapeur afflue sous le cylindre et détruit l'effet de la pression atmosphérique qui s'exerce sur sa face supérieure. Le contre-poids I fait alors monter ce piston. Le piston P étant parvenu au haut de sa course, on ferme le robinet à vapeur *p*, et l'on ouvre le robinet O, ce qui permet à un jet d'eau froide de jaillir dans le cylindre C, et condense la vapeur. La pression atmosphérique fait alors descendre le piston P en soulevant le contre-poids I. L'air et la vapeur contenus dans le cylindre C sortent pendant la descente du piston par le tuyau *r*, dont l'extrémité est garnie d'une soupape. L'eau de condensation s'échappe par le tuyau *q*, dont l'extrémité est également garnie d'un clapet. La tige H porte le piston des pompes d'épuisement que la machine fait travailler. La tige R fait mouvoir une petite pompe foulante qui élève dans la bâche L l'eau qui doit servir à la condensation de la vapeur.

On faisait d'abord mouvoir les robinets à la main : mais on a ensuite adapté à l'appareil un régulateur. Cette machine ne peut que soulever un poids, et le laisser retomber alternativement, et par conséquent, n'était employé qu'à faire mouvoir des pompes. La condensation opérée dans le cylindre même, y causait un refroidissement considérable.

Pour le calcul approché de ces machines, on remarque qu'aucun effet n'est produit pendant que le piston monte, le contre-poids I étant réglé de manière à ce que les frottements soient simplement détruits pendant ce mouvement. Quand le piston descend, sa face supérieure supporte la pression d'une atmosphère, mais cette force est en partie détruite par plusieurs résistances, qui sont évaluées de la manière suivante (*Traité des machines à vapeur*, par Th. Tredgold) :

1° Force élastique de la vapeur non condensée, dont la température est ordinairement de 70°.	0,330 atmosphère.
2° Effort nécessaire pour chasser cette vapeur et l'air dégagé de l'eau de condensation	0,007
3° Frottement du piston.	0,050
4° Jeu des soupapes, frottement des axes, élévation de l'eau de condensation.	0,093
	0,480

Il ne reste donc pour la force transmise à la tige du piston que 0,52 atmosphère, ou $0^{kil.}536$ par centimètre quarré du piston. La vitesse du piston est de 1^{m} à $1^{m},5$ par seconde. La longueur de la course est le double du diamètre.

La consommation du charbon est de 6 à $7^{kil.}$ par heure pour la force d'un cheval, évaluée à $75^{k}\times^{m}$ par seconde.

177. *Premières machines de Watt*, dites à simple effet (*fig.* 63). La patente est de 1769. La disposition générale est la même que la précédente, mais l'action de l'atmosphère est supprimée. Quand le piston P descend, la tige auxiliaire *a* étant soulevée, la vapeur, qui arrive de la chaudière par le tuyau B, agit sur la face supérieure de ce piston, dont la face inférieure est mise en communication avec l'espace D où s'opère la condensation. Quand le piston P s'élève, la tige *a* étant abaissée, la communication avec la chaudière et avec l'espace D n'a plus lieu, mais la vapeur peut passer librement du dessus au dessous du piston P dont les deux faces sont également pressées. L'eau qui opère en D la condensation, est donnée par un robinet mu par la poignée *r*. La tige E fait marcher une

pompe qui évacue l'eau de condensation et l'air qui s'en dégage.

Dans ces machines, comme dans les précédentes, aucun effet n'est produit quand le piston monte, le contre-poids surmontant les frottements, et produisant l'effort nécessaire pour faire passer la vapeur du dessous au dessus du piston P. Quand le piston descend, la force transmise à la tige A est estimée comme il suit. Désignant par 1 la force qui serait calculée d'après la tension de la vapeur dans la chaudière, il faut en retrancher

Pour le mouvement de la vapeur dans les conduits.	0,007
refroidissement dans les conduits et le cylindre.	0,038
frottement du piston et fuites.	0,050
expulsion de la vapeur hors du cylindre . . .	0,007
jeu des soupapes, frottement des axes, élévation de l'eau d'injection, jeu de la pompe à air.	0,200
perte d'effet due à ce que la vapeur est interceptée avant la fin *de la course*	0,098
	0,400

Il reste les 0,6 de la force dont il s'agit, dont il faut retrancher encore la force élastique de la vapeur condensée. La vapeur est ordinairement produite dans la chaudière sous la pression de $0^{m},9$ correspondante à la température de 105°, et condensée à 50° sous la pression de $0^{m},1$. La force dont on dispose est donc $0,6 \times 0,9 - 0,1 = 0^{m},44$, ce qui répond à un effort de $0^{kil.}60$ par centimètre quarré du piston. La vitesse du piston est comprise dans les limites indiquées ci-dessus.

La consommation de charbon est d'environ $5^{kil.}$ par heure pour la force d'un cheval, ce qui revient à $5400^{k \times m}$ par kilogramme de charbon brûlé.

Pour faire produire un mouvement de rotation aux machines dont on vient de parler, on a d'abord élevé de l'eau que l'on faisait tomber sur une roue à augets. On a ensuite articulé à l'extrémité du balancier une tige ou bielle agissant sur un volant, soit par une simple manivelle (*fig.* 64), soit par la *roue planétaire ou mouche* (*fig.* 65). Mais comme la vapeur n'agissait sur le piston que pendant sa descente, il fallait alors, pour régulariser l'action exercée sur le volant, placer à l'extrémité du balancier un contre-poids égal à la moitié de la force avec laquelle le piston était poussé.

178. *Secondes machines de Watt*, dites à double effet. Le principal objet de cette nouvelle disposition était la suppression du contre poids : il était nécessaire pour cela : 1° que la vapeur fût condensée alternativement en dessus et en dessous du piston ; 2° qu'en montant le piston pût pousser l'extrémité du balancier au moyen d'une verge *rigide, qui se maintînt toujours* exactement verticale.

Pour remplir le premier objet, pendant la descente de la tige A et du piston P (*fig.* 66), la tige auxiliaire *a* étant soulevée, la vapeur, qui afflue de la chaudière par l'orifice B, agit sur la face supérieure de ce piston, tandis que la face inférieure est mise en communication par le tuyau D avec la capacité où s'opère la condensation. Pendant la montée du piston P au contraire (*fig.* 67), la tige *a* étant abaissée, la face inférieure de ce piston est mise en communication avec la chaudière, et la face supérieure avec la capacité où s'opère la condensation. On remarquera d'ailleurs qu'en abaissant ou en élevant en partie la tige *a* avant la fin de la course du piston, on peut interrompre l'afflux de la vapeur sur une de ses faces sans que la condensation cesse sur l'autre face : alors la vapeur agit avec *détente*.

Après avoir essayé divers procédés, le second objet a été rempli par Watt au moyen du *parallélogramme*, combinaison de verges unies par des articulations, et telle que l'extrémité supérieure de la tige du piston, en conduisant le balancier, décrit une courbe très-peu différente d'une ligne droite (*fig*. 68).

Dans cette machine, la vapeur agit également quand le piston monte et quand il descend. La force élastique de la vapeur dans la chaudière étant représentée par l'unité, l'effet des résistances est évalué comme il suit :

Pour le mouvement de la vapeur dans les conduits.	0,007
refroidissement dans les conduits et le cylindre.	0,016
frottement du piston et fuites.	0,125
expulsion de la vapeur hors du cylindre. . .	0,007
jeu des soupapes, frottement des axes, élévation de l'eau d'injection, jeu de la pompe à air..	0,113
la perte d'effet due à ce que la vapeur est interceptée avant la fin de la course.	0,100
	0,368

Il reste les 0, 632 de la force de la vapeur produite, dont il faut retrancher, comme ci-dessus, celle qui reste à la vapeur condensée. La vapeur étant ordinairement produite et condensée aux températures indiquées dans le numéro précédent, la force dont on dispose est $0^{m},9 \times 0,632 - 0^{m},1 = 0^{m}\ 47$, ce qui répond à un effort de $0^{kil\cdot}63$ par centimètre quarré du piston. La vitesse du piston est telle qu'on l'a indiquée ci-dessus.

La consommation de charbon est évaluée de 4 à $5^{kil\cdot}$ par heure pour la force d'un cheval, ce qui revient de 54000 à $68000^{k\times m}$ par kilogramme de charbon brûlé. On suppose que la vapeur agisse sans détente. La consommation de combustible est d'autant plus grande que les machines sont plus faibles.

179. Les machines dont on vient de parler sont généralement employées et désignées sous le nom de *machines à basse pression*. La principale modification qui ait été apportée au mécanisme, depuis Watt, consiste dans la suppression du balancier, disposition qui n'est applicable qu'à des machines d'une force médiocre. On profite aussi quelquefois de la détente de la vapeur, en interceptant la communication avec la chaudière avant que le piston n'ait achevé sa course. Pour calculer alors la force de la machine, on remarque que la vapeur doit toujours conserver une force suffisante pour surmonter les résistances, et la tension de la vapeur condensée. Par conséquent, dans la formule du n° 165, H désignant la tension de la vapeur formée dans la chaudière, et la tension conservée par la vapeur après la condensation étant de $0^m,1$, on devra supposer $H' = 0,368 . H + 0^m,1$. Désignant d'ailleurs par $\frac{1}{n}$ la fraction de la course du piston pendant laquelle on fait affluer la vapeur, d'où $H = nH_{,}$, cette formule deviendra

$$\varpi AH \left[\log n + 1 - \frac{0,368.H + 0^m,1}{H} . n\right].$$

dans laquelle A représente le volume de la vapeur produite, c'est-à-dire la portion $\frac{1}{n}$ du volume total du cylindre. La quantité d'action obtenue est donc la même qui aurait lieu si le piston était poussé pendant toute la durée de sa course avec une force due à la hauteur de mercure

$$nH \left[\log n + 1 - \frac{0,368.H + 0^m.1}{H} : n\right].$$

formule qui représente par conséquent la *pression*

moyenne avec laquelle le piston est poussé. Le cas le plus avantageux a lieu quand $n = \frac{H}{0,368 H + 0^m,1}$; et alors la pression moyennne est due à la hauteur (*) $n H \log n$.

En multipliant cette hauteur par 1,3568, on aura la pression moyenne en kilogrammes sur chaque centimètre du piston.

Lorsque l'on emploie ainsi la détente de la vapeur, on obtient une économie de combustible à peu près proportionnelle à la portion de vapeur qui est épargnée. En supposant comme ci-dessus que la tension H de la vapeur dans la chaudière est $0^m,9$, on trouve que cette économie peut être de moitié.

180. *Machines à haute pression.* Il y en a deux espèces principales. Les unes présentent une disposition semblable à celles des machines décrites n° 178, et n'en diffèrent que par la pression sous laquelle la vapeur est produite, pression que l'on a portée jusqu'à 7 et même jusqu'à 10 atmosphères : on utilise ordinairement la détente de la vapeur. La pression moyenne sur le piston peut être calculée de la manière indiquée dans le numéro précédent. Dans quelques-unes de ces machines, et particulièrement dans celles qui font mouvoir les chariots sur les chemins de fer, on ne condense pas la vapeur qui se perd dans l'atmosphère. Les résultats précédents peuvent encore être appliqués, en substituant la pression atmosphérique à la tension de $0^m,1$ supposée conservée par la vapeur après la condensation. La perte d'effet qui en résulte est en partie compensée par la suppression de la pompe qui élève l'eau d'injection, et de la pompe à air.

(*) En prenant le logarithme dans les tables ordinaires, on doit écrire :

$$n H (2,303) \log n$$

181. Dans les autres machines à haute pression, dites *machines de Woolf*, la vapeur agit dans deux cylindres et sur deux pistons de diamètres différents. La tige auxiliaire a porte, comme dans le cas du n° 178, une soupape à tiroir, et de plus deux pistons pp (*fig.* 69). Pendant la descente des deux pistons P, P′, qui conduisent ensemble le balancier, la tige a étant soulevée, la vapeur affluant de la chaudière en B agit sur la face supérieure du petit piston P. En même temps, la vapeur qui avait rempli le petit cylindre C, passe dans le grand cylindre C′, où elle agit sur la face supérieure du grand piston P′, tandis que la vapeur qui est au dessous de ce même piston, va à la condensation par l'orifice D. Au contraire, pendant la montée des deux pistons P, P′, la tige a étant abaissée, la vapeur afflue de B contre la face inférieure du petit piston P, tandis que celle qui avait rempli le petit cylindre passe dans la partie inférieure du grand cylindre, et que la vapeur qui était au-dessus du piston P′ va à la condensation par l'orifice E. On voit donc que la vapeur agit constamment avec toute sa force contre une des faces du petit piston, tandis qu'une des faces du grand communique constamment avec l'espace où s'opère la condensation. Les faces opposées de ces pistons supportent des pressions variables à mesure que l'expansion de la vapeur s'opère.

L'effet des résistances est estimé dans ces machines les 0,52 de la tension de la vapeur dans la chaudière. Supposant toujours que la tension de la vapeur après la condensation soit de $0^m,1$, on aura

$$n = \frac{H}{0,52 . H + 0,1}$$

pour le rapport convenable entre la capacité du grand et du petit cylindre. La force de la machine se calculera en faisant abstraction du grand piston, et supposant la *pression moyenne* exercée sur le petit piston due à la hauteur

$$H \log n.$$

Les machines dont il s'agit ne sont pas considérées comme étant plus avantageuses que les *précédentes*. On admet que dans les machines à haute pression la consommation est environ $2^{kil.},5$ à $3^{kil.}$ par heure et par force de cheval; ce qui revient de 90000 à $115000^{k \times m}$ par kilogramme de charbon brûlé. L'économie que ces machines présentent sur les machines à basse pression paraît provenir en grande partie d'une meilleure disposition des chaudières et surtout de ce que l'on fait détendre la vapeur. Le résultat précédent ne convient d'ailleurs qu'aux machines fixes. La consommation pour les machines des bateaux et surtout pour celles des chariots est plus que double, à quantité d'action égale.

XVIII. *Des machines à élever de l'eau, dont le moteur est une chute d'eau.*

182. Considérons une chute d'eau, et supposons qu'on veut employer la quantité d'action qu'elle produit à élever une partie de ce fluide; on peut distinguer deux cas, 1° celui où le volume d'eau fourni par la chute étant peu considérable, on en voudrait élever la plus grande portion qu'il serait possible; 2° celui ou le volume d'eau fourni par la chute est beaucoup plus grand que celui qu'on veut élever.

En admettant que l'on se trouve dans le premier cas, on peut demender s'il est plus avantageux de prendre l'eau élevée dans le bief supérieur, ce qui diminue la hauteur à laquelle il faudra l'élever; ou dans le bief inférieur, ce qui augmente le volume d'eau qui peut agir sur la machine. Pour répondre à cette question, nommant

H la hauteur de la chute;

H′ la hauteur à laquelle on veut élever l'eau, comptée du niveau du bief supérieur;

E le volume de l'eau fournie par la chute dans une unité de temps;

E′ le volume de l'eau que l'on veut élever dans l'unité de temps;

φ le rapport entre l'effet utile produit par la machine qu'on emploie, et la quantité d'action fournie par l'eau servant de moteur.

On aura, si l'on prend l'eau dans le bief supérieur,

$$E'H' = \varphi(E - E')H, \text{ d'où } E' = \varphi \frac{EH}{\varphi H + H'};$$

et si on la prend dans le bief inférieur,

$$E'(H + H') = \varphi . EH, \text{ d'où } E' = \varphi \frac{EH}{H + H'}.$$

φ étant toujours < 1, la dernière valeur est plus petite que la première, et par conséquent il vaut mieux prendre l'eau dans un bief supérieur.

Lorque la quantité d'eau est surabondante, il est évident que la même disposition doit être adoptée.

Machine de Schemnitz (fig. 70).

183. L'action de la chute d'eau est employée dans cette machine à comprimer de l'air, et l'excès de force élastique résultant de cette compression produit l'élévation de l'eau. C'est l'appareil connu sous le nom de *fontaine de Hérou*, appliqué en grand, de manière que le jeu puisse s'en renouveler.

R est le bief supérieur qui fournit l'eau à la machine,

R′ le réservoir dans lequel on veut élever de l'eau, C une capacité fermée, placée au bas de la chute, C′ une autre capacité fermée, placée au niveau du réservoir supérieur. Ces deux capacitées communiquent entre elles par un tube, et avec les réservoirs R, R′ par les tuyaux indiqués sur la figure et susceptibles d'être fermés par les robinets m, n, p, q.

Les robinets m, q, étant fermés, et les robinets p, n, n' ouverts, la capacité C se vide entièrement, et la capacité C′ s'emplit jusqu'au niveau Aa du bief supérieur. Fermant les robinets p, n, n', et ouvrant les robinets m, q, la capacité C s'emplira d'eau comme la figure l'indique. A mesure qu'elle s'emplira, l'air contenu dans cette capacité se comprimant, fera monter en R′ l'eau contenue en C′. La capacité C étant remplie, on fermera les robinets m, q; on ouvrira les robinets p, n, n', et le même jeu recommencera. Nommons

H la hauteur de la chute, comptée du niveau A au fond de la capacité C;

H' la hauteur à laquelle l'eau est élevée, comptée du niveau A au niveau α;

Ω, Ω', les aires des sections horizontales des capacités C, C′ supposées prismatiques;

h, h' les hauteurs sur lesquelles ces capacités s'emplissent et se vident à chaque oscillation;

η la hauteur de la colonne d'eau qui fait équilibre à la pression atmosphérique, égale à $10^{\text{m}},3$.

Supposant que les capacités C, C′ n'ont que les hauteurs h, h'; négligeant le volume de l'air contenu dans le tuyau qui établit la communication entre ces capacités; considérant l'instant ou C est remplie d'air, C′ remplie d'eau, et où l'on vient de fermer le robinet n : on aura Ωh pour le volume d'air renfermé dans la machine et soumis à la pression η. Considérant ensuite l'instant où C a été remplie d'eau et C' vidée, on aura $\Omega' h'$ pour le volume auquel aura été réduit l'air enfermé dans la machine. La pression de cet air sera donc devenue $\eta \frac{\Omega h}{\Omega' h'}$. Mais cette pression doit faire équilibre en C' à la colonne d'eau $\eta + H' + h'$. On a donc la relation

$$\eta \frac{\Omega h}{\Omega' h'} = \eta + H' + h', \quad \text{d'où} \quad \Omega' h' = \eta \frac{\Omega H}{\eta + H' + h'}.$$

Le rapport de l'effet produit par la machine à la quantité d'action dépensée est donc

$$\frac{\Omega' h'.H'}{\Omega h.H} = \frac{\eta H'}{(\eta + H' + h')H}.$$

184. Pour rendre ce rapport le plus grand possible, il faut d'abord poser $h' = 0$. Il devient alors

$$\frac{\eta H'}{(\eta + H')H}:$$

Sa valeur augmente avec H'. Mais comme la pression de l'air enfermé, qui fait équilibre en C' à la colonne $\eta + H' + h'$, doit faire équilibre en C à une colonne égale au plus à $\eta + H - h$, on ne peut pas prendre

$$H' + h' > H - h, \quad \text{ou} \quad H' > H - h - h'.$$

Ainsi, pour obtenir le plus grand effet, il faudra poser encore $h = 0$ et faire $H' = H$. Le rapport devient alors

$$\frac{\eta}{\eta + H}.$$

Il est le plus grand possible quand $H = 0$, et égal à l'unité.

Il résulte de ce qui précède, 1° que la hauteur à laquelle on élève l'eau ne peut surpasser la hauteur de la chute, moins la somme des hauteurs des deux capacités ; 2° que pour obtenir le plus grand effet, il faut faire la hauteur des deux capacités infiniment petite, et la hauteur à laquelle on élève l'eau égale à celle de la chute ; 3° que l'effet obtenu de cette manière est d'autant plus grand que la hauteur de la chute est plus petite, et serait égal à la quantité d'action dépensée si cette hauteur était infiniment petite.

185. Lorsqu'on veut élever l'eau à une hauteur plus grande que celle de la chute en employant le même appareil, on peut l'élever par reprises. Les robinets n, p, p', p'' (*fig.* 71), ayant été fermés, l'affluence de l'eau dans la capacité C, oblige l'eau contenue dans les capacités C', C'', C''', à s'élever dans les réservoirs situés respectivement au-dessus de chacune de ces capacités. Ouvrant ensuite ces robinets, et fermant les robinets m, q, q', q'', la capacité C se vide d'eau, tandis que les autres capacités s'emplissent, et le même jeu recommence.

L'appareil qui vient d'être indiqué est décrit dans les ouvrages anglais sous le nom de *Darwin*. La machine, telle que l'indique le n° 184, a été exécutée pour la première fois par Hoëll, à Schemnitz, en 1775. Il paraît qu'il y a quelque erreur dans le résultat annoncé relativement au produit de cette machine. Les robinets sont ouverts et fermés par les ouvriers. On a proposé un régulateur dont on peut voir la description dans le Traité de M. Hachette.

Machine de Detrouville (fig. 72).

186. Cette machine est analogue à la précédente ; mais elle en diffère en ce que l'action de la chute d'eau s'exerce par l'intermédiaire d'un volume d'air dilaté. C, C', sont deux capacités fermées, communiquant par un tuyau ;

R est le bief supérieur, fournissant l'eau; R' le réservoir dans lequel l'eau doit être élevée. Supposons l'appareil dans l'état indiqué par la figure, les robinets n, p fermés, les robinets m, q ouverts; la capacité C remplie d'eau fournie par la source, la capacité C' occupée par l'air atmosphérique. On fermera les robinets m, q, et l'on ouvrira les robinets n, p. L'eau contenue en C s'écoulera en n, et l'air contenu en C' passera en C en se dilatant. La pression atmosphérique agissant sur R fera monter de l'eau en C' par p. L'eau cessera de sortir de C et d'entrer en C' quand les distances du niveau A aux deux niveaux de l'eau dans les deux capacités seront égales entre elles, et à la différence entre les hauteurs des deux colonnes d'eau qui représentent respectivement la pression atmosphérique et la force élastique conservée par l'air enfermé dans l'appareil. Pour que l'eau parvienne en C' il faut que la hauteur du fond de cette capacité au-dessus de A soit moindre que celle de la colonne d'eau qui représente la pression atmosphérique. L'eau ne peut d'ailleurs monter en C' au-dessus de A à une hauteur qui surpasse la hauteur de la chute. Quand la capacité C' sera remplie, on fermera les robinets p, n, et ouvrant les robinets m, q, la capacité C' se videra en R', et la capacité C s'emplira de nouveau.

Soient nommées

H la hauteur de la chute, comptée du niveau A au fond de la capacité C;

H' la hauteur à laquelle on élève l'eau, comptée du niveau A au niveau A' du réservoir supérieur;

Ω, Ω' les sections horizontales des deux capacités C, C';

h, h' les hauteurs dont le niveau de l'eau varie dans ces capacités à chaque oscillation;

η la hauteur de la colonne d'eau qui fait équilibre à la pression atmosphérique $= 10^{m}, 3$:

faisant abstraction de l'air contenu dans les tuyaux de communication, et au-dessus de l'eau dans C, quand cette capacité vient d'être remplie, on a $\Omega' h'$ pour le volume de l'air enfermé. Quand C sera vidé, la force élastique de cet air sera $n-(H'+h')$, et par conséquent son volume sera devenu

$$\Omega' h' . \frac{n}{n-(H'+h')} .$$

Mais alors il est sorti le volume d'eau Ωh; et il est entré le volume $\Omega' h'$. Donc Ωh est le volume qu'a pris l'air dilaté, et on a la relation

$$\Omega h = \Omega' h' . \frac{n}{n-(H'+h')} .$$

Le rapport de l'effet utile à la quantité d'action dépensée est donc

$$\frac{\Omega' h' . H'}{\Omega h . H} = \frac{(n-H'-h') H'}{n H} .$$

187. Pour rendre ce rapport le plus grand possible, il faut d'abord supposer $h'=0$, ce qui donne

$$\frac{(n-H') H'}{n H} .$$

faisant ensuite varier H', la valeur correspondante au maximum sera $H'=\frac{1}{2}n$; et comme H' ne peut surpasser H, cette valeur s'appliquera aux cas où H sera $>\frac{1}{2}n$. La valeur maximum du rapport de l'effet utile à la quantité d'action dépensée sera pour les cas dont il s'agit

$$\frac{n}{4H} :$$

Il sera d'autant plus grand que H sera plus petite, et par conséquent sa limite correspondra à $H=\frac{1}{2}n$, et sera $\frac{1}{2}$.

Dans les cas où H sera $< \frac{1}{2}\eta$ on aura le maximum d'effet en faisant H' le plus grand possible ou $=$H. La valeur du rapport deviendra

$$\frac{\eta - H}{\eta};$$

elle sera d'autant plus grande que H sera plus petite, et égale à l'unité si H est infiniment petite. On conclut de ce qui précède

1° qu'en général l'effet que peut produire la machine est d'autant plus grand que la hauteur de la chute est plus petite;

2° que dans le cas où la hauteur de la chute surpasse 5^m,15, il faut pour obtenir le plus d'effet, que l'eau soit élevée à 5^m,15, et que la limite de cet effet est la moitié de la quantité d'action dépensée;

3° que dans le cas où la hauteur de la chute est entre 5^m,15 et zéro, il faut pour obtenir le plus d'effet, que la hauteur à laquelle on élève l'eau soit égale à celle de la chute, et que la limite de cet effet est la quantité d'action dépensée.

Si l'on voulait élever l'eau à une hauteur plus grande que 10^m,3, ou plus grande que la hauteur de la chute, il faudrait l'élever par reprises au moyen d'un appareil analogue à celui qui est indiqué n° 185.

(Cette machine a été proposée en 1790, par Detrouville, et elle a été l'objet d'un rapport de l'Académie des sciences, rédigé par Meunier. On ne l'a jamais exécutée en grand. La difficulté d'empêcher l'air atmosphérique de pénétrer dans les capacités, et l'effet de l'air qui se dégage de l'eau lorsque la pression à laquelle elle est soumise diminue, contribue à en rendre l'emploi peu avantageux.)

(M. Manoury Dectot a présenté en 1812 et 1813, diverses machines à élever l'eau, conçues sur les mêmes principes que les précédentes. Ces machines offraient cette circonstance remarquable que les robinets ou soupapes étaient supprimés, en sorte que les nouveaux appareils n'avaient aucunes parties mobiles : les alternatives d'affluence et d'écoulement de l'eau dans les capacités s'opéraient par un jeu de siphons. Le plus remarquable de ces appareils était celui que l'auteur avait nommé *Hydréole*, où l'élévation de l'eau était produite par l'air condensé qui, se mêlant avec une colonne d'eau, la rendait spécifiquement plus légère. On n'a point publié la description de ces machines, dont les modèles sont au Conservatoire des arts et métiers.)

Bélier hydraulique (*fig.* 73).

188. L'action de la chute imprime dans cette machine à une masse d'eau une quantité de force vive, qui est employée à produire l'élévation d'une partie de cette eau. A et A′ indiquent les niveaux des réservoirs supérieur et inférieur. L'eau amenée par le tuyau B s'écoule d'abord par la soupape *m*, qui ayant une pesanteur spécifique plus grande que celle de l'eau, se tient naturellement ouverte. Lorsque l'eau a acquis une certaine vitesse, cette soupape supporte sur sa face inférieure une pression qui la soulève et ferme brusquement l'orifice. A cet instant l'eau exerce une grande pression contre les parois du tuyau, fait ouvrir le clapet *n*, et pénètre dans la cloche C, qui contient un réservoir d'air. Lorsque l'eau contenue dans le tuyau B, a perdu de cette manière le mouvement qu'elle avait acquis, le clapet *n* se referme, la soupape *m* s'ouvre d'elle-même, et le même jeu recommence. L'eau qui a passé par le clapet *n* s'élève dans le tuyau D. L'air contenu dans la capacité C serait bientôt entraîné par le mouvement de l'eau s'il n'était pas renouvelé au moyen de la petite soupape *p*, qui

s'ouvre d'elle-même à l'instant de la diminution de pression intérieure qui suit immédiatement le coup du bélier. La durée des pulsations est d'environ une seconde.

Le jeu du bélier hydraulique peut être soumis au calcul de la manière suivante :

Considérons un vase où l'eau est entretenue constamment au niveau A (*fig.* 74), et dont elle peut s'écouler dans l'air atmosphérique par un petit orifice C établi dans la paroi d'un tuyau adapté à ce vase. Admettons de plus qu'il y ait très-près de l'orifice C un autre orifice C′ qui s'ouvre dans une capacité communiquant avec un réservoir plus élevé où l'eau est constamment entretenue au niveau A′, en sorte que l'eau ou l'air contenu dans cette capacité supportera constamment la pression atmosphérique, plus la pression d'une colonne d'eau dont la hauteur est la différence de niveau de A′ sur C′. Nommons.

H la hauteur du niveau A sur l'orifice C, ou la hauteur de la chute;

H′ la hauteur du niveau A′ sur le niveau A, ou la hauteur à laquelle l'eau doit être élevée;

Ω, Ω' les airs des orifices C, C′.

Supposons en premier lieu l'orifice C′ fermé et l'orifice C ouvert : le mouvement du fluide sera donné par l'équation (8) du n° 29 de la deuxième partie du *Résumé des leçons de mécanique appliquée*, page 14, dans laquelle on doit faire $P=P'$ et $\zeta=H$. En négligeant dans cette équation le terme $\frac{\Omega^2}{O^2}$, et écrivant pour abréger N au lieu de l'intégrale $\int_0^\lambda \frac{ds}{\omega}$, elle deviendra

$$2gH-2\Omega N\frac{dU}{dt}-U^2=0,\ \text{d'où}\ dt=2\Omega N\frac{dU}{2gH-U^2}.$$

Intégrant de manière que l'on ait $U=0$ quand $t=0$, on trouvera comme dans le n° 28 de la 2ᵉ partie du *Résumé*,

$$t=\frac{\Omega N}{\sqrt{2gH}}.\log\frac{\sqrt{2gH}+U}{\sqrt{2gH}-U},\ \text{et}\ U=\sqrt{2gH}.\frac{e^{\frac{t\sqrt{2gh}}{\Omega N}}-1}{e^{\frac{t\sqrt{2gH}}{\Omega N}}+1}.$$

Supposons en second lieu l'orifice C fermé et l'orifice C′ ouvert : le mouvement du fluide sera donné par la même équation, dans laquelle on fera $\zeta=H$, $P'=P+\rho g(H+H')$, $\Omega=\Omega'$. Cette équation deviendra donc ici

$$2gH'+2\Omega'N'\frac{dU}{dt}+U^2=0,\ \text{d'où}\ dt=-2\Omega'N'\frac{dU}{2gH'+U^2}.$$

Intégrant de manière que l'on ait $U=U_1$ quand $t=0$, on trouvera, comme dans le n° 26 de la 2ᵉ partie du *Résumé*,

$$t=\frac{2\Omega'N'}{\sqrt{2gH}}\left(\text{arc.tang}\frac{U_1}{\sqrt{2gH'}}-\text{arc.tang}\frac{U}{\sqrt{2gH'}}\right).$$

et

$$U=U_1\frac{1-\frac{\sqrt{2gH'}}{U_1}\,\text{tang}\,\frac{t\sqrt{2gH'}}{2\Omega'N'}}{1+\frac{U_1}{\sqrt{2gH'}}\,\text{tang}\,\frac{t\sqrt{2gH'}}{2\Omega'N'}};$$

en sorte que la vitesse du fluide deviendra nulle au bout du temps

$$t=\frac{2\Omega'N'}{\sqrt{2gH'}}\,\text{arc.tang}\,\frac{U_1}{\sqrt{2gH'}}.$$

Cela posé, 1° admettons que les orifices étant fermés et le fluide en repos, on ouvre subitement l'orifice Ω pendant un temps θ. A la fin de ce temps la vitesse du fluide à cet orifice sera devenue

$$U' = \sqrt{2gH} \cdot \frac{e^{\frac{\theta\sqrt{2gH}}{\Omega N}} - 1}{e^{\frac{\theta\sqrt{2gH}}{\Omega N}} + 1};$$

et il se sera écoulé un volume de fluide exprimé par

$$\Omega \int_0^\theta dt . U,$$

ou, en ayant égard à la première des valeurs précédentes de dt, par

$$2\Omega^2 N \int_0^{U'} \frac{U dU}{2gH - U^2},$$

intégrale dont la valeur est

$$\Omega^2 N \log \frac{2gH}{2gH - U'^2}.$$

Substituant dans cette formule pour U' l'expression précédente, elle devient

$$\Omega^2 N \log \frac{1}{1 - \left(\dfrac{e^{\frac{\theta\sqrt{2gH}}{\Omega N}} - 1}{e^{\frac{\theta\sqrt{2gH}}{\Omega N}} + 1} \right)^2}, \quad \text{ou } \Omega^2 N \log \frac{\left(e^{\frac{\theta\sqrt{2gH}}{\Omega N}} + 1 \right)^2}{4 e^{\frac{\theta\sqrt{2gH}}{\Omega N}}},$$

ou bien

$$\Omega^2 N \log \left[\tfrac{1}{4} \cdot e^{\frac{\theta\sqrt{2gH}}{\Omega N}} \left(1 + e^{-\frac{\theta\sqrt{2gH}}{\Omega N}} \right)^2 \right],$$

ou

$$\Omega^2 N \left[\frac{\theta \sqrt{2g_1}}{\Omega N} - \log 4 + 2 \log \left(1 + e^{-\frac{\theta \sqrt{2gH}}{\Omega N}} \right) \right].$$

A moins que le temps θ ne soit qu'une fraction très-petite d'une seconde, la quantité $e - \frac{\theta \sqrt{2gH}}{\Omega N}$ sera très-petite : on pourra alors prendre simplement

$$\theta \Omega \sqrt{2gH} - \Omega^2 N \log 4$$

pour l'expression de volume de fluide qui s'est écoulé par l'orifice Ω pendant le temps θ.

2° Admettons que, à l'instant où l'orifice Ω vient d'être fermé, et où le fluide avait pris à cet orifice la vitesse U', l'orifice Ω' vienne à être ouvert. Le fluide prendra immédiatement à cet orifice une vitesse qui sera le résultat du mouvement acquis par le fluide contenu dans le vase, mouvement qui ne peut changer instantanément, c'est-à-dire, la vitesse $\frac{\Omega}{\Omega'} U'$. Le volume de fluide qui serait dépensé à cet orifice pendant un temps θ' sera d'ailleurs exprimé par

$$\Omega' \int_0^{\theta'} dt.U;$$

ou, en ayant égard à la seconde des deux valeurs précédentes de dt, à

$$-2 \Omega'^2 N' \int_{U_1} \frac{U dU}{2gH' + U^2},$$

la limite supérieure de l'intégrale étant la valeur de U qui répond à $t = \theta'$. Si l'on veut donc avoir le volume de fluide qui franchira l'orifice Ω' depuis l'instant où il est ouvert jusqu'à celui où la vitesse devient nulle, c'est-à-dire le plus grand volume de fluide qui puisse passer par cet orifice en vertu du mouvement qui avait été acquis par le fluide, il faut prendre la valeur de l'intégrale

$$2\Omega'^2 N' \int_0^{U_1} \frac{U\,dU}{2gH'+U^2},$$

la limite U_1 étant $= \frac{\Omega}{\Omega'} U'$. Cette valeur est

$$\Omega'^2 N' \log \frac{2gH'+U_1^2}{2gH'}, \text{ c'est-à-dire } \Omega'^2 N' \log \frac{2gH'+\frac{\Omega^2}{\Omega'^2}U'^2}{2gH'},$$

formule dans laquelle on doit mettre pour U' la valeur qui a été donnée précédemment, et qui devient alors

$$\Omega'^2 N' \log \left(1 + \frac{H\Omega^2}{H'\Omega'^2} \frac{e^{\frac{\theta\sqrt{2gH}}{\Omega N}} - 1}{e^{\frac{\theta\sqrt{2gH}}{\Omega N}} + 1} \right).$$

Si le temps θ a été suffisant pour que la vitesse U' ne diffère pas sensiblement de sa limite $\sqrt{2gH}$, on a simplement

$$\Omega'^2 N' \log \left(1 + \frac{H\Omega^2}{H'\Omega'^2} \right)$$

pour l'expression du volume de fluide qui a passé par l'orifice Ω' depuis l'instant où il a été ouvert jusqu'à celui où la vitesse du fluide est devenue nulle.

189. En appliquant le calcul précédent au jeu du bélier hydraulique, on voit que le rapport de l'effet utile à la quantité d'action dépensée est ici

$$\frac{H'\Omega'^2N'}{H\Omega^2N}\;\frac{\log\left(1+\dfrac{H\Omega^2}{H'\Omega'^2}\,\dfrac{e^{\frac{\theta\sqrt{2gH}}{\Omega N}}-1}{e^{\frac{\theta\sqrt{2gH}}{\Omega N}}+1}\right)}{\dfrac{\theta\sqrt{2gH}}{\Omega N}-\log 4+2\log\left(1+e^{-\frac{\theta\sqrt{2gH}}{\Omega N}}\right)}.$$

La valeur de ce rapport dépendra principalement du temps θ pendant lequel l'orifice Ω sera ouvert : lorsque ce temps est extrêmement petit, le rapport dont il s'agit se réduit à $\frac{N'}{N}$. Les quantités N, N' diffèrent généralement fort peu l'une de l'autre, et l'analyse précédente suppose même qu'elles sont sensiblement égales ; car il ne serait pas permis sans cela de prendre $\frac{\Omega U'}{\Omega'}$ pour la vitesse initiale du fluide à l'orifice Ω' : c'est par cette raison que l'on a supposé plus haut l'orifice Ω' placé très-près de l'orifice Ω. Ainsi dans le bélier hydraulique, l'effet utile a pour limite la quantité d'action dépensée, et en approche d'autant plus que le temps de l'ouverture de l'orifice d'écoulement est plus petit.

Quelque petit que l'on s'efforce de faire ce temps, il sera toujours assez grand pour que la valeur de l'expression précédente diffère très-peu de

$$\frac{H'\Omega'^2N'}{H\Omega^2N}\;\frac{\log\left(1+\dfrac{H\,\Omega^2}{H'\Omega'^2}\right)}{\dfrac{\theta\sqrt{2gH}}{\Omega N}-\log 4}.$$

Cette expression indique que l'appareil est plus avantageux pour de petites chutes. La chute étant donnée, le maximum d'effet répondra au maximum de la fonction.

$$H'\Omega'^2 \log\left(1+\frac{H\Omega^2}{H'\Omega'^2}\right).$$

et ce maximum a lieu pour la valeur de H'M^{rs} donnée par l'équation.

$$\log\left(1+\frac{H\Omega^2}{H'\Omega'^2}\right)-\frac{1}{1+\frac{H'\Omega'^2}{H\Omega^2}}=0;$$

ce qui peut servir à déterminer la grandeur de l'orifice Ω qui convient à une valeur donnée de la hauteur H' à laquelle l'eau est élevée. Toutes choses égales d'ailleurs, l'effet utile diminue à mesure que H' augmente à partir de la valeur qui satisfait à l'équation précédente. Si H' était infiniment grande, le rapport de l'effet utile à la quantité d'action dépensée deviendrait à fort peu près

$$\frac{N'}{N}\cdot\frac{1}{\frac{\theta\sqrt{2gH}}{\Omega N}-\log 4}.$$

L'effet obtenu augmente avec la valeur de $N=\int_0^\lambda \frac{ds}{\omega}$. Ainsi il paraît avantageux que le fluide qui est mis en mouvement à chaque oscillation, soit contenu dans de longs tuyaux d'un petit diamètre.

190. L'analyse précédente ne tient point compte des résistances provenant du frottement du fluide contre les parois des tuyaux, auxquelles il serait facile d'avoir égard. De plus, en supposant les orifices m, n de la figure du n° 188 très-près l'un de l'autre, elle ne tient point compte non plus de la nécessité de mettre en mouvement après la fermeture de l'orifice m, l'eau contenue dans l'appareil depuis m jusqu'en n. Enfin elle suppose que l'orifice n

s'ouvre à l'instant même où la soupape *m* se ferme. Il paraît impossible que cette dernière condition soit rigoureusement remplie. Si l'eau et les parois dans lesquelles elle est contenue n'étaient point élastiques, il suffirait qu'il y eût un certain temps entre la fermeture d'un orifice et l'ouverture de l'autre, quelque petit que fût ce temps, pour que le mouvement du fluide fût détruit, en sorte qu'alors l'eau ne sortirait point par le clapet *n*. Mais eu égard à l'élasticité de ces corps, le mouvement de l'eau subsiste encore en grande partie, lorsque ce clapet vient à s'ouvrir, et le retard de cette ouverture diminue peu l'effet produit. On voit, par ce qui précède, en quoi consiste l'utilité du matelas d'air intérieur indiqué à l'extrémité du tuyau B, au delà du clapet *n*. Ce matelas n'est pas nécessaire au jeu de l'appareil, parce qu'en général les parois des tuyaux sont suffisamment élastiques; mais il est utile, parce que c'est un ressort moins résistant que ces parois, et que l'eau comprime plus facilement, en sorte que cette eau emploie alors plus de temps à perdre la même quantité de mouvement et qu'il lui en reste davantage quand le clapet *n* vient à s'ouvrir.

Après la perte du mouvement de l'eau contenue dans l'appareil, l'air du matelas réagit par l'effet de l'excès de pression qu'il a acquis; et imprime à cette eau un petit mouvement en sens contraire, avant que l'écoulement ne commence à se reproduire par l'orifice *m* : c'est par suite de ce mouvement rétrograde qu'il s'établit pendant un instant une pression intérieure plus petite que la pression atmosphérique, en sorte que la soupape *m* s'ouvre d'elle-même, et qu'il peut entrer un peu d'air par la petite soupape *p*.

Il paraît que, dans les meilleurs appareils, l'effet utile est compris entre les 0,6 et les 0,65 de la quantité d'action dépensée.

Le bélier hydraulique a été imaginé et exécuté en 1796 par Montgolfier. Les Anglais réclament l'invention pour M. Whitehurs, qui a donné en 1775 dans les *Transactions philosophiques* la description d'une machine qui diffère seulement du bélier hydraulique en ce que la soupape d'écoulement est remplacée par un robinet.

Colonne oscillante (*fig.* 75).

191. Cet appareil a été proposé en 1812 par M. Manoury Dectot. Il consiste dans un tuyau descendant du bief supérieur R, recourbé verticalement à son extrémité inférieure mn. Cette extrémité présente au milieu de sa section, un petit diaphragme p. Au-dessus de mn est placé verticalement un tuyau de même diamètre qui n'est point en contact avec l'extrémité du tuyau descendant. L'eau arrivant du réservoir R en mn avec une vitesse acquise, le diaphragme p ne lui oppose qu'un léger obstacle. Elle s'élance dans le tuyau vertical et ne s'arrête qu'après être parvenue à un point a', plus élevé que le niveau Aa du réservoir supérieur. L'eau contenue dans le tuyau vertical tend alors à redescendre et à revenir vers le réservoir R. Mais l'obstacle qu'oppose le diaphragme p suffit pour qu'elle se détourne, et s'écoule par l'intervalle laissé entre les deux tuyaux. Le tuyau montant étant ainsi vidé, le même jeu recommence. Pour que ce jeu se produise, la grandeur et la figure du diaphragme p sont assujetties à certaines conditions, que l'auteur avait étudiées par l'expérience.

La colonne oscillante, dans laquelle il n'existe aucune partie mobile, peut être considérée comme un moyen d'élever une portion de l'eau dépensée par la chute. L'eau ne peut jamais être élevée à une hauteur plus grande que celle à laquelle elle parviendrait, en supposant le tuyau d'ascension indéfiniment prolongé. Cette dernière hauteur peut être augmentée, en formant ce tuyau de manière que son diamètre diminue progressivement, à partir du niveau Aa. Lorsque le tuyau d'ascension était cylindrique, l'expérience a montré que, dans l'appareil de M. Manoury, la hauteur dont il s'agit, était environ la moitié de celle de la chute. Si le tuyau d'ascension était coupé au dessous de cette hauteur, on pourrait recueillir à chaque oscillation l'eau qui jaillirait par son extrémité. Il ne paraît pas que cet appareil remarquable puisse être employé avec avantage.

Appareil où l'eau est élevée par l'effet de la diminution de pression qui est produite par l'écoulement du fluide.

192. R est un réservoir (*fig* 76) entretenu constamment plein par l'eau de la source; mn un ajutage par où l'eau s'écoule de ce réservoir; C une capacité fermée; R′ le réservoir où l'on veut faire parvenir l'eau élevée. Les robinets p, q étant fermés, et les robinets r, s ouverts, l'effet de la diminution de la pression que cause l'écoulement de l'eau en m est de dilater l'air en C, au moyen de la communication établie par le tuyau a. L'eau s'élève donc en C par le tuyau b. Quand la capacité est remplie, les robinets r, s se ferment, et les robinets p, q s'ouvrent. L'eau passe de C en R′, et le même jeu est prêt à recommencer.

Cet appareil a été proposé en 1800 par William Close. L'auteur a indiqué un régulateur propre à opérer les mouvements des robinets ou soupapes nécessaires pour le jeu de la machine.

XIX. *Des machines destinées à élever l'eau dont le moteur n'est pas une chute d'eau.*

193. Ces machines sont en grand nombre, et présentent des dispositions très-variées. L'étude dont elles sont le sujet a, pour objet principal, la connaissance de la proportion suivant laquelle elles utilisent la quantité d'action qui leur est appliquée; et celle des avantages divers qu'elles peuvent offrir sous le rapport de l'économie, de la solidité, du peu de place qu'elles occupent, de la facilité d'être transportées, etc. On s'occupera seulement ici des machines le plus généralement employées, ou dont le principe de la composition doit être distingué.

Seaux ou baquets à main, écopes, hollandaises, panier des Égyptiens.

194. D'après les observations rapportées par M. Perronnet, l'effet utile produit par un homme employé à *baqueter* avec un seau à main est de $46000^{k.m}$. Le seau est employé d'une manière plus convenable lorsqu'il est suspendu à l'extrémité d'un levier portant sur un point d'appui (*fig.* 77), et dont l'autre extrémité est chargée d'un contrepoids; parce qu'alors les ouvriers ne sont pas obligés de soulever le poids du seau même, et agissent en se baissant.

195. L'écope prend le nom de hollandaise quand elle est suspendue à un point fixe (*fig.* 78). Le travail qu'on peut effectuer avec cet appareil dépend de l'habitude et de l'adresse de l'ouvrier. D'après une observation rapportée par Bélidor, l'effet utile est de $5^{k \times m},566$ dans une seconde, ce qui revient à $120000^{k \times m}$ par jour en supposant six heures de travail, résultat considérable comparativement à celui

que l'on obtient par d'autres moyens. L'écope présente cet avantage que l'eau peut quitter la machine avant d'avoir atteint la hauteur à laquelle elle est élevée, en sorte que la vitesse qui lui est imprimée n'est point perdue pour l'effet utile.

196. Les Égyptiens emploient pour l'arrosage des terres, des paniers en feuilles de palmier (*fig.* 79), manœuvrés par deux ouvriers, et au moyen desquels on peut élever l'eau de $0^{m},50$ à $0^{m},60$ au dessous du sol. On n'a pas d'observations sur le produit de cet appareil.

Bascule, balance à zigzag, machine de Conté, bascule à manège.

197. La bascule à balancier (*fig.* 80) est fréquemment employée en Italie où on la nomme *conchetta*. Cet appareil qu'on a varié de plusieurs manières, a généralement présenté peu d'avantage.

198. La balance à zigzag (*fig.* 81) a été décrite en 1737, par Bélidor comme ayant été *imaginée par M. Morel.* On peut employer à la fois deux zigzags disposés en sens contraires, ce qui prévient la perte du temps. L'eau s'élève successivement dans les tuyaux inclinés, dont chacun est garni d'un clapet à son extrémité inférieure, par l'effet du balancement imprimé à l'appareil, qui est suspendu en A. On ne peut espérer un résultat avantageux de l'usage de cette machine, à raison surtout des chocs que l'eau doit exercer à chaque oscillation contre les extrémités inférieures des tuyaux.

199. La machine de Conté (*fig.*82) diffère principalement de la précédente en ce que les rigoles en zigzag sont placées sur un axe incliné, que l'on fait osciller sur ses deux extrémités A, B. Ce mouvement d'oscillation est aidé par le

pendule M, qui est fixé à cet axe. Il n'y a pas de clapet aux extrémités des rigoles, mais le fond de la rigole supérieure se trouve en contrebas du fond de la rigole inférieure à laquelle elle succède immédiatement. Cet appareil peut donner lieu aux mêmes observations que le précédent.

200. La bascule à manège porte à ses extrémités deux seaux *m*, *n* (*fig.* 83). Elle est maintenue dans un même plan vertical. Le mouvement de rotation de la plate-forme inclinée *p*, *q* sur laquelle cette bascule est supportée fait élever et abaisser alternativement les deux seaux qui puisent l'eau dans le réservoir inférieur A, et la versent dans l'auge B. On pourrait également maintenir la plate-forme inclinée fixe, et faire tourner la bascule.

Il est nécessaire de connaître ces diverses machines, dont l'idée est ingénieuse et originale ; mais comme elles n'ont jamais été employées en grand avec avantage, il serait superflu d'en faire une étude approfondie.

Roue à palettes (appelée par les Anglais flash wheel).

201. C'est une roue à palettes ordinaire, contenue dans un coursier, et que l'on fait tourner de manière à élever l'eau du réservoir inférieur A dans le réservoir supérieur B (*fig.* 84). Le calcul de l'effet de cette machine peut être fait comme il suit. On nommera

- H la distance des niveaux de l'eau dans les réservoirs A et B, ou la hauteur à laquelle l'eau est élevée ;
- *m* la masse de l'eau élevée dans l'unité de temps ;
- V la vitesse de la circonférence passant par le centre des palettes, qui est supposée constante ;
- P l'effort exercé par le moteur pour faire tourner la roue, supposé appliqué dans le sens de cette circonférence ;

g la vitesse que la gravité imprime aux corps pesants dans l'unité de temps.

Le mouvement de la roue étant supposé uniforme, on a pour la quantité d'action dépensée dans l'unité de temps $PV - mgH$. D'autre part l'eau du réservoir inférieur prenant instantanément la vitesse V des palettes, il s'opère à l'entrée de l'eau dans la roue une perte de force vive égale pour l'unité de temps à mV^2. Enfin l'eau a acquis, quand elle quitte la roue, la vitesse V, et par conséquent la force vive mV^2 pour l'unité de temps. Ainsi l'on a, pour exprimer la condition de l'uniformité du mouvement, l'équation

$$PV - mgH = mV^2, \text{ d'où } PV = mgH + mV^2.$$

Le rapport de l'effet utile à la quantité d'action est donc ici

$$\frac{mgH}{mgH + mV^2}, \text{ ou } \frac{H}{H + \frac{V^2}{g}}:$$

sa valeur est d'autant plus grande que la vitesse du mouvement de la roue est plus petite. Elle serait égale à l'unité si cette vitesse était infiniment petite.

Ce calcul ne tient point compte de l'effet des frottements sur les tourillons de la roue, des frottements de l'eau dans le coursier, de la résistance de l'air et des pertes d'eau à la circonférence des palettes. Ces pertes seront d'autant moins sensibles que la vitesse de la roue sera plus grande; et toutes choses égales d'ailleurs, on les rendra le plus petites qu'il est possible, en donnant aux aubes rectangulaires une longueur double de leur hauteur. Cette machine peut être construite d'une manière solide et durable : le poids de l'eau qu'elle élève, est supporté en partie par le fond du coursier, et l'axe se trouve déchargé d'une partie du poids de la roue même égale à celui du volume d'eau qu'elle déplace; mais elle ne convient pas dans les cas où le niveau du réservoir inférieur subit des variations. On a quelques observations de Smeaton d'après lesquelles un cheval, travaillant 8 heures par jour, produit avec cette machine un effet utile de $47^{k \times m}$ par seconde, ce qui donne $1344560^{k \times m}$ pour l'action journalière, résultat qui dépasse le terme moyen indiqué dans le tableau n° 108.

Roue à godets.

202. Des godets fixes, ou ce qui vaut mieux, tournant sur un axe horizontal, sont distribués à la circonférence d'une roue (*fig.* 85). Ces godets se remplissent d'eau en plongeant dans le réservoir inférieur A, et parvenus au haut de la roue, versent l'eau dans l'auge B. Cette machine, décrite par Vitruve, est très-généralement employée pour l'arrosage des terres. On doit la faire mouvoir lentement. La charpente de la roue est ici entièrement chargée du poids de l'eau qui s'élève. De plus cette eau est élevée plus haut que l'auge qui la reçoit, et le passage des godets dans le réservoir inférieur donne lieu à une résistance très-sensible. Diverses observations indiquent que l'effet utile est un peu moindre que les $\frac{2}{3}$ de la quantité d'action dépensée.

Roue à tympan.

203. On distingue : 1° le tympan des anciens, décrit par Vitruve, formé d'un tambour circulaire partagé par des cloisons dirigées suivant les rayons du cercle (*fig.* 86). L'eau s'introduit dans chaque cloison par les ouvertures placées à la circonférence, et s'écoule par l'axe qui est creux. 2° Le tympan proposé en 1717, par Lafaye (*fig.* 87), formé par des canaux courbés suivant la développante du

cercle de l'axe. L'eau s'introduit dans la roue et s'écoule de la même manière.

Le calcul du tympan de Vitruve pourra s'effectuer conformément à ce qu'on a vu dans le n° 201, en remarquant que l'eau sortant de la roue par l'axe, quitte la machine avec une vitesse de rotation sensiblement nulle, en sorte que l'on doit seulement tenir compte de la perte de force vive qui a lieu quand l'eau entre dans la roue. On a donc ici

$$PV = mgH + \tfrac{1}{2} mV^2,$$

et, pour le rapport de l'effet utile à la quantité d'action dépensée,

$$\frac{H}{H + \frac{V^2}{2g}}.$$

204. Quant au tympan de Lafaye, comme l'eau qui s'introduit dans les canaux n'en prend pas instantanément la vitesse de rotation, on peut dire qu'il n'y a pas de force vive perdue dans le jeu de cette machine. De plus le centre de gravité de l'eau qui s'y trouve contenue, demeurant toujours sensiblement dans une même ligne verticale, l'action de la résistance est tout à fait uniforme.

Le défaut de ces machines consiste en ce qu'elles contiennent une grande quantité d'eau qui les rend très-pesantes, et qu'elles ne l'élèvent qu'au niveau de l'axe. D'après les observations rapportées par M. Perronet, des hommes manœuvrant une roue à tympan au moyen d'une roue à cheville, et travaillant 8 heures par jour, produisaient un effet utile journalier de $211100^{k \times m}$. Cet effet utile paraît être les $\frac{4}{5}$ environ de la quantité d'action dépensée, résultat supérieur à ceux que donnent la plupart des machines employées aux épuisements.

Seaux élevés par le moyen d'une poulie ou d'un treuil.

205. Lorsqu'on veut élever de l'eau par le moyen d'un seau à une grande hauteur, on attache deux seaux aux extrémités d'une corde passant sur une poulie fixe. L'ouvrier agit en tirant de haut en bas sur la corde. L'effet utile journalier produit par un homme employé de cette manière est évalué à environ $70000^{k}\times^{m}$.

206. On obtient un résultat plus avantageux en fixant le milieu de la corde à l'arbre d'un treuil, sur lequel les deux moitiés de cette corde s'enroulent alternativement en sens contraires, et qu'un ou plusieurs hommes font tourner par le moyen d'une manivelle. L'effet utile journalier est évalué à environ $140000^{k}\times^{m}$, et cet appareil très-simple est regardé comme l'un des meilleurs pour employer la force des hommes à l'élévation de l'eau.

Le treuil simple armé d'une manivelle ne convient plus lorsqu'on veut élever des seaux très-pesants, et de grandes quantités d'eau. On emploie alors les hommes, et quelquefois les chevaux à faire tourner un arbre vertical sur lequel les deux parties de la corde s'enroulent alternativement en sens contraire. La direction du mouvement de rotation de cet arbre doit être changée chaque fois qu'un seau qui vient de verser son eau est prêt à redescendre pour aller puiser dans le réservoir inférieur.

Quand on ne veut pas être assujetti à changer la direction du mouvement de rotation de l'arbre vertical du manège, il faut que la corde à laquelle les seaux sont attachés s'enroule sur un autre arbre auquel le mouvement de rotation du premier arbre peut être transmis alternativement dans deux sens opposés. Un mécanisme disposé à cet effet change le sens du mouvement à l'instant où le versement de l'eau vient de s'opérer.

Noria.

207. Les norias consistent dans une corde ou une chaîne sans fin, tournant sur deux poulies ou tambours placés verticalement l'un au-dessous de l'autre, et à laquelle sont attachés des seaux. La poulie inférieure est quelquefois fixe; quelquefois elle est seulement supportée par la corde et chargée d'un poids assez grand pour tenir cette corde tendue; quelquefois aussi cette poulie est supprimée. L'avantage que les norias peuvent offrir dépend principalement de la construction des seaux, de la chaîne, et des roues qui la supportent. Il dépend aussi de la manière dont le versement des seaux s'opère, et on peut distinguer à ce sujet deux cas principaux :

1° Celui ou le seau, incliné par un arrêt, verse avant d'avoir passé sur la roue supérieure;

2° Celui où le seau verse en passant sur cette roue.

On peut dans le dernier cas recevoir l'eau en dehors ou dans l'intérieur de la roue. L'eau se trouve ainsi élevée, au-dessus du réservoir supérieur, à *une hauteur* au moins égale au rayon ou au diamètre de la roue, circonstance peu importante quand la hauteur totale à laquelle on élève l'eau est considérable, mais qui le devient dans le cas contraire.

On a adopté depuis quelque temps, dans les travaux d'épuisement, la noria construite par M. Gateau. Les observations faites sur cette machine indiquent que quand l'eau est élevée de 2 à 4 mètres de hauteur, l'effet utile est $\frac{1}{2}$ ou $\frac{2}{3}$ de la quantité d'action fournie par le moteur. On peut considérer $\frac{2}{3}$ comme le rapport qui a lieu moyennement dans la plupart des machines de ce genre. On doit les faire mouvoir lentement.

Chapelet incliné. Vis hollandaise.

208. Le chapelet est formé d'une buse inclinée dans laquelle s'élève une chaîne sans fin garnie de palettes, passant sur deux rouets placés aux extrémités de cette buse. On peut appliquer à cette machine le calcul des nos 201 et 202. Elle a été fort employée dans les épuisements des grands ponts construits dans le dernier siècle. On n'en obtenait cependant que des produits moins grands que ceux de la plupart des autres machines; les observations indiquent que l'effet utile était un peu moindre que les $\frac{2}{5}$ de la quantité dépensée.

209. On nomme vis hollandaise une vis d'Archimède dont l'enveloppe cylindrique est fixe, l'axe et les cloisons hélicoïdes qu'il porte étant seules mobiles. On supprime la partie supérieure de l'enveloppe. L'eau est élevée, dans cet appareil, à peu près de la même manière que dans le chapelet incliné; il présente, sous le rapport de la solidité, un grand avantage sur la vis d'Archimède ordinaire, parce que l'axe est beaucoup moins chargé.

Chapelet vertical.

210. Le chapelet vertical diffère de la noria en ce que les fonds seuls des seaux sont fixés à la chaîne sans fin; leur paroi latérale est supprimée, et remplacée par un tuyau vertical fixe, dans lequel la chaîne se meut. Le calcul des nos 201 et 202 s'applique au chapelet vertical. Cette machine a été très-fréquemment employée dans les épuisements des fondations. Les observations qui paraissent mériter le plus de confiance, indiquent qu'un homme peut produire, par son moyen, un effet utile journalier égal à $115000^{k \times m}$ environ, ce qui est à peu près les $\frac{2}{3}$ de la quantité d'action qu'il dépense. Comme les palettes ne sont point très-serrées contre

les parois du corps de pompe, il est nécessaire de faire tourner la chaîne avec une vitesse de 1^m, 5 à 2 mètres au moins pour qu'il ne se perde pas beaucoup d'eau.

Pompes.

211. Parmi les machines à élever l'eau, les pompes sont celles qui méritent le plus d'attention, qu'on emploie le plus fréquemment et dans les circonstances où l'on doit produire les plus grands effets; on s'en sert surtout quand l'eau doit être élevée à une hauteur considérable.

Les pompes se divisent en plusieurs espèces.

212. *Pompe foulante.* La pompe indiquée (*fig.* 88) est noyée dans l'eau du réservoir inférieur; elle foule de bas en haut. Quand le piston P descend, la soupape S est fermée, et la soupape S′ ouverte laisse passer l'eau au travers du piston; quand le piston monte, la soupape S est ouverte et la soupape S′ fermée.

La pompe indiquée (*fig.* 89) est également noyée; elle foule de haut en bas. Quand le piston P descend, la soupape S est ouverte et la soupape S′ fermée; le contraire a lieu quand le piston monte.

Les pompes noyées ont un grand inconvénient dans la difficulté des réparations. On trouve plus avantageux de faire fouler de bas en haut que de haut en bas.

Dans la pompe (*fig.* 88), l'effort du piston, quand il foule, est, abstraction faite des frottements et autres résistances, égal au poids d'une colonne d'eau dont la surface du piston est la base, et dont la hauteur est la distance verticale du niveau du réservoir inférieur à la surface supérieure de l'eau dans le tuyau montant.

Dans la pompe (*fig.* 89), la hauteur de la colonne d'eau qui mesure l'effort du piston doit être comptée du dessous de ce piston à la surface supérieure de l'eau dans le tuyau montant.

213. *Pompe aspirante*. Dans la pompe (*fig*.90), quand le piston P s'élève, l'eau monte dans le tuyau d'aspiration par l'effet de la pression atmosphérique, et alors la soupape S est ouverte et la soupape S' fermée. Quand le piston P descend, la soupape S est fermée et la soupape S' ouverte; l'eau qui avait été élevée au-dessus de S passe au travers du piston, et est élevée sur sa tête à l'ascension suivante.

La hauteur de la colonne d'eau qui mesure l'effort du piston est la différence de niveau des réservoirs supérieur et inférieur.

Pompe aspirante et foulante.

214. La pompe (*fig*. 91) offre une disposition semblable à celle de la pompe (*fig*. 89) indiquée n° 211; mais la soupape S' est placée au haut d'un tuyau d'aspiration qui plonge dans l'eau du réservoir inférieur.

La hauteur du tuyau d'aspiration doit être moindre que celle de la colonne d'eau qui fait équilibre à la pression atmosphérique (environ $10^{m},3$).

L'effort exercé sur le piston dans la pompe (*fig*. 91) est, quand il monte, égal au poids d'une colonne d'eau dont la section du piston P est la base, et dont la hauteur est la distance de la surface inférieure de ce piston au niveau du réservoir inférieur. Quand le piston descend, la hauteur de cette colonne d'eau est la distance de la surface de l'eau dans le tuyau montant à la surface inférieure du piston.

Les pompes aspirantes ont l'avantage de n'être pas noyées dans le réservoir inférieur. On peut, comme on le voit (*fig*. 92), réunir cet avantage à celui de fouler de bas en haut, en élevant d'abord l'eau dans une bache placée à une petite hauteur au-dessus du réservoir inférieur, d'où elle est reprise par une pompe foulante agissant comme la première pompe indiquée n° 211.

On peut aussi remplir le même objet plus simplement en employant la disposition représentée (*fig.* 93). Quand le piston P descend, les soupapes S, T sont fermées, et il y a aspiration par la soupape S′; quand le piston monte, la soupape S′ est fermée, et l'eau est refoulée de bas en haut.

La disposition des tuyaux et soupapes, pour le jeu des pompes, a été variée de beaucoup de manières. On doit distinguer celles qui ont pour objet d'imprimer un mouvement continu à l'eau contenue dans le tuyau montant. Cet objet se trouve naturellement rempli quand le même tuyau montant communique à deux ou plusieurs corps de pompe, où les mouvements simultanés des pistons ont lieu dans un sens contraire. On peut satisfaire à la même condition, comme on le voit (*fig.* 94), en employant un seul corps de pompe et deux pistons dont l'un descend pendant que l'autre monte; enfin on peut n'avoir, comme dans la *fig.* 95, qu'un seul corps de pompe et un seul piston. Quand le piston P monte, il aspire par la soupape T qui est ouverte, ainsi que la soupape S, qui laisse passer l'eau soulevée sur la tête du piston; quand le piston descend, il aspire par la soupape T′, et refoule de bas en haut l'eau qui passe en S′.

La condition de procurer à la colonne d'eau contenue dans le tuyau montant un mouvement continu, peut aussi être remplie au moyen d'un réservoir d'air établi près de l'extrémité inférieure de ce tuyau; l'air contenu dans ce réservoir, comprimé quand le piston refoule, réagit quand le piston se meut en sens contraire, de manière à entretenir le mouvement ascensionnel de l'eau. Il faut alors placer, un peu au-dessus de la soupape par laquelle se fait l'aspiration, une petite soupape ou un robinet communiquant avec l'air extérieur, qui s'ouvre à l'instant de l'aspiration, et laisse entrer un peu d'air pour renouveler celui que contient le réservoir, qui est absorbé et entraîné en assez grande quantité par l'eau élevée, quand elle est soumise à une forte pression.

215. Dans les appareils précédents, l'eau est élevée par l'effet du mouvement rectiligne alternatif du piston. On peut aussi donner au piston un mouvement de rotation alternatif, comme dans la pompe indiquée (*fig.* 96). M est une cloison fixe, P le piston mobile. Lorsqu'il tourne dans le sens indiqué par la flèche, l'eau est aspirée par la soupape S, et foulée de bas en haut par la soupape T. Lorsque le piston tourne en sens contraire, l'eau est aspirée par la soupape S' et foulée de bas en haut par la soupape T'. Ce principe a été appliqué par Bramah à une pompe à incendie.

La pompe indiquée (*fig.* 97) opère par un mouvement de rotation continu. Le plateau tournant M est contenu dans un tambour excentrique, et porte les cloisons P qui peuvent glisser à frottement doux dans des encastrements pratiqués dans ce plateau. Des ressorts obligent ces cloisons à s'appliquer constamment contre la paroi du tambour fixe, de manière à s'opposer au passage de l'eau; l'eau est aspirée par le tuyau A et forcée à s'élever par le tuyau B. Des pompes construites sur ce principe sont exécutées à Paris par M. Dietz.

216. Les lois de l'équilibre des pompes et les conditions nécessaires pour en assurer le jeu étant indiquées dans les Traités de mécanique, on considérera seulement ici les pompes dans l'état de mouvement. Prenant pour exemple la pompe aspirante et foulante, on nommera

H la distance verticale des niveaux de l'eau dans le réservoir inférieur A (*fig.* 98), et la bache supérieure E ou la hauteur à laquelle l'eau est élevée;

z la hauteur variable, au bout du temps t, de la surface inférieure a du piston au-dessus du niveau A du réservoir inférieur;

Z la moyenne des valeurs de z qui ont lieu pendant la durée de la course dn piston;

Ω l'aire de la base a du piston;

U la vitesse du piston pendant sa montée;

U_1 la même vitesse pendant la descente du piston;

d le diamètre, o l'aire de la section, l la longueur } du tuyau d'aspiration BC;

δ le diamètre, ω l'aire de la section, λ la longueur } du tuyau d'élévation DE;

m le rapport de la section de la veine contractée, après l'entrée de l'eau dans le tuyau d'aspiration en B, avec la section de ce même tuyau;

n le rapport de la section de la veine contractée, après le passage de l'eau dans la soupape C, avec la section du tuyau Ca où se meut le piston;

p le rapport de la section de la veine contractée, après le passage de l'eau par le clapet D, avec la section du tuyau d'élévation DE;

Π le poids de l'unité de volume d'eau;

g la vitesse imprimée par la gravité aux corps pesants dans l'unité de temps;

P l'effort du moteur supposé appliqué à la tige du piston pendant la montée;

P_1 le même effort pendant la descente du piston;

Q le poids du piston et de sa tige;

F la résistance provenant du frottement du piston contre le corps de la pompe.

Considérons en premier lieu l'ascension du piston, pendant laquelle la soupape d'aspiration C est ouverte et le clapet D fermé. Dans la réalité, le piston prend toujours un mouvement variable ; mais, comme dans ce mouvement la vitesse acquiert dans un temps extrêmement court une valeur qui n'augmente plus d'une manière appréciable, nous supposerons d'abord, pour évaluer l'effet de la machine, le mouvement du piston uniforme pendant la durée entière de sa course ; nous regarderons donc la vitesse U comme constante. Cela posé, on remarquera 1° que dans le temps infiniment petit dt, le moteur dépense la quantité d'action $P.Udt$; que le poids du piston et son frottement produisent, en sens contraire, des quantités d'action $Q.Udt$ et $F.Udt$; que la résistance provenant du frottement de l'eau qui s'élève dans le tuyau d'aspiration, où la vitesse est $\frac{\Omega U}{o}$, produit également, en sens contraire (conformément au n° 109 de la 2e partie des *Résumés des leçons de mécanique appliquée*), la quantité d'action $\frac{\Pi}{g}\frac{4l}{d}\left(\alpha\frac{\Omega U}{o}+6\left(\frac{\Omega U}{o}\right)^2\right).\frac{\Omega U dt}{o}$; enfin, que l'élévation de la tranche d'eau qui suit le piston donne lieu à une quantité d'action $\Pi\Omega U dt.z$, en sorte que l'on a

$$\left[P-Q-F-\Pi\Omega z-\frac{\Pi}{g}\frac{\Omega}{o}\frac{4l}{d}\left(\alpha\frac{\Omega U}{o}+6\left(\frac{\Omega U}{o}\right)^2\right)\right]Udt.$$

pour l'expression de la quantité d'action produite pendant ce temps. 2° Que l'entrée de l'eau dans le tuyau donne lieu pendant le même temps à la perte de force vive $\frac{\Pi}{g}\Omega U dt.\frac{\Omega^2 U^2}{o^2}\left(\frac{1}{m}-1\right)^2$, et le passage de l'eau, par la soupape d'apiration C, à la perte de force vive $\frac{\Pi}{g}\Omega U dt.U^2\left(\frac{1}{n}-1\right)^2$; enfin que la tranche d'eau qui a passé dans le corps de pompe a acquis la force vive $\frac{\Pi}{g}\Omega U dt.U^2$;

en sorte que l'on a

$$\frac{\Pi}{g}\,\Omega\,U\,dt\left[\frac{\Omega^2U^2}{o^2}\left(\frac{1}{m}-1\right)^2+U^2\left(\frac{1}{n}-1\right)^2+U^2\right]$$

pour l'expression de la force vive perdue et acquise pendant le temps infiniment petit dt.

Égalant le double de la quantité précédente à celle-ci, et supprimant le facteur commun $U\,dt$, il viendra

$$P-Q-F-\Pi\,\Omega\,z-\frac{\Pi}{g}\,\frac{\Omega}{o}\,\frac{4l}{d}\left(\alpha\frac{\Omega U}{o}+6\left(\frac{\Omega U}{o}\right)^2\right)$$
$$=\frac{\Pi\,\Omega\,U^2}{2g}\left[\frac{\Omega^2}{o^2}\left(\frac{1}{m}-1\right)^2+\left(\frac{1}{n}-1\right)^2+1\right].$$

Cette équation donnera P en fonction de z, qui est variable : en y remplaçant z par sa valeur moyenne Z, elle donnera la valeur moyenne de P, qui est par conséquent

$$P=Q+F+\Pi\,\Omega\,Z+\frac{\Pi}{g}\,\frac{\Omega}{o}\,\frac{4l}{d}\left(\alpha\frac{\Omega U}{o}+6\left(\frac{\Omega U}{o}\right)^2\right)$$
$$+\Pi\,\Omega\,\frac{U^2}{2g}\left[\frac{\Omega^2}{o^2}\left(\frac{1}{m}-1\right)^2+\left(\frac{1}{n}-1\right)^2+1\right].$$

217. Considérons maintenant la descente du piston pendant laquelle la soupape d'aspiration C est fermée, et le clapet D ouvert. En regardant toujours la vitesse U_1 comme constante pendant toute la durée de la course du piston, on verra de la même manière que dans le temps infiniment petit dt, 1° la quantité d'action dépensée est

$$\left[P_1+Q-F-\Pi\,\Omega\,(H-z)-\frac{\Pi}{g}\,\frac{\Omega}{\omega}\,\frac{4\lambda}{\delta}\left(\alpha\frac{\Omega U_1}{\omega}+6\left(\frac{\Omega U_1}{\omega}\right)^2\right)\right]U_1dt;$$

2° la force vive perdue et acquise est

$$\frac{\Pi}{g}\,\Omega U_1\,dt\left[\frac{\Omega^2U_1^2}{\omega^2}\left(\frac{1}{p}-1\right)+\frac{\Omega^2U_1^2}{\omega^2}-U_1^2\right].$$

Égalant le double de la quantité précédente à celle-ci, il vient

$$\left[P_1+Q-F-\Pi\Omega(H-z)-\frac{\Pi}{g}\frac{\Omega}{\omega}\frac{4\lambda}{\delta}\left(\alpha\frac{\Omega U_1}{\omega}+6\left(\frac{\Omega U_1}{\omega}\right)^2\right)\right]$$

$$=\Pi\Omega\frac{U_1^2}{2g}\left[\frac{\Omega^2}{\omega^2}\left(\frac{1}{p}-1\right)^2+\frac{\Omega^2}{\omega^2}-1\right].$$

En remplaçant de même z par sa valeur moyenne Z, cette équation donnera pour la valeur moyenne P_1

$$P_1=-Q+F+\Pi\Omega(H-Z)+\frac{\Pi}{g}\frac{\Omega}{\omega}\frac{4\lambda}{\delta}\left(\alpha\frac{\Omega U_1}{\omega}+6\left(\frac{\Omega U_1}{\omega}\right)^2\right)$$

$$+\Pi\Omega\frac{U_1^2}{2g}\left[\frac{\Omega^2}{\omega}\left(\frac{1}{p}-1\right)^2+\frac{\Omega^2}{\omega^2}-1\right].$$

218. En multipliant chacune des valeurs de P et P_1 par la course du piston, et les ajoutant, on aura la quantité d'action dépensée pour produire une oscillation du piston; d'autre part, en supposant qu'il n'y ait pas d'eau perdue, l'effet utile obtenu à chaque oscillation du piston est le produit de $\Omega\Pi H$ par la course du piston. Donc le rapport de l'effet utile à la quantité d'action dépensée est ici

$$\frac{\Pi\Omega H}{\left\{\begin{array}{l}\Pi\Omega H+2F+\frac{\Pi}{g}\frac{\Omega}{o}\frac{4l}{d}\left(\alpha\frac{\Omega U}{o}+6\frac{\Omega^2U^2}{o^2}\right)+\frac{\Pi}{g}\frac{\Omega}{\omega}\frac{4\lambda}{\delta}\left(\alpha\frac{\Omega U_1}{\omega}+6\frac{\Omega^2U_1^2}{\omega^2}\right)\\+\frac{\Pi\Omega U^2}{2g}\left[\frac{\Omega^2}{o^2}\left(\frac{1}{m}-1\right)^2+\left(\frac{1}{n}-1\right)^2+1\right]+\frac{\Pi\Omega U_1^2}{2g}\left[\frac{\Omega^2}{\omega^2}\left(\frac{1}{p}-1\right)^2+\frac{\Omega^2}{\omega^2}-1\right]\end{array}\right\}}.$$

Cette formule met en évidence l'influence de la longueur et du peu de grosseur des tuyaux, aussi bien que celle des étranglements, et d'une vitesse trop grande imprimée au piston sur l'effet obtenu; elle ne tient pas compte d'ailleurs des changements brusques de direction qui peuvent exister dans les tuyaux et diminuer sensiblement le produit. On connaît d'ailleurs, par la solution précédente, les efforts qui doivent être appliqués respectivement à la tige du piston pendant sa montée et pendant sa descente pour faire marcher l'appareil.

219. Cette solution ne tient pas compte, non plus, de la quantité d'action qu'il serait nécessaire de dépenser pour imprimer à chaque oscillation le mouvement au fluide contenu dans le tuyau d'ascension, si l'écoulement de l'eau dans ce tuyau n'était pas maintenu constant, ou sensiblement constant, par l'un des moyens indiqués n° 214. Dans un tel cas, il y aurait trop d'erreur à supposer le mouvement du piston uniforme pendant toute la durée de la course. Il est utile de pouvoir apprécier la quantité d'action dont il s'agit, ce qui exige la recherche du mouvement varié du piston. On supposera le piston mu par un effort constant P appliqué à la tige, et l'on ne tiendra point compte de la masse du corps par lequel cet effort serait transmis. Pour ne pas compliquer sans utilité les formules, on supposera d'ailleurs le coefficient α nul dans l'expression de la résistance provenant du frottement de l'eau dans les tuyaux, et l'on donnera au coefficient β la valeur indiquée dans le n° 114 de la 2e partie du *Résumé des Leçons*.

Considérons en premier lieu l'ascension du piston. Cherchant la force vive du système au bout du temps t, on aura pour celle du piston, $\frac{Q}{g}U^2$; pour celle de l'eau contenue dans le tuyau d'aspiration BC, $\frac{\Pi}{g} lo \, . \frac{\Omega^2 U^2}{o^2}$; et pour celle de l'eau contenue dans le tuyau où se meut le piston, $\frac{\Pi}{g}(z-h)\,\Omega \, . \, U^2$, en désignant par h la hauteur de la soupape C au dessus du niveau A du réservoir inférieur. La force vive totale est donc

$$\frac{Q}{g}U^2+\frac{\Pi}{g}\Omega^2U^2\left(\frac{l}{o}+\frac{z-h}{\Omega}\right);$$

et par conséquent la force vive acquise pendant le temps infiniment petit dt est $\left(\text{parce que } d\left(\frac{l}{o}+\frac{z-h}{\Omega}\right)=\frac{Udt}{\Omega}\right)$

$$\frac{Q}{g}2UdU+\frac{\Pi}{g}\Omega^2.2UdU\left(\frac{l}{o}+\frac{z-h}{\Omega}\right)+\frac{\Pi}{g}\Omega U^3.dt.$$

On a vu nº 216 que l'entrée de l'eau dans le tuyau d'aspiration en B, et le passage de l'eau par la soupape C, donnaient lieu dans le même temps à la perte de force vive

$$\frac{\Pi}{g}\Omega U^3dt\left[\frac{\Omega^2}{o^2}\left(\frac{1}{m}-1\right)^2+\left(\frac{1}{n}-1\right)^2\right]:$$

par conséquent la somme des forces vives acquises et perdues pendant le temps dt est

$$\frac{Q}{g}2UdU+\frac{\Pi}{g}\Omega^2.2UdU\left(\frac{l}{o}+\frac{z-h}{\Omega}\right)$$
$$+\frac{\Pi}{g}\Omega U^3dt\left[1+\frac{\Omega^2}{o^2}\left(\frac{1}{m}-1\right)^2+\left(\frac{1}{n}-1\right)^2\right].$$

D'un autre côté, en ayant égard à ce qui a été dit ci-dessus, on aura comme dans le nº 216, pour la somme des quantités d'actions dépensées dans le même temps

$$\left(P-Q-F-\Pi\Omega z-\frac{\Pi}{g}\frac{\Omega}{o}\frac{4l}{d}.6\frac{\Omega^2U^2}{o^2}\right)Udt,$$

Égalant le double de cette dernière quantité à la première, et divisant par $2Udt$, il viendra pour l'équation du mouvement du piston

$$P-Q-F-\Pi\Omega z-\frac{Q}{g}\frac{dU}{dt}-\frac{\Pi}{g}\Omega^2\frac{dU}{dt}\left(\frac{l}{o}+\frac{z-h}{\Omega}\right)-\frac{\Pi}{g}\frac{\Omega}{o}\frac{4l}{d}.6\frac{\Omega^2U^2}{o^2}$$
$$-\frac{\Pi}{2g}\Omega U^2\left[1+\frac{\Omega^2}{o^2}\left(\frac{1}{m}-1\right)^2+\left(\frac{1}{n}-1\right)^2\right]=0.$$

Dans cette équation U et z sont variables et fonctions de t. Comme z varie généralement très-peu, il y aura très-peu d'erreur à regarder cette quantité comme constante, en lui substituant sa valeur moyenne Z. Alors en faisant, pour abréger,

$$A=\frac{Q}{g}+\frac{\Pi}{g}\Omega^2\left(\frac{l}{o}+\frac{Z-h}{\Omega}\right),$$

$$B=P-Q-F-\Pi\Omega Z,$$

$$C=\frac{\Pi}{g}\frac{\Omega}{o}\frac{4l}{d}.6\frac{\Omega^2}{o^2}+\frac{\Pi}{2g}\Omega\left[1+\frac{\Omega^2}{o^2}\left(\frac{1}{m}-1\right)^2+\left(\frac{1}{n}-1\right)^2\right],$$

l'équation précédente deviendra

$$dt=\frac{A\,dU}{B-CU^2},$$

et donnera (comme dans le n° 28 de la 2ᵉ partie des *Résumés*)

$$t=\frac{A}{2\sqrt{BC}}\log\frac{\sqrt{B}+U\sqrt{C}}{\sqrt{B}-U\sqrt{C}},\text{ et } U=\sqrt{\frac{B}{C}}.\frac{e^{\frac{2\sqrt{BC}}{A}t}-1}{e^{\frac{2\sqrt{BC}}{A}t}+1},$$

e étant la base des logarithmes hyperboliques.

Nommant ensuite c l'espace parcouru par le piston, on aura $dc=U\,dt$; c'est-à-dire

$$dc=\sqrt{\frac{B}{C}}.dt\frac{e^{\frac{2\sqrt{BC}}{A}t}-1}{e^{\frac{2\sqrt{BC}}{A}t}+1},$$

Intégrant depuis $t=0$, il viendra

$$c=\frac{A}{2C}\log\left\{\frac{1}{4}\left(e^{\frac{2\sqrt{BC}}{A}t}+1\right)\left(e^{-\frac{2\sqrt{BC}}{A}t}+1\right)\right\}$$

pour l'expression approchée de l'espace parcouru par le piston au bout du temps t. Par conséquent si γ est la longueur totale de la course, et θ la durée de cette course, on aura

$$\gamma = \frac{A}{2C} \log \left\{ \frac{1}{4} \left(e^{\frac{2\sqrt{BC}}{A}\theta} + 1 \right) \left(e^{-\frac{2\sqrt{BC}}{A}\theta} + 1 \right) \right\}.$$

θ sera généralement assez grand pour que cette expression diffère très-peu de

$$\gamma = \sqrt{\frac{B}{C}} \cdot \theta - \frac{A}{2C} \log . 4 ; \text{ d'où } \theta = \sqrt{\frac{C}{B}} \cdot \gamma + \frac{A}{2\sqrt{BC}} \log . 4,$$

formules qui indiquent la correction qui doit être apportée à la valeur de l'espace parcouru, ou du temps de la course, exprimée au moyen de la vitesse finale $\sqrt{\frac{B}{C}}$ lorsqu'on a égard à la variation du mouvement du piston.

220. Considérons en second lieu la descente du piston. Cherchant la force vive du système au bout du temps t, on aura pour celle du piston $\frac{Q}{g} U_1^2$; pour celle de l'eau contenue dans le tuyau où se meut le piston $\frac{\Pi}{g} (z-h) \Omega . U_1^2$; et pour celle de l'eau contenue dans le tuyau d'élévation DE, $\frac{\Pi}{g} \lambda \omega . \frac{\Omega^2 U_1^2}{\omega^2}$. La force vive totale est donc

$$\frac{Q}{g} U_1^2 + \frac{\Pi}{g} \Omega^2 U_1^2 \left(\frac{z-h}{\Omega} + \frac{\lambda}{\omega} \right) :$$

et par conséquent la force vive acquise pendant le temps infiniment petit dt est $\left(\text{parce que } d \left(\frac{z-h}{\Omega} + \frac{\lambda}{\omega} \right) = - \frac{U_1 dt}{\Omega} + \frac{\Omega U_1 dt}{\omega^2} \right)$,

$$\frac{Q}{g}\,2U_1dU_1+\frac{\Pi}{g}\,\Omega^2.2U_1dU_1\left(\frac{z-h}{\Omega}+\frac{\lambda}{\omega}\right)+\frac{\Pi}{g}\,\Omega U_1^3dt\left(\frac{\Omega^2}{\omega^2}-1\right).$$

La force vive, perdue pendant le même temps au passage de l'eau par le clapet D, étant $\frac{\Pi}{g}\,\Omega U_1 dt.\frac{\Omega^2U_1^2}{\omega^2}\left(\frac{1}{p}-1\right)^2$, on a donc pour la somme des forces acquises et perdues pendant le temps dt

$$\frac{Q}{g}\,2U_1dU_1+\frac{\Pi}{g}\,\Omega^2.2U_1dU_1\left(\frac{z-h}{\Omega}+\frac{\lambda}{\omega}\right)$$
$$+\frac{\Pi}{g}\,\Omega U_1^3dt\left[\frac{\Omega^2}{\omega^2}-1+\frac{\Omega^2}{\omega^2}\left(\frac{1}{p}-1\right)^2\right].$$

D'un autre côté, la somme des quantités d'action dépensées pendant le même temps est, comme on l'a vu n° 217,

$$\left(P_1+Q-F-\Pi\Omega(H-z)-\frac{\Pi}{g}\,\frac{\Omega}{\omega}\,\frac{4\lambda}{\delta}\,.\,6\,\frac{\Omega^2U^2}{\omega^2}\right)U_1dt.$$

Égalant le double de cette quantité à la précédente, il viendra pour l'équation du mouvement du piston

$$P+Q-F-\Pi\Omega(H-z)-\frac{Q}{g}\,\frac{dU_1}{dt}-\frac{\Pi}{g}\,\Omega^2\frac{dU_1}{dt}\left(\frac{z-h}{\Omega}+\frac{\lambda}{\omega}\right)$$
$$-\frac{\Pi}{g}\,\frac{\Omega}{\omega}\,\frac{4\lambda}{\delta}\,.\,6\,\frac{\Omega^2U_1^2}{\omega^2}-\frac{\Pi}{g}\,\Omega U_1^2\left[\frac{\Omega^2}{\omega^2}-1+\frac{\Omega^2}{\omega^2}\left(\frac{1}{p}-1\right)^2\right]=0.$$

Par conséquent, supposant comme ci-dessus, z constant, et remplaçant cette quantité par sa valeur moyenne Z, faisant pour abréger

$$A_1=\frac{Q}{g}+\frac{\Pi}{g}\,\Omega^2\left(\frac{Z-h}{\Omega}+\frac{\lambda}{\omega}\right),$$

$$B_1=P_1+Q-F-\Pi\Omega(H-Z),$$

$$C_1=\frac{\Pi}{g}\,\frac{\Omega}{\omega}\,\frac{4\lambda}{\delta}\,.\,6\,\frac{\Omega^2}{\omega^2}+\frac{\Pi\Omega}{2g}\left[\frac{\Omega^2}{\omega^2}-1+\frac{\Omega^2}{\omega^2}\left(\frac{1}{p}-1\right)^2\right],$$

on parviendra, comme dans le n° précédent, aux équations très-approchées

$$\gamma = \sqrt{\frac{B_1}{C_1}} \cdot \theta_1 - \frac{A_1}{2C_1} \log 4, \text{ et } \theta_1 = \sqrt{\frac{C_1}{B_1}} \cdot \gamma + \frac{A_1}{2\sqrt{B_1 C_1}} \log 4.$$

221. Ces résultats donneront les moyens d'apprécier l'influence de la difficulté d'imprimer de nouveau le mouvement, lors de chaque changement de direction du piston, à la masse du piston même et à celle du fluide contenu dans les tuyaux. Supposons que l'on demande les valeurs des efforts P et P_1 nécessaires pour opérer respectivement la descente et la montée du piston avec les vitesses moyennes U et U_1. En négligeant les corrections qui viennent d'être obtenues, on poserait les équations

$$U = \sqrt{\frac{B}{C}}, \quad U_1 = \sqrt{\frac{B_1}{C_1}}.$$

qui, étant résolues par rapport à P et P_1, donneraient les valeurs trouvées n°s 216 et 217. Mais, en employant les corrections dont il s'agit, il faudra écrire les équations

$$U = \sqrt{\frac{B}{C}} - \frac{A}{2C.\theta} \log 4, \quad U_1 = \sqrt{\frac{B_1}{C_1}} - \frac{A_1}{2C_1.\theta_1} \log 4,$$

et les résoudre également par rapport à P et P_1. On voit par là qu'il suffit, pour avoir égard à la perte d'effet dont on s'occupe ici, de mettre dans les formule des n°s 216, 217 et 218, $U + \frac{A}{2C.\theta} \log 4$ à la place de U; et $U_1 + \frac{A_1}{2C_1\theta_1} \log 4$ à la place de U_1(*).

(*) Log 4 est ici un logarithme hyperbolique.

Pompe spirale.

222. Cet appareil consiste dans un tuyau courbé en spires dont les diamètres décroissent progressivement, et qui forme une roue tournant sur un axe horizontal (*fig.* 99). Ce tuyau est ouvert à l'extrémité A, et aboutit à l'autre extrémité I à une capacité faisant partie de la roue et communiquant avec le tuyau d'ascension fixe MN. La roue est à moitié plongée dans l'eau du réservoir inférieur. En la faisant tourner dans le sens indiqué par la flèche, il entrera alternativement dans le tuyau AI des volumes à peu près égaux d'eau et d'air. En passant de spire en spire, l'eau et l'air se distribueront de la manière indiquée sur la figure, le volume des portions d'air diminuant progressivement à mesure qu'elles se trouvent soumises à des pressions de plus en plus grandes. Parvenu en I, l'air supporte une pression égale à la pression atmosphérique, plus celle qui est due à la somme des hauteurs verticales des colonnes d'eau AB, CD, EF, GH qui sont contenues dans toutes les spires, ce qui détermine la hauteur à laquelle l'eau peut être élevée dans le tuyau MN. Les proportions des parties de cette machine peuvent être réglées approximativement de la manière suivante. Nommant

Ω la section du tuyau dans la première spire ABC;
ω la section du tuyau dans la dernière spire GHI;
R le rayon de la première spire ABC;
r le rayon de la dernière spire GHI;
H la hauteur verticale à laquelle on élève l'eau;
h la hauteur verticale de la colonne d'eau contenue dans la dernière spire GHI;
η la hauteur de la colonne d'eau qui fait équilibre à la pression atmosphérique;

E le volume d'eau qui doit être élevé chaque fois que la roue fait un tour ;

n le nombre des spires.

On remarquera que le volume d'air E, qui entre dans la première spire sous la pression η, supportera, dans la dernière, la pression $\eta + \mathrm{H}$, et deviendra par conséquent $\mathrm{E}\frac{\eta}{\eta+\mathrm{H}}$; donc, pour régler les dimensions de la première et de la dernière spire, on aura

$$\Pi \mathrm{R} \Omega = \mathrm{E}, \quad 2\Pi r\omega = \mathrm{E} + \mathrm{E}\frac{\eta}{\eta+\mathrm{H}} = \mathrm{E}\frac{2\eta+\mathrm{H}}{\eta+\mathrm{H}}.$$

Ces dimensions étant déterminées, on fera décroître uniformément le diamètre des spires intermédiaires. On connaîtra la hauteur verticale h de la colonne d'eau contenue dans la dernière spire GHI; celle de la colonne d'eau contenue dans la première spire ABC sera à fort peu près 2R. On peut donc prendre $\mathrm{R} + \frac{1}{2}h$ pour la hauteur verticale moyenne des colonnes d'eau contenues dans toutes les spires; par conséquent on doit avoir

$$n\left(\mathrm{R} + \frac{1}{2}h\right) = \mathrm{H},$$

équation qui détermine le nombre n.

223. Pour apprécier l'effet mécanique qui peut être produit par cet appareil, il faut considérer que l'air, parvenu en I, doit s'échapper en s'élevant avec l'eau dans le tuyau d'ascension MN. Par conséquent, ce tuyau doit contenir un mélange d'eau et d'air, et il en résulte que l'eau peut être élevée à une hauteur plus grande que la valeur de H exprimée par l'équation précédente. Supposons d'abord que l'on fasse abstraction de cette circonstance, c'est-à-dire ad-

mettons que l'air, parvenu en I, s'échappe subitement à travers l'eau sans diminuer la pesanteur spécifique de la colonne contenue dans le tuyau d'ascension. Comme il n'y a point ici de choc à l'entrée de l'eau dans la roue, et qu'on peut négliger la force vive de l'eau à l'instant où elle sort de l'appareil à l'extrémité du tuyau d'ascension, on voit que la quantité d'action dépensée à chaque tour de la roue sera simplement égale 1° à celle qui est nécessaire pour élever le volume d'eau E à la hauteur H, c'est-à-dire $\Pi E.H$; 2° à celle qui est nécessaire pour comprimer le volume d'air E de la pression n à la pression $n+H$, c'est-à-dire $\Pi E.n \log \frac{H+n}{n}$. On a donc

$$\Pi E\left(H+n \log \frac{n+H}{n}\right)$$

pour l'expression de la quantité d'action dépensée pour un tour de la roue; et comme l'effet utile est $\Pi E.H$, le rapport de ces deux quantités est ici

$$\frac{H}{H+n \log \frac{n+H}{n}}.$$

Cette expression est égale à $\frac{1}{2}$, quand $H=0$; elle augmente avec H et devient égale à l'unité, si la hauteur à laquelle on élève l'eau est supposée infinie.

224. Admettons maintenant que l'air ne s'échappe pas subitement à travers l'eau dans le tuyau d'ascension MN, et que les portions d'eau et d'air qui ont été introduites successivement dans le tuyau AI, conservent le même ordre en s'élevant dans le tuyau MN que nous supposerons vertical. Soit y la hauteur de la portion de ce tuyau qui sera occupée par le volume E. Les portions d'air, en s'é-

levant dans le tuyau, augmenteront progressivement de volume, à mesure que les pressions qu'elles supportent diminueront. Supposons que le tuyau contienne m colonnes d'eau et m colonne d'air, la dernière colonne d'air à l'extrémité supérieure du tuyau, qui ne supporte que la pression atmosphérique, occupera la hauteur γ; la seconde la hauteur $\gamma\frac{\eta}{\eta+\gamma}$; la troisième la hauteur $\gamma\frac{\eta}{\eta+2\gamma}$; et ainsi de suite jusqu'à la m^e qui occupera la hauteur $\gamma\frac{\eta}{\eta+(m-1)\gamma}$. D'après cela on aura, pour la hauteur à laquelle l'eau peut être élevée,

$$m\gamma+\left(\frac{\eta}{\eta+\gamma}+\frac{\eta}{\eta+2\gamma}+\frac{\eta}{\eta+3\gamma}+\ldots\ldots\ldots+\frac{\eta}{\eta+(m-1)\gamma}\right)\gamma,$$

c'est-à-dire (voyez cette formule dans le *Traité de calcul différentiel et intégral* de M. LACROIX, tome III, in-4°, page 148),

$$m\gamma+\eta\gamma\left[\begin{array}{l}\frac{1}{\gamma}\log[\eta+(m-1)\gamma]+\frac{1}{2[\eta+(m-1)\gamma]}-\frac{B_1}{2[\eta+(m-1)\gamma]^2}+\frac{B_3}{2[\eta+(m-1)\gamma]^2}-\text{etc.}\ldots\\ -\frac{1}{\gamma}\log\eta\qquad-\frac{1}{2\eta}\qquad-\frac{B_1}{2\eta^2}\qquad-\frac{B_3}{2\eta^3}\qquad+\text{etc.}\ldots\end{array}\right]$$

ou, en remarquant que $m\gamma$ équivaut à ce qui a été désigné par H dans les numéros précédents,

$$H+\eta\left[\log\frac{\eta+H-\gamma}{\eta}+\frac{\gamma}{2(\eta+H-h)}-\frac{\gamma}{2\eta}+\frac{B_1\gamma}{2(\eta+H-h)^2}-\frac{B_1\gamma}{2\eta^2}+\text{etc.}\ldots\right].$$

Le rapport de l'effet utile à la quantité d'action dépensée est donc, dans l'hypothèse dont il s'agit,

$$\frac{H+\eta\left[\log\frac{\eta+H-\gamma}{\eta}+\frac{\gamma}{2(\eta+H-h)}-\frac{\gamma}{2\eta}+\frac{B_1\gamma}{2(\eta+H-h)^2}-\frac{B_1\gamma}{2\eta^2}+\text{etc.}\ldots\right]}{H+\eta\log\frac{\eta+H}{\eta}};$$

sa valeur sera d'autant plus grande que γ sera moindre, et deviendrait égale à l'unité si l'on supposait cette quantité nulle. Ainsi la limite théorique de l'effet obtenu est, dans la pompe spirale, la quantité d'action dépensée. Dans la réalité, l'effet utile, abstraction faite des frottements, sera compris entre les valeurs données par les deux hypothèses précédentes.

On n'a pas d'observations sur le produit de cet appareil, dont il n'a été fait que très-peu d'usage ; on croit généralement qu'il a été exécuté pour la première fois à Zurich par André Wirtz, et la première description en a paru en 1766, dans le tome III des *Mémoires de la société de Zurich*, mais il avait été présenté à l'Académie des sciences de Paris, en 1756, par Vettman, Hollandais.

Roue à force centrifuge.

225. Elle est formée par un assemblage de tuyaux, ou par un vase partagé par des cloisons qui composent un système mobile autour d'un axe vertical (*fig.* 100). Quand on lui imprime un mouvement de rotation rapide, l'eau du réservoir inférieur A s'introduit dans le bas de la roue, s'y élève par l'effet de la force centrifuge résultant du mouvement de rotation, et sort par les orifices B placés au haut de la roue. L'appareil doit être disposé de manière que l'eau entre dans la roue sans choc et sans contraction, et qu'elle sorte par les orifices B dans un direction horizontale, en sens contraire du mouvement de rotation de ces orifices. Ces conditions étant remplies, on peut en évaluer l'effet de la manière suivante. Soit nommé

V la vitesse de rotation des orifices B,

O l'aire de l'orifice par laquelle l'eau entre dans le bas de la roue ;

Ω l'aire des orifices B dont on suppose l'entrée évasée;
H la hauteur des orifices B au-dessus du niveau A du réservoir inférieur.

On verra facilement, comme dans le n° 134 (ou par le n° 100 de la 2e partie des *Résumés des Leçons*), qu'il s'établira contre les orifices B une pression due à la hauteur $\frac{V^2}{2g} - H$. L'eau sortira donc de ces orifices, abstraction faite des résistances provenant du frottement de ce fluide dans les tuyaux, avec la vitesse relative $\sqrt{\frac{V^2 - 2gH}{1 - \frac{\Omega^2}{O^2}}}$, et avec la vitesse effective $V - \sqrt{\frac{V^2 - 2gH}{1 - \frac{\Omega^2}{O^2}}}$. La quantité d'action fournie par le moteur devant être égale à la quantité d'action représentée par l'élévation de l'eau, plus la moitié de la force vive que l'eau possède en quittant la roue, le rapport de l'effet utile à la quantité d'action dépensée est ici

$$\frac{gH}{gH + \frac{1}{2}\left(V - \sqrt{\frac{V^2 - g2H}{1 - \frac{\Omega^2}{O^2}}}\right)^2}.$$

Cette expresion sera rendue la plus grande possible, et égale à l'unité, en posant

$$V - \sqrt{\frac{V^2 - 2gH}{1 - \frac{\Omega^2}{O^2}}} = 0, \text{ d'où } V = \frac{O}{\Omega}\sqrt{2gH}.$$

Comme O doit toujours être plus grande que Ω, on voit que la vitesse de rotation des orifices doit surpasser la vitesse due à la hauteur à laquelle l'eau est élevée. Ainsi la limite théorique de l'effet obtenu est la quantité d'action dépensée; mais il faut imprimer à la roue une très-grande vitesse pour n'élever l'eau qu'à une hauteur peu considérable.

La première idée de cet appareil a été présentée, en 1732, à l'Académie des sciences par Le Demours.

Machine pitotienne.

226. Elle a été proposée sous ce nom en 1786, par J. Bernoulli, comme une application du tube de Pitot proposé pour la mesure de la vitesse des eaux courantes. Un ou plusieurs tuyaux sont fixés à un axe vertical de rotation; l'extrémité inférieure M (*fig.* 101) est recourbée horizontalement, et se présente directement au choc de l'eau; l'eau s'élève dans les tuyaux, et sort par les orifices placés à l'extrémité supérieure N. Il convient, comme dans la machine précédente, qu'elle jaillisse de ces orifices dans une direction horizontale et contraire à celle du mouvement de rotation. On nommera

V la vitesse de rotation de l'orifice de sortie N dont on suppose l'entrée évasée;

nV la vitesse de rotation de l'orifice d'entrée M dont on suppose également l'entrée évasée;

Ω l'aire de l'orifice N;

O l'aire de l'orifice M;

H la hauteur de l'orifice N au-dessus du niveau A du réservoir inférieur.

Le choc de l'extrémité inférieure M du tuyau contre l'eau du réservoir inférieur donne lieu, contre le plan de l'orifice placé à cette extrémité, à une pression que l'on peut supposer due à la hauteur $k\frac{n^2V^2}{2g}$, en représentant par k un coefficient qui dépend principalement de la figure et des dimensions de cette partie du tuyau. La force centrifuge de l'eau contenue dans le tuyau donne lieu d'ailleurs, à l'orifice N, à une pression due à la hauteur $(1-n^2)\frac{V^2}{2g}$. Par conséquent, le fluide sortira de cet orifice avec la vitesse relative $\sqrt{\frac{kn^2V^2+(1-n^2)V^2-2gH}{1-\frac{\Omega^3}{O^2}}}$, et avec la vitesse effective $V-\sqrt{\frac{kn^2V^2+(1-n^2)V^2-2gH}{1-\frac{\Omega^2}{O^2}}}$. On aura donc ici, par la raison indiquée dans le n° précédent, pour le rapport de l'effet utile à la quantité d'action dépensée par le moteur

$$\frac{gH}{gH+\frac{1}{2}\left(V-\sqrt{\frac{kn^2V^2+(1-n^2)V^2-2gH}{1-\frac{\Omega^2}{O^2}}}\right)^2}.$$

Cette expression sera la plus grande possible, et égale à l'unité, si l'on a

$$V-\sqrt{\frac{kn^2V^2+(1-n^2)V^2-2gH}{1-\frac{\Omega^2}{O^2}}}=0,\text{ d'où }V=\sqrt{\frac{2gH}{kn^2-n^2+\frac{\Omega^2}{O^2}}}.$$

Cette formule indique une vitesse moins grande que celle qui a été obtenue dans le n° précédent; elle s'accorde avec cette dernière quand on fait $n=o$, c'est-à-dire quand on suppose l'orifice M placé dans l'axe de la roue, d'où l'on peut juger que la direction du plan de cet orifice n'a, dans ce cas, aucune influence sur l'effet obtenu. Ce calcul ne tient point compte de la résistance que l'eau opposerait au mouvement de la partie du tuyau qui est plongée dans le réservoir inférieur.

Vis d'Archimède.

227. Cette machine peut être considérée sous divers points de vue. Nous supposerons, en premier lieu, qu'un tuyau d'un diamètre très-petit est enroulé suivant une hélice tracée sur un cylindre incliné auquel on imprime un mouvement de rotation.

Admettons d'abord que l'extrémité inférieure de la vis soit plongée sous le niveau AA du réservoir inférieur (*fig.* 102) assez profondément pour que, dans le mouvement de rotation, l'extrémité M du tuyau reste constamment au-dessous de ce niveau; il ne pourra alors entrer que de l'eau dans le tuyau. Il formera un vase dans lequel l'eau tendra à s'élever par l'effet de la force centrifuge résultant du mouvement de rotation. Quoique ici l'axe de ce vase soit incliné, le même raisonnement fait dans le n° 100 de la 2e partie du *Résumé des Leçons* montrera qu'en appelant v la vitesse de rotation qui a lieu dans un point déterminé de la surface supérieure libre du fluide, ce point tendra à s'élever au-dessus du niveau du réservoir inférieur à la hauteur $\frac{v^2}{2g}$ due à cette vitesse, d'où il suit que tous les points de la surface également distants de l'axe tendent à se placer dans un même plan horizontal. Si la hauteur de l'extrémité supérieure N du tuyau au-dessus du niveau AA est constamment moindre que la hauteur due à la vitesse de rotation de ce point, l'eau dégorgera constamment par l'extrémité N, ce qui formera un appareil analogue à celui du n° 225. Mais ici la figure du tuyau qui forme le vase, et l'inclinaison de l'axe de rotation, donneraient lieu à une sorte de mouvement d'oscillation de l'eau contenue dans l'appareil, qui n'a pas lieu dans le cas du n° cité, et qui consommerait inutilement une partie de l'action du moteur.

228. Admettons, en second lieu, que l'extrémité inférieure de la vis ne soit pas entièrement plongée dans le réservoir inférieur (*fig.* 103), en sorte que l'extrémité du tuyau accomplisse une partie de sa révolution dans l'eau et une autre dans l'air. Il s'introduira alors alternativement de l'air et de l'eau dans le tuyau, et ces deux fluides tendront à s'y distribuer de la manière indiquée sur la figure, l'eau occupant toujours la partie la plus basse de chaque spire. Chaque portion d'air qui s'introduit dans le tuyau se comprime d'abord, puis se dilate progressivement en passant de spire en spire, et reprend dans la dernière sa force élastique primitive. Il n'est pas nécessaire alors, pour que l'eau parvienne à l'extrémité supérieure N du tuyau, que la vitesse de rotation soit aussi grande que dans le cas précédent, parce que la pression que l'action de la gravité sur l'eau intérieure produit à l'entrée M du tuyau, pression que la force centrifuge doit surmonter, au lieu d'être due à la hauteur verticale de l'extrémité supérieure N du tuyau sur le niveau AA, serait due simplement à la somme des hauteurs verticales des colonnes d'eau contenues dans chaque spire.

229. Lorsqu'il entrera assez d'air dans le tuyau pour que l'eau n'occupe plus dans la spire inférieure, et par conséquent dans toutes les autres, que la portion *mon* de cette spire qui est située au-dessous du plan horizontal *mn* mené par le point le plus élevé, ou une portion moindre, les hauteurs verticales des colonnes d'eau contenues dans toutes les spires étant nulles, l'air contenu dans le tuyau n'y sera nullement comprimé, et aucune pression ne sera exercée par l'effet du poids de l'eau intérieure à l'entrée M du tuyau. Par conséquent, l'action de la force centrifuge ne

sera plus nécessaire pour que l'eau s'élève en passant de spire en spire. Quelque lent que puisse être le mouvement de rotation imprimé à l'appareil, l'eau pourra toujours alors être élevée à une hauteur aussi grande qu'on le voudra. La portion mno de chaque spire se nomme *l'arc hydrophore.*

La situation et la longueur de l'arc hydrophore peuvent être déterminées comme il suit. AA (*fig.* 104) est l'axe du cylindre sur lequel l'hélice est tracée, a la projection horizontale de cet axe; BC la base de ce cylindre, $bmcn$ la projection horizontale de cette base; BMN la projection verticale de l'hélice. On nommera

r le rayon AB du cylindre;
α l'angle que l'axe AA forme avec le plan horizontal BB;
θ l'angle que la tengente à l'hélice forme avec l'axe AA;

Considérons un point quelconque M de l'hélice, et proposons-nous de trouver la hauteur MF de ce point au-dessus du plan horizontal BB; m étant la projection horizontale du point M et s l'angle bam, on aura

$$\mathrm{PM} = \frac{rs}{\operatorname{tang}\theta},\ \mathrm{BP} = r(1-\cos s),\ \mathrm{PE} = \frac{r(1-\cos s)}{\operatorname{tang}\alpha},$$

$$\mathrm{ME} = r\left(\frac{s}{\operatorname{tang}\theta} - \frac{1-\cos s}{\operatorname{tang}\alpha}\right),\ \mathrm{MF} = r\sin\alpha\left(\frac{s}{\operatorname{tang}\theta} - \frac{1-\cos s}{\operatorname{tang}\alpha}\right).$$

Cette expression sera la plus grande ou la moindre qu'il est possible, si l'on a

$$\sin s = \frac{\operatorname{tang}\alpha}{\operatorname{tang}\theta},\ \text{ou}\ s = \operatorname{arc}\left(\sin = \frac{\operatorname{tang}\alpha}{\operatorname{tang}\theta}\right): \qquad (a)$$

les valeurs de s données par cette équation appartiennent donc aux points m, m', projections horizontales des points M, M′ les plus élevés et les plus bas des spires. Soit maintenant t l'angle obtus ban correspondant au point N situé au même niveau que le point le plus élevé M, et qui est l'autre extrémité de l'arc hydrophore ; la hauteur de ce point au-dessus du plan horizontal BB sera donnée par l'expression précédente de MF en y mettant t au lieu de s. Donc la valeur de t est donnée par l'équation

$$\frac{t}{\tang\theta}-\frac{1-\cos t}{\tang\alpha}=\frac{s}{\tang\theta}-\frac{1-\cos s}{\tang\alpha},\ \text{ou}\ t-s=(\cos s-\cos t)\frac{\tang\theta}{\tang\alpha},$$

dans laquelle il faut mettre pour s la valeur donnée par l'équation (a), et qui peut par conséquent s'écrire

$$t-s=\frac{\cos s-\cos t}{\sin s}, \qquad (b)$$

relation qui est indépendante des angles α et θ. La table suivante indique les valeurs correspondantes s et $t-s$ qui satisfont à l'équation (b), ces valeurs étant exprimées en centièmes du quart de cercle.

s	$t-s$
0	400
5	338
10	308
15	284
20	263
25	243
30	224
35	205
40	188
45	170
50	154

s	$t-s$
50	154
55	138
60	122
65	107
70	91
75	76
80	61
85	45
90	30
95	15
100	0

Après avoir calculé s par l'équation (a), on prendra dans cette table la valeur correspondante de $t-s$; cette valeur, multipliée par $\frac{\Pi}{200}$ et par r, donnera la projection horizontale de l'arc hydrophore; en divisant ensuite par tang θ, on aura la longueur absolue de cet arc.

230. La longueur de l'arc hydrophore serait nulle si l'on avait $\alpha = \theta$. L'inclinaison de la vis sur l'horizon doit être moindre que l'inclinaison de l'hélice sur l'axe pour qu'elle puisse élever de l'eau. L'évaluation de la longueur de l'arc hydrophore, et par conséquent du volume d'eau qui peut être contenu dans chaque spire, servira à déterminer la valeur qui doit être donnée à l'angle α pour que, toutes choses égales d'ailleurs, la vis monte dans un temps donné la plus grande quantité d'eau qu'il est possible. Soit V la vitesse de rotation du cylindre sur lequel l'hélice est tracée, les arcs hydrophores seront transportés dans le sens de l'axe avec la vitesse $\frac{V}{\text{tang}\,\theta}$ et s'élèveront verticalement avec la vitesse $\frac{V \sin \alpha}{\text{tang}\,\theta}$. Par conséquent, la question dont il s'agit consiste à déterminer l'angle α de manière à rendre un maximum la fonction

$$(t - s) \sin \alpha.$$

Si l'on supposait l'angle θ de 60°, on trouverait, pour la valeur correspondante au maximum de cette fonction, $\alpha = 44°$ environ.

231. La vis d'Archimède étant considérée dans l'hypothèse du n° 229, supposant le mouvement de rotation uniforme, remarquant que l'eau entre dans le tuyau sans choc et en sort avec une visesse nulle, parce que ce fluide coule dans le tuyau avec une vitesse relative égale à celle des points du tuyau en sens contraire, on voit qu'il n'y a point de force vive perdue dans cet appareil. Ainsi, en négligeant les frottements, l'effort du moteur doit simplement faire

équilibre au poids de l'eau contenue dans la vis; soit P l'effort du moteur supposé appliqué à la circonférence de la base du cylindre sur lequel l'hélice est tracée, E le volume d'eau contenu dans l'arc hydrophore, n le nombre des spires du tuyau qui forme la vis, Π le poids de l'unité de volume de l'eau. Comme à chaque tour du cylindre les arcs hydrophores sont élevés de la hauteur verticale $\frac{2\Pi r.\sin\alpha}{\tang\theta}$, le principe des vitesses virtuelles donne, pour la condition de l'équilibre,

$$P.2\pi r = n.\Pi E\frac{2\pi r.\sin\alpha}{\tang\theta}, \text{ ou } P = n.\Pi E\frac{\sin\alpha}{\tang\theta},$$

ou bien, en appelant H la hauteur à laquelle l'eau est élevée, et remarquant que $\frac{H}{\sin\alpha} = n.\frac{2\pi r}{\tang\theta}$.

$$P = \Pi E\frac{H}{2\pi r}.$$

232. Considérons actuellement la disposition des vis d'Archimède, qui est généralement adoptée, et qui consiste à établir, entre un noyau et une enveloppe cylindriques, des cloisons formées par des surfaces hélicoïdes décrites par une droite constamment perpendiculaire à l'axe du cylindre. Soit AA (*fig.* 105) l'axe du cylindre projeté horizontalement en a; BMBN l'hélice tracée sur ce cylindre et servant de directrice à la droite génératrice de la surface hélicoïde; MN un plan horizontal. Tous les points de la génératrice décrivent des hélices ayant toutes le même pas, et par conséquent des inclinaisons différentes sur l'axe AA. Parmi ces courbes distinguons l'hélice CMC projetée horizontalement en $c\mu c$, qui forme, avec l'axe AA, un angle égal à l'inclinaison AMN de cet axe sur le plan horizontal MN, en sorte que la courbe CMC est touchée en M par la trace MN de ce

plan. Il est visible que toute hélice dont le rayon serait moindre que ac et ab ne pourrait recevoir d'eau, et que toutes les hélices dont le rayon est compris entre ac et ab pourront en recevoir; donc on peut prendre ac pour le rayon du noyau de la vis sans rien perdre sur le volume de l'espace hydrophore. Cet espace est compris entre le plan horizontal MN, la portion de la surface hélicoïde qui est au-dessous de ce plan, et la surface cylindrique servant d'enveloppe à la vis; on peut en calculer le volume comme il suit. On nommera

- α l'angle que l'axe AA forme avec le plan horizontal MN;
- θ l'inclinaison de l'hélice BMBN sur l'axe AA;
- r le rayon ab de l'enveloppe cylindrique sur laquelle cette hélice est tracée;
- s l'angle map formé avec le rayon am par un autre rayon ap mené à la projection horizontale p d'un point quelconque P de la surface hélicoïde;
- x la longueur du rayon ap;
- z la portion PQ d'une droite parallèle à l'axe AA qui est comprise entre le point P où cette droite coupe la surface hélicoïde, et le point Q où elle coupe le plan horizontal MN.

On a

$$EP = r.s \tang\theta,\ EQ = x.\frac{\sin s}{\tang\alpha},\ z = x.\frac{\sin s}{\tang\alpha} - r.s\tang\theta.$$

Posant $z = o$, il vient

$$x = r\frac{s}{\sin s}\tang\alpha.\tang\theta,$$

équation qui appartient à la courbe μn, intersection du plan horizontal MN avec la surface hélicoïde. En faisant $x = r$, l'équation précédente donne

$$\frac{\sin s}{s} = \operatorname{tang} \alpha . \operatorname{tang} \theta :$$

nous désignerons par σ la valeur de s qui satisfait à cette dernière relation, c'est-à-dire l'angle *man* formé avec *am* par le rayon mené au point extrême *n*.

Cela posé, remarquant que l'élément différentiel du volume de l'espace hydrophore est $x ds . dx . dz$, on aura, pour l'expression de ce volume, l'intégrale triple

$$\int_0^\sigma ds \int_{r \frac{s}{\sin s} \operatorname{tang} \alpha . \operatorname{tang} \theta}^{r} dx \int_{rs \operatorname{tang} \theta}^{\frac{x \sin s}{\operatorname{tang} \alpha}} dz . x,$$

ou bien

$$r^3 \int_0^\sigma ds \left(- \frac{1}{2} s \operatorname{tang} \theta + \frac{1}{3} \frac{\sin s}{\operatorname{tang} \alpha} + \frac{1}{6} \frac{s^3}{\sin^2 s} \operatorname{tang}^2 \alpha . \operatorname{tang}^3 \theta \right)$$

ou

$$r^3 \left(- \frac{1}{4} \sigma^2 \operatorname{tang} \theta + \frac{1}{3} \frac{1 - \cos \sigma}{\operatorname{tang} \alpha} + \frac{1}{6} \operatorname{tang}^2 \alpha \operatorname{tang}^3 \theta \int_0^\sigma \frac{ds . s^3}{\sin^2 s} \right).$$

L'intégrale du dernier terme se calculera facilement par approximation.

Si, comme on l'a proposé, la droite génératrice de la surface hélicoïde n'était pas perpendiculaire à l'axe, mais inclinée de manière à augmenter la profondeur de l'espace hydrophore, on aurait alors, en désignant par ω l'angle de la génératrice avec la perpendiculaire à l'axe,

$$z = x \frac{\sin s}{\operatorname{tang} \alpha} - r . s \operatorname{tang} \theta + x \operatorname{tang} \omega ;$$

le calcul du volume de l'espace hydrophore s'opérerait de la manière qui vient d'être indiquée.

Soit E le volume de l'espace hydrophore, on déterminera, conformément à ce qu'on a vu dans le n° 230, l'inclinaison de la vis propre à faire monter, toutes choses égales d'ailleurs, la plus grande quantité d'eau qu'il sera possible en un temps donné, en cherchant la valeur de α propre à rendre un maximum la fonction

$$E \sin \alpha.$$

On pourra également appliquer ici les résultats énoncés dans le n° 231.

233. Pour que l'eau s'élève dans la vis en passant de spire en spire de la manière qui a été supposée dans le n° 229 et les suivants, il est nécessaire que la portion de chaque spire, qui n'est point occupée par l'eau, soit remplie d'air dont la force élastique soit égale à la pression atmosphérique. Pour que cette condition soit toujours satisfaite, et dans le cas même où l'extrémité de la vis serait entièrement plongée dans le réservoir inférieur, et où, par conséquent, l'air n'y pourrait point pénétrer par cette extrémité, il est nécessaire que l'air puisse arriver dans toutes les spires par l'extrémité supérieure. C'est ce qui aura lieu si le rayon du noyau est moindre que ac, c'est-à-dire moindre que la quantité r tang α tang θ, parce qu'alors les portions d'eau occupant les espaces hydrophores n'empêcheront point l'air de passer librement d'une spire à l'autre.

La vis d'Archimède est une des machines connues des anciens et décrites par Vitruve. Elle ne peut élever l'eau qu'à une petite hauteur, et comme il faut que l'eau retombe de l'extrémité supérieure dans une bâche, cette circonstance diminue l'effet utile qui pourrait être obtenu. Les observations indiquent qu'un homme élève dans sa journée, au moyen de cet appareil, 90 mètres cubes à 1 mètre de hauteur; mais la petitesse de ce nombre paraît tenir en partie à la manière imparfaite dont l'action des hommes est ordinairement appliquée à la vis. D'autres observations faites sur des vis mues par des chevaux ont donné des résultats plus avantageux.

Machine de Vera.

234. Elle est composée d'une corde sans fin ou de plusieurs cordes sans fin (*fig.* 106) placées les unes à côté des autres, passant sur une poulie supérieure fixe et sur une poulie inférieure qui sert seulement à maintenir la corde tendue et qui est plongée dans l'eau. Lorsqu'on imprime à la poulie supérieure et par conséquent à la corde un mouvement de rotation rapide, l'eau s'élève, en suivant la partie montante de la corde, par l'effet de la communication de mouvement qui résulte de l'adhérence. On a élevé l'eau, au moyen de cet appareil, à plus de 55 mètres de hauteur. A cette hauteur, avec une corde de $0^m,045$ de pourtour, l'effet utile a été trouvé à peu près les $\frac{2}{5}$ de celui que l'on aurait obtenu en agissant sur un treuil à manivelle servant à manœuvrer des seaux. A une hauteur moindre et avec des cordes plus grosses, le produit est plus considérable. Cette machine a été inventée en 1780.

Canne hydraulique. Machine de Vialon.

235. La canne hydraulique est un tuyau vertical AB (*fig.* 107) dont l'extrémité A, garnie d'une soupape, est plongée dans le réservoir inférieur; on imprime à ce tuyau un mouvement de va et vient vertical. L'eau entre par la soupape quand le tuyau s'abaisse, et après un certain temps, lorsque le mouvement alternatif du tuyau est con-

venablement réglé, la soupape devient inutile, l'eau contenue dans le tuyau ayant acquis un mouvement d'ascension uniforme. En supposant que l'effet du frottement de l'eau contre les parois du tuyau puisse être estimé d'après les résultats exposés n° 109 de la 2ᵉ partie des *Résumés des Leçons*, les conditions de l'établissement de cet appareil se trouveront de la manière suivante. Nommons

Ω l'aire de la section du tuyau;
χ le contour de cette section;
λ la longueur du tuyau;
U la vitesse d'ascension de l'eau contenue dans le tuyau supposée uniforme;
V et V' les vitesses imprimées respectivement au tuyau quand il s'élève et quand il s'abaisse également supposées constantes;
c l'espace parcouru verticalement par le tuyau à chaque oscillation;
n le rapport de la section de la veine contractée après l'entrée de l'eau en *A* dans le tuyau à la section du tuyau;
ρ la masse de l'unité de volume de l'eau;
g la vitesse imprimée par la gravité aux corps pesants dans l'unité de temps.

Considérons l'intervalle de temps qui comprend une oscillation du tuyau. Pendant la montée du tuyau (conformément à la formule du n° 109 cité ci-dessus), il sera exercé, sur la colonne d'eau contenue dans le tuyau, dans le sens du mouvement de cette eau, une quantité d'action exprimée par

$$\rho\chi\lambda[\alpha(V-U)+6(V-U)^2].c.$$

Pendant la descente du tuyau il sera exercé sur la même colonne d'eau, en sens contraire, la quantité d'action

$$\rho\chi\lambda[\alpha(V'+U)+\beta(V'+U)^2].c.$$

La durée de l'oscillation étant $\frac{V+V'}{VV'}c$, le volume d'eau élevé pendant cet intervalle est $\Omega U.\frac{V+V'}{VV'}c$, et comme il est élevé de la hauteur λ, la quantité d'action imprimée en sens contraire du mouvement par la gravité est

$$\rho g\lambda\Omega U\frac{V+V'}{VV'}c.$$

On a donc, pour la quantité d'action totale imprimée pendant une oscillation du tuyau,

$$\rho\chi\lambda\{\alpha(V+V')+\beta[(V-U)^2+(V'+U)^2]\}c+\rho g\lambda\Omega U\frac{V+V'}{VV'}.c.$$

D'autre part, l'eau qui a traversé le tuyau pendant cet intervalle ayant perdu en A la vitesse $\frac{U}{n}-U$, et sortant en B avec la vitesse U, on aura, pour la somme des forces vives perdues et acquises pendant le même intervalle

$$\rho\Omega U\frac{V+V'}{VV'}c.U^2\left\{1+\left(\frac{1}{n}-1\right)^2\right\}.$$

En égalant le double de la quantité d'action imprimée à cette dernière quantité, il viendra

$$2\chi\lambda\{\alpha(V+V')+\beta[(V-U)^2+(V'+U)^2]\}+2g\lambda\Omega U\frac{V+V'}{VV'}$$
$$-\Omega U^3\frac{V+V'}{VV'}\left\{1+\left(\frac{1}{n}-1\right)^2\right\}=0,$$

équation à laquelle devront satisfaire les vitesses V et V' pour que l'eau s'élève dans le tuyau avec la vitesse déterminée U. Le calcul précédent suppose que la masse de l'eau contenue dans le tuyau n'est pas très-petite, et que la durée des oscillations de ce tuyau est très-courte; il ne serait pas permis, sans cela, de regarder la vitesse U comme constante.

236. On a, pour le rapport de l'effet utile à la quantité d'action dépensée,

$$\frac{g\Omega U\,\dfrac{V+V'}{VV'}}{\chi\left\{\alpha(V+V')+6\left[(V-U)^2+(V'+U)^2\right]\right\}},$$

expression dans laquelle les quantités U, V, V' doivent avoir les valeurs convenables pour satisfaire à l'équation précédente.

237. L'appareil dont il s'agit peut élever l'eau par un mouvement de va et vient rectiligne. Vialon a proposé d'employer un mouvement de va et vient circulaire au moyen d'un appareil à peu près semblable à celui qui a été indiqué n° 226.

XX. *Des transports sur les routes de terre.*

238. Le transport des marchandises et des voyageurs s'effectue principalement sur les routes ordinaires au moyen de voitures tirées par des chevaux. Sur les chemins de fer on emploie des chevaux et des machines à vapeur fixes ou mobiles. La meilleure application de la force des chevaux au tirage des voitures est un sujet d'étude important, et qui exigerait la considération spéciale de l'action musculaire (*). On se bornera à remarquer que l'action exercée pour le tirage consiste principalement dans la contraction des muscles extenseurs qui tend à amener le corps en avant, action qui est aidée par le poids du corps lorsque les jambes

(*) Il n'existe sur cet objet que des recherches fort imparfaites.

sont inclinées dans le même sens. Il paraît, d'après cela, qu'une charge modérée peut diminuer la fatigue que le cheval doit supporter. C'est par ce motif que l'on distribue la charge des charrettes de manière que le cheval de limon en porte une petite partie, que l'on donne une légère inclinaison de bas en haut aux traits, à partir du point d'attache sur la voiture, lorsque les chevaux sont attelés à des voitures à quatre roues, et enfin que dans les attelages où plusieurs chevaux sont placés à la suite les uns des autres, on les distribue par rang de taille, les plus petits en avant.

Transport sur les routes ordinaires.

239. Nous considérons l'effet du tirage comme une force dirigée parallèlement à la surface de la roue. Sur une route horizontale, cet effort doit surmonter deux résistances, le frottement de l'essieu dans sa boîte et la résistance qui s'exerce à la circonférence de la roue par l'effet des inégalités ou du peu de dureté du terrain. Sur une route en pente, la composante du poids de la voiture dans le sens de la pente s'ajoute aux résistances dont il s'agit ou doit en être retranchée.

La route étant supposée horizontale et les chevaux marchant au pas, on peut admettre les résultats suivants :

Poids de la voiture, $\frac{1}{4}$ de la charge utile (il s'agit de la plus grande charge qui a lieu en été);

Poids des roues seules, $\frac{2}{5}$ du poids de la voiture ou $\frac{2}{25}$ du poids total;

Effort du tirage sur une route en empierrement, $\frac{1}{12}$ du poids total;

Effort du tirage sur une route pavée, $\frac{1}{20}$ du poids total;

Effort du tirage exercé par un fort cheval, 80 kilogrammes;

Effort du tirage exercé par un cheval de force moyenne, 60 kilogrammes;

Vitesse, $0^m,9$ par seconde;

Durée du travail journalier, 10 heures.

(Ces résultats ne peuvent avoir une grande précision; on les présente comme des termes moyens qui se rapportent à l'état actuel des routes en France. Sur une très-bonne route pavée ou empierrée, l'effort du tirage au pas est réduit à moins de $\frac{1}{30}$ du poids total. L'effort que l'on fait exercer aux chevaux en Angleterre est moindre qu'en France; on l'évalue au plus à 68 kilogrammes; M. Wood ne compte même, d'après ses observations sur le travail effectué sur les chemins de fer, que 51 kilogrammes.)

240. D'après le tableau du n° 23, le rapport de la résistance du frottement à la pression sur l'essieu d'une roue doit être environ $\frac{1}{8}$; l'effort du tirage qui surmonte cette résistance est moindre dans le rapport des rayons de l'essieu et de la roue, rapport qui est ordinairement $\frac{1}{24}$. Ainsi, l'effort dont il s'agit est $\frac{1}{8}$, $\frac{1}{24}$ ou $\frac{1}{192}$ de la charge portée par l'essieu. On voit que cet effort n'est *qu'une petite* partie de la résistance totale, qui est presque entièrement due à l'obstacle que le terrain oppose à la circonférence de la roue. Cet obstacle provient principalement de ce que la roue doit former une *impression* dans le terrain, en déplaçant ou en écrasant ses parties, ou bien de la perte de vitesse que la roue subit lors des chocs qui ont lieu contre les inégalités du terrain. On regarde ordinairement la résistance que la roue doit surmonter comme étant proportionnelle à la charge, mais il y a lieu de présumer que cette résistance augmente dans une proportion plus grande que la charge, et qu'il y aurait de l'avantage à employer des voitures moins pesantes, d'autant plus que les routes pourraient alors être plus facilement maintenues en bon état.

Lorsqu'on attribue une partie de la résistance que le tirage doit surmonter aux pertes de force vive résultant des chocs de la roue contre les inégalités du terrain, on rend raison d'un fait qui a éte vérifié par des expériences directes, et qui consiste en ce qu'en faisant porter la charge sur les ressorts, on diminue l'effort du tirage. En effet, il résulte de l'élasticité des ressorts que la charge, à l'instant où les roues perdent une partie de leur vitesse actuelle, conserve le mouvement qu'elle a acquis, et en aura perdu une moindre partie lorsque les roues reprendront leur vitesse primitive. Les pertes de force vive seront donc moins grandes.

Transport sur les chemins de fer.

241. Sur les chemins de fer à ornières saillantes, en admettant les derniers perfectionnements, on peut adopter les résultats suivants :

Poids des chariots, $\frac{1}{3}$ de la charge utile (la charge des chariots à charbons est ordinairement 2500 kilogrammes);

Poids des roues seules, $\frac{1}{2}$ du poids du chariot ou $\frac{1}{8}$ du poids total;

Effort du tirage le chemin étant de niveau, $\frac{1}{200}$ du poids total.

Ce dernier résultat a été principalement établi d'après les expériences de M. Wood, qui ont donné des rapports encore plus petits; on le regarde comme tenant compte de ce que les rails ne sont pas toujours parfaitement propres, et de la résistance de l'air. Ces expériences ont montré que l'effort du tirage est indépendant de la vitesse du mouvement de translation des voitures et sensiblement proportionnel à la charge. L'expression précédente de l'effort du tirage comprend d'ailleurs la résistance du frottement de l'essieu et celle qui a lieu à la circonférence de la roue; cette dernière résistance est beaucoup moindre que la première, et sur les chemins dont il s'agit, n'est qu'une très-petite partie de la résistance totale.

Dans les roues des chariots sur lesquels ces expériences ont été faites, le rapport du diamètre de l'essieu et de la roue était à peu près $\frac{1}{12}$. Par conséquent, une exécution plus parfaite de l'essieu et des supports par lesquels la charge portait dessus, et plus de soin apporté au graissage, ont rendu le frottement de l'essieu beaucoup moindre que ne l'indiquent les résultats du tableau n° 23.

242. Les expériences par lesquelles la résistance des chariots a été déterminée ont été faites, soit en observant directement l'effort du tirage au moyen d'un dynamomètre, soit en observant les espaces parcourus par les chariots dans un temps donné lorsqu'ils descendaient sans impulsion initiale sur des chemins inclinés, en cédant à l'action de la gravité. On a, dans ce dernier cas,

$$x = \frac{\frac{1}{m}Q - F}{Q} \cdot \frac{1}{2} g t^2,$$

et

$$\frac{F}{Q} = \frac{1}{m} - \frac{2x}{g t^2}.$$

x espace parcouru au bout du temps t;

Q poids des chariots;

$\frac{1}{m}$ pente du plan incliné;

F résistance due aux frottements et qui est indépendante de la vitesse;

g vitesse imprimée par la gravité dans l'unité de temps.

243. Le transport des marchandises sur les chemins de fer, outre l'emploi des chevaux, s'effectue par trois moyens

principaux : l'action de la gravité, les machines à vapeur fixes, les machines à vapeur mobiles appelées *Machines locomotives.*

Lorsque des chariots descendent sur un plan incliné, le mouvement tend à s'accélérer conformément à la loi exprimée par l'équation précédente. V étant la vitesse acquise au bout du temps t, on a

$$V=\left(\frac{1}{m}-\frac{F}{Q}\right)gt.$$

Si l'on voulait prévenir cette accélaration, il faudrait établir le chemin sur une pente uniforme, telle que l'on eût :

$$\frac{1}{m}=\frac{F}{Q}.$$

Les chariots conserveraient alors constamment leur vitesse initiale. On pourrait leur faire acquérir la vitesse initiale convenable en leur faisant d'abord parcourir une portion de chemin dont la pente fût un peu plus rapide.

L'action de la gravité et celle des machines à vapeur fixes donnent lieu à un grand nombre de combinaisons. Ces machines font tourner des tambours horizontaux sur lesquels s'enroulent des cordes auxquelles les chariots sont attachés, et qui sont supportées d'espace en espace sur de petits rouleaux placés dans l'axe du chemin. La descente des chariots sur un plan incliné aide l'action des machines, soit pour monter sur ce même plan les chariots qui vont en sens contraire, soit pour faire monter des chariots qui vont dans le même sens sur un plan incliné ascendant situé en arrière du plan incliné descendant dont il s'agit. On peut donner à l'intervalle des stations 2000 à 2500 mètres. A cette distance, on estime que la résistance produite par le mouvement des cordes augmente la résistance provenant du frottement des chariots d'environ $\frac{1}{3}$.

244. La simplicité du système des machines locomotives et la grande rapidité que peut présenter ce mode de transport, d'après les perfectionnements qu'il a reçus dans ces derniers temps, semblent devoir lui assurer en général la préférence sur tout autre; il faut excepter néanmoins les cas particuliers où l'on serait obligé d'établir des plans inclinés ascendants sur des pentes rapides, telles que $\frac{1}{50}$.

D'après les marchés passés par les propriétaires du chemin de Liverpool à Manchester, une machine qui ne pèsera pas plus de 5 tonnes (5080$^{kil.}$) doit conduire dans les parties de niveau, ou très-peu inclinées, une charge de 40 tonnes (40640$^{kil.}$) avec une vitesse moyenne de 6^{m},56 par seconde. La charge totale étant 45720$^{kil.}$ et l'effort estimé au $\frac{1}{200}$ de 228$^{kil.}$,6 l'effet de cette machine, non compris les résistances qui ont lieu dans la machine même, est de 228$^{kil.}$,6 $\times$ 6^{m},56 $=$ 1499$^{k\times m}$ par seconde ou 20 chevaux environ. La pression de la vapeur contre la soupape de sûreté ne doit pas excéder 50 livres par pouce quarré (3$^{kil.}$,514 par centimètre quarré, 3 $\frac{1}{2}$ atmosphères environ en sus de la pression atmosphérique). La consommation de coke ne doit pas excéder une demi-livre pour une tonne transportée à un mille (0$^{kil.}$,227 pour 1016$^{kil.}$ transportés à 1609 mètres; cela revient à 6$^{kil.}$ $\frac{2}{3}$ pour l'effet produit correspondant à la force d'un cheval). Dans les derniers essais, la vitesse d'une machine locomotive peu chargée a varié de 8 à 11 mètres par seconde.

Le principe de l'usage des machines locomotives consiste en ce que l'action de la vapeur imprime aux roues un mouvement de rotation, qui produit le mouvement de translation de l'appareil par l'effet du frottement des roues sur les rails. Le mouvement de translation n'aurait pas lieu si l'effort du tirage surpassait la résistance due à ce frottement, les roues tourneraient alors en glissant sur les rails sans que l'appareil changeât de place, ce qui établit une limite au tirage que peut exercer une machine d'un poids donné. On a reconnu que, dans l'état le plus désavantageux des rails, il n'est point à craindre que les roues viennent à glisser lorsque l'effort du tirage ne surpasse pas le $\frac{1}{10}$ du poids de la machine.

La même considération établit une limite à la pente que peut monter une machine locomotive tirant une charge déterminée; cette limite sera donnée par l'équation

$$\left(\frac{1}{m}+\frac{1}{200}\right)(q+Q)=\frac{1}{20}q;$$

d'où

$$\frac{1}{m}=\frac{9q-Q}{200(q+Q)},$$

$$Q=q\frac{9m-200}{m+200}.$$

Q poids des chariots tirés par la machine et de leur charge;

q poids de la machine;

$\frac{1}{m}$ pente du plan incliné ascendant;

$\frac{1}{200}$ rapport du tirage à la charge sur un chemin de niveau.

245. Les modifications que peut présenter le jeu des machines locomotives lorsqu'on fait varier la vitesse du transport, la charge ou l'inclinaison du chemin, peuvent être appréciées de la manière suivante. Conservant les dénominations précédentes, nous désignerons par

P l'effort exercé dans la tige du piston de la machine à vapeur;

Ω l'aire de la section du piston;

c la longueur de la course du piston;
θ la durée d'une oscillation entière;
H la hauteur en centimètres de la colonne de mercure qui mesure la pression de la vapeur dans la chaudière;
V la température de la vapeur correspondant à la pression H dans la table du n° 153.
u la vitesse du transport qui a lieu à la fin du temps t;
Γ le nombre de degrés de chaleur transmis à la chaudière dans l'unité de temps pour opérer la vaporisation de l'eau;
r le rayon des roues de la machine locomotive;
ϖ le poids du mètre cube de mercure $= 13568^{\text{kil.}}$.

D'après les n 178 et 180, remarquant que les machines dont il s'agit sont ordinairement des machines à haute pression, sans détente et sans condensation (en sorte que la pression exercée sur la face antérieure du piston est celle d'une atmosphère ou 76 centimètres), et que l'on peut considérer les résistances qui ont lieu dans la machine comme faisant perdre environ les 0,4 de la tension de la vapeur dans la chaudière, nous aurons d'abord

$$P = \frac{\varpi\Omega}{100}(0,6H - 76). \qquad (a)$$

Le volume de vapeur consommé dans chaque oscillation sera $2\Omega c$, et dans l'unité de temps $\frac{2\Omega c}{\theta}$. Le poids de cette vapeur, d'après la formule du n° 168, sera

$$\frac{2\Omega c}{\theta}(0^{k},59)\frac{H}{76}\cdot\frac{1,375}{1+0,00375.V}.$$

Par conséquent, en admettant le résultat du n° 161, la dépense de chaleur dans l'unité de temps est

$$\Gamma = \frac{2\Omega c}{\theta}(0^{k},59)\frac{H}{76}\cdot\frac{1,375}{1+0,00375.V}(550+V).$$

En employant la formule approchée du n° 153 $H=\left(\frac{V+75}{85}\right)^6$, qui donne $V=85.H^{\frac{1}{6}}-75$, l'expression précédente deviendra

$$r=\frac{2\Omega c}{\theta}\,(0^k,59)\,\frac{H}{76}\cdot\frac{653+117\,H^{\frac{1}{6}}}{0,719+0,319H^{\frac{1}{6}}}. \qquad (b)$$

L'effort du tirage est $\left(\frac{1}{m}+\frac{1}{200}\right)(q+Q)$; et, en le supposant appliqué à la circonférence des roues, il doit être surmonté par l'effort du piston de la machine à vapeur. Par conséquent, les roues faisant un tour pour une oscillation du piston, on doit avoir, dans le cas où le mouvement de l'appareil est uniforme,

$$Pc=\left(\frac{1}{m}+\frac{1}{200}\right)(q+Q).\pi r; \qquad (c)$$

et dans le cas où il est variable (*),

$$\frac{Q+q}{g}\,u\,\frac{du}{dt}=\frac{Pc}{\theta}-\left(\frac{1}{m}+\frac{1}{200}\right)(Q+q)\,\frac{\pi r}{\theta}. \qquad (d)$$

(*) L'équation que l'on écrit ici pour exprimer les conditions du mouvement variable du système est insuffisante, parce qu'elle ne se rapporte qu'au mouvement de translation de l'appareil, et que la considération des mouvements oscillatoires des parties mobiles de la machine à vapeur, et du mouvement de rotation des roues de cette machine et des chariots, se trouve entièrement omise. Cette manière de traiter la question suppose que l'on regarde la masse des parties dont il s'agit comme étant très-petite et négligeable par rapport à la masse totale. Comme cette recherche ne peut guère avoir d'objet utile si ce n'est d'examiner jusqu'à quelle distance un appareil, commençant à monter une pente avec une vitesse acquise, pourra conserver une portion déterminée de cette vitesse, il n'y a pas d'inconvénient, pour les applications, à employer un procédé de calcul qui donnera nécessairement un résultat au-dessous de la vérité.

Enfin on a la relation

$$u = \frac{2\pi r}{\theta}. \qquad (e)$$

246. Considérons en premier lieu le cas d'un mouvement uniforme. Les équations (a) et (c) donneront

$$H = \frac{1}{0,6}\left\{76 + \frac{100.\pi r}{\pi \Omega c}\left(\frac{1}{m} + \frac{1}{200}\right)(q+Q)\right\}. \qquad (f)$$

Nous remarquerons que le facteur $\frac{653 + 117 H^{\frac{1}{6}}}{0,719 + 0,319 H^{\frac{1}{6}}}$ du second membre de l'équation (b) décroît avec H, mais très-lentement pour les valeurs ordinaires de cette quantité (de 3 à 6 atmosphères, la valeur de ce facteur ne varie pas de $\frac{1}{40}$). Par conséquent, en conservant ce facteur, dans lequel on substituera dans chaque cas la valeur moyenne de H, l'équation (b), en ayant égard aux équations (e) et (f), deviendra

$$\Gamma = \frac{1}{0,6}\,\frac{1}{76}\,(0^k,59)\left[76\frac{\Omega c}{\pi r} + 100\left(\frac{1}{m} + \frac{1}{200}\right)(q+Q)\right]$$

$$\times u \,.\, \frac{653 + 117 H^{\frac{1}{6}}}{0,719 + 0,319 H^{\frac{1}{6}}}, \qquad (g)$$

et donnera la quantité de chaleur qui devra être fournie dans l'unité de temps pour la formation de la vapeur. Cette quantité, toutes choses égales d'ailleurs, est donc à fort peu près proportionnelle à la vitesse u du transport, et, par conséquent, la dépense totale est sensiblement proportionnelle à la distance parcourue, quelle que soit la vitesse du transport. La quantité de chaleur dont il s'agit diminue lorsqu'on augmente le rayon des roues de la machine locomotive. Ces résultats sont confirmés par les expériences de M. Wood.

La limite de la vitesse que peut prendre un appareil donné est réglée, conformément à l'équation (g), par la quantité de chaleur qui peut être transmise à la chaudière dans l'unité de temps. Il y a deux moyens d'obtenir, à dépense égale de chaleur, une vitesse donnée, 1° en fixant θ ou la vitesse du piston, alors on augmente la vitesse en produisant plus de vapeur dans le même temps; 2° en fixant le rayon r des roues, alors on augmente la vitesse en formant la vapeur à une tension plus élevée, comme le montre l'expression (f). Il semble, par l'expression (g), que ce dernier parti soit préférable sous le rapport de l'économie de la chaleur. Il faut remarquer d'ailleurs que l'on ne peut donner plus de chaleur à une chaudière dans le même temps qu'en brûlant le charbon à une température plus élevée, ce qui tend à augmenter les pertes de chaleur. Par cette raison, la consommation de combustible doit croître dans une progression un peu plus rapide que la vitesse.

247. Considérons maintenant le cas du mouvement variable. En ayant égard à l'équation (a), l'équation (d) donnera

$$u\frac{du}{dt} = \frac{g}{\theta}\left[\frac{\varpi\Omega.2c(0,6\mathrm{H}-76)}{100(q+\mathrm{Q})} - \left(\frac{1}{m}+\frac{1}{200}\right).2\pi r\right].$$

Les quantités H et θ doivent satisfaire à l'équation (b) du n° 245. En substituant, dans le second membre de l'équation précédente, les valeurs de H et θ en fonction de t, valeurs qui dépendent de la manière dont on gouvernera la machine, cette équation donnera par l'intégration la relation entre u et t.

Dans le cas où H et θ sont maintenues constantes, on a

$$u = \sqrt{\mathrm{U}^2 + \frac{2gt}{\theta}\left[\frac{\varpi\Omega.2c(0,6\mathrm{H}-76)}{100(q+\mathrm{Q})} - \frac{1}{m} + \frac{1}{200}\right)2\pi r\right]}, \quad (h)$$

U étant la vitesse initiale. L'espace parcouru depuis l'instant où $t=o$ est

$$\frac{2}{3}\frac{\left[U^2+\frac{2gt}{\theta}\left\{\frac{\varpi\Omega.2c(0{,}6\,H-76)}{100\,(q+Q)}-\left(\frac{1}{m}+\frac{1}{200}\right)2\pi r\right\}\right]^{\frac{3}{2}}}{\frac{2g}{\theta}\left\{\frac{\varpi\Omega.2c(0{,}6\,H-76)}{100\,(q+Q)}-\left(\frac{1}{m}+\frac{1}{200}\right)2\pi r\right\}}.\quad (i).$$

Ces résultats mettront à même d'apprécier le ralentissement qui aura lieu dans le mouvement lorsque l'appareil devra franchir une pente ascendante, et la longueur de cette pente nécessaire pour réduire la vitesse à une valeur déterminée ou pour la rendre tout à fait nulle.

XXI. *Du transport par eau.*

248. Nous considérerons seulement les moyens de transport qui consistent à haler les bateaux, et à leur imprimer le mouvement par l'action même du courant que l'on veut surmonter, ou par des machines à vapeur qui font tourner des roues à aubes placées sur des bateaux.

D'après les nos 156 et suivants de la 2e partie des *Résumés des Leçons*, la résistance que l'eau oppose au mouvement d'un bateau peut être représentée par la formule suivante :

$$K\Pi A\frac{V^2}{2g},$$

ou

$$K\Pi A H.$$

A aire de la section transversale du bateau;

V vitesse du bateau, l'eau étant sans mouvement, ou excès de la vitesse du bateau sur celle de l'eau;

Π poids de l'unité de volume de l'eau;

H hauteur due à la vitesse V;

K coefficient constant dont la valeur dépend de la figure du bateau et doit être déterminée par l'expérience.

Cette expression comprend la partie de la résistance relative au choc et la partie relative au frottement du fluide contre la paroi du bateau. Pour avoir une expression suffisamment exacte de cette dernière partie, il faudrait en général introduire dans la formule un terme proportionnel à V; mais ce terme peut être négligé lorsque V n'est pas moindre que $0^m,3$.

Les dimensions du canal étant supposées très-grandes par rapport à celles du bateau, on admettra, d'après les expériences connues, les résultats suivants :

Bateau en prisme rectangulaire coupé aux deux extrémités perpendiculairement à l'axe, la longueur étant six à dix fois la largeur . . . . K = 1,1

—— avec une poupe. 1,0

—— avec une poupe et une proue formée de deux plans verticaux dont la saillie est égale à la largeur 0,55

—— la saillie de la proue étant double de la largeur 0,45

—— la proue étant formée par un demi-cylindre vertical. 0,5

—— la proue étant formée par le prolongement du prisme coupé en dessous par un plan incliné sur l'horizon de 30°. 0,45

—— ayant la forme des vaisseaux qui naviguent sur la mer 0,18

Le dernier résultat indique, selon toute apparence, la moindre valeur que puisse prendre le coefficient K.

249. Lorsque les dimensions du canal ne sont pas très-grandes par rapport à celles du bateau, la résistance augmente. D'après les proportions ordinaires des bateaux et des canaux en terre, on peut y évaluer approximativement

la résistance en augmentant les valeurs précédentes de K de moitié en sus.

Les parois latérales du bateau et du canal étant presque verticales et la hauteur d'eau sous le fond du bateau $\frac{1}{4}$ de la hauteur de la flottaison, la résistance est plus que doublée lorsque la largeur du canal est deux fois celle du bateau, et plus que quadruplée lorsque la largeur du canal est les $\frac{7}{6}$ de celle du bateau (voyez d'ailleurs les nos 166 et 167 de la 2e partie des *Résumés des Leçons*).

Halage.

250. Lorsque le halage sur les rivières est fait par des hommes ou des chevaux marchant sur une rive, la résistance est augmentée, 1° par l'obliquité du tirage; 2° parce que cette obliquité oblige à placer l'axe du bateau dans une direction inclinée à la direction du mouvement ou à employer un gouvernail; 3° parce que le bateau, s'approchant de la rive sur laquelle le halage s'opère, se trouve dans une condition différente de celle où il se trouverait dans un canal dont la section serait très-grande. On aura égard, dans les cas ordinaires, aux causes d'augmentation de résistance dont il s'agit en doublant les valeurs de K rapportées dans le n° 248.

De plus, on doit tenir compte de la composante du poids du bateau dans le sens de la pente de la rivière.

L'expression de la résistance qui doit être surmontée pour faire mouvoir un bateau contre le courant d'une rivière est donc

$$K\Pi A\frac{(V+v)^2}{2g}+\frac{1}{p}Q;$$

et dans le cas de la descente,

$$K\Pi A\frac{(V-v)^2}{2g}-\frac{1}{p}Q.$$

A, V, Π ont les mêmes significations que ci-dessus;
v vitesse du courant;
$\frac{1}{p}$ pente de la rivière;
Q poids du bateau et de sa charge.

Le coefficient K doit ici avoir une valeur à peu près double des valeurs données n° 248.

Dans la plupart des rivières, le second terme peut être négligé. L'effort du tirage est à peu près proportionnel au quarré des dimensions linéaires du bateau; la charge transportée étant proportionnelle au cube de ces dimensions, il y a en général de l'avantage à employer les plus grands bateaux que comporte l'état de la rivière.

Nous admettrons d'ailleurs les résultats suivants :

Effort du tirage exercé par un fort cheval, 80 kil.; par un cheval de force moyenne, 60kil. (comme au n° 239).

Vitesse des chevaux, 0m,5 par seconde; durée du travail journalier, 10 heures.

Effort exercé par un homme, 12 kil.

Vitesse, 0m,6 par seconde; durée du travail journalier, 8 heures.

Dans des limites peu étendues, on peut regarder l'effort comme variant en raison inverse de la vitesse, et réciproquement.

Halage à points fixes.

251. Ce procédé consiste à faire mouvoir des treuils au moyen de machines placées sur le bâteau de manière à enrouler une corde attachée à un point fixe. On peut avoir des points fixes établis d'espace en espace et qui forment autant de stations; mais cela exige que pendant que le bateau parcourt une station, la corde destinée à lui faire parcourir la station suivante soit portée en avant et dé-

roulée. Cette manœuvre est épargnée lorsqu'on emploie une corde ou plutôt une chaîne déposée au fond de la rivière, et sur laquelle le bateau se remonte en saisissant cette chaîne et la faisant passer sur une poulie armée de dents, ou plutôt sur deux trueils à gorges. Les essais qui ont été faits de ce dernier procédé n'ont nullement prouvé qu'il fût impraticable.

La résistance du bateau, qui doit être surmontée par la tension de la corde, est exprimée par la formule du numéro précédent; mais on n'a pas ici les mêmes motifs d'attribuer au coefficient K une valeur double des valeurs données n° 248; il suffit d'augmenter ces dernières valeurs d'environ $\frac{1}{10}$.

L'expérience a appris que le mécanisme destiné à faire enrouler la corde devait être très-solide et disposé de manière qu'on pût faire varier à volonté, dans des limites assez étendues, la vitesse du bateau, celle du moteur demeurant *constante*, en raison des variations de la charge et de la vitesse des courants. MM. Tourasse et Courtaut, dans leurs essais faits à Lyon sur la Saône et le Rhône, avaient dû se donner les moyens d'obtenir quatre vitesses différentes depuis $0^m,3$ jusqu'à 2 mètres par seconde environ (voyez l'*Essai sur les bateaux à vapeur* de MM. Tourasse et Mellet).

Halage par l'action du courant. Bateaux aquamoteurs.

252. La manière la plus simple d'opérer le halage par l'action du courant consiste dans l'emploi du *radeau plongeur* de M. Thilorier. C'est un plan ou radeau attaché à l'extrémité d'une corde passant sur une poulie fixe (*fig.* 108), et dont l'autre extrémité est attachée au bateau qu'il s'agit

de faire remonter. On fait plonger le radeau en lui faisant prendre une position verticale ou un peu inclinée du côté d'aval. Conservons les dénominations du n° 248 et désignons par

a la surface du radeau;
v la vitesse du courant;
k la valeur qu'il convient de donner au coefficient K pour exprimer la résistance du radeau.

En faisant abstraction de la résistance due à la pente de la rivière et des frottements de la corde et de la poulie, supposant le mouvement du système devenu uniforme, les efforts exercés par le courant sur le plan et le radeau doivent être égaux, ce qui donne la relation

$$ka(v-V)^2 = KA(v+V)^2, \text{ d'où } V = v \frac{\sqrt{\frac{ka}{KA}}-1}{\sqrt{\frac{ka}{KA}}+1}.$$

La vitesse imprimée au bateau est proportionnelle à celle du courant, elle augmente avec le rapport $\frac{ka}{KA}$, mais elle ne peut dépasser la vitesse du courant. La valeur de k peut être supposée ici à peu près égale à 3.

253. Le procédé proposé au commencement du siècle dernier, et désigné par le nom d'*aqua-moteur*, consiste dans l'emploi de roues à aubes placées sur le bateau qu'il s'agit de faire remonter. L'action du courant fait tourner un arbre sur lequel s'enroule une corde attachée en avant du bateau à un point fixe. Supposons le mouvement de l'appareil uniforme, faisons abstraction de la pente de la rivière, conservons les dénominations du n° 248, et désignons par

a l'aire de la partie des aubes plongée dans l'eau;

k la valeur qu'il convient de donner au coefficient K pour exprimer l'action du courant sur les aubes ;

R le rayon des roues compté du centre de la partie des aubes plongée dans l'eau ;

r le rayon de l'arbre sur lequel s'enroule la corde ;

U la vitesse de rotation du centre des aubes ;

v la vitesse du courant ;

T la tension de la corde au moyen de laquelle le bateau est remonté.

La résistance que le courant oppose au bateau est $\Pi KA\frac{(v+V)^2}{2g}$, et l'effort qu'il exerce sur les aubes $\Pi KA\frac{(v+V-U)^2}{2g}$; par conséquent

$$T=\Pi KA\frac{(v+V)^2}{2g}+\Pi ka\frac{(v+V-U)^2}{2g}.$$

L'effort du courant sur les aubes doit d'ailleurs faire équilibre à cette tension agissant à la circonférence de l'axe du treuil, ce qui donne l'équation

$$ka(v+V-U)^2.R=[KA(v+V)^2+ka(v+V-U)^2].r.$$

Enfin on a la relation

$$U=V\frac{R}{r}.$$

Substituant cette valeur de U dans l'équation précédente, on en déduit

$$V=v.\frac{\sqrt{\left(\frac{R}{r}-1\right)\frac{ka}{KA}}-1}{\left(\frac{R}{r}-1\right)\sqrt{\left(\frac{R}{r}-1\right)\frac{ka}{KA}}+1},$$

pour l'expression de la vitesse acquise par l'appareil. La

tension de la corde est

$$T = \Pi KA \frac{R}{R-r} \frac{(v+V)^2}{2g},$$

ou

$$T = \Pi ka \frac{R^3}{r^3\left[\left(\frac{R}{r}-1\right)\sqrt{\left(\frac{R}{r}-1\right)\frac{ka}{KA}}+1\right]^2} \cdot \frac{v^2}{2g}.$$

254. Étant donnée la valeur du rapport $\frac{ka}{KA}$, celle de la vitesse V avec laquelle l'appareil remonte le courant sera la plus grande possible lorsque $\frac{R}{r} - 1$ satisfera à l'équation

$$1 - 2\left(\frac{R}{r}-1\right)\sqrt{\left(\frac{R}{r}-1\right)\frac{ka}{KA}} + 3\left(\frac{R}{r}-1\right) = 0:$$

l'expression de cette vitesse maximum est

$$V = \frac{v}{3} \frac{1}{\frac{R}{r}-1}, \text{ d'où } U - V = \frac{v}{3}.$$

Ainsi la vitesse absolue du centre des aubes doit être le tiers de celle du courant. La tension de la corde correspondante à la vitesse maximum est

$$T = \frac{4}{9} \Pi ka \frac{R}{r} \frac{v^2}{2g}.$$

255. Les essais du mode de halage dont il s'agit, qui ont été faits dans ces derniers temps sur le Rhône, n'ont pas présenté de résultats avantageux. Les principaux inconvénients consistent dans la dépense considérable qu'exigent les cordages et les hommes nécessaires à la manœuvre, dans la lenteur du mouvement, et dans les difficultés provenant des variations que peut présenter la vitesse des courants,

auxquelles répondent des variations beaucoup plus fortes dans la tension de la corde. Il en résulterait la nécessité d'avoir un mécanisme qui permît de changer à volonté le rapport des vitesses désignées ci-dessus par V et U. Les appareils de ce genre étaient destinés d'ailleurs à faire remonter des convois de bateaux, ce qui donne lieu à de nouvelles difficultés, parce qu'il arrive souvent que le bateau moteur se trouve dans un endroit où le courant est faible, tandis que le convoi se trouve encore dans un endroit où le courant est rapide.

Bateaux à vapeur.

256. Nous considérerons principalement les bateaux mus par des roues à aubes qui tournent par l'action d'une machine à vapeur établie sur le bateau même. Nous désignerons par

P l'effort exercé par la tige du piston de la machine à vapeur;

Ω l'aire de la section du piston;

c la longueur de la course du piston;

θ la durée d'une oscillation entière;

H la hauteur en centimètres de la colonne de mercure qui mesure la pression de la vapeur dans la chaudière;

Γ le nombre de degrés de chaleur transmis à la chaudière dans l'unité de temps pour opérer la vaporisation de l'eau;

n le rapport suivant lequel l'effort exercé par la tige du piston est diminué par l'effet du frottement lorsqu'il est transmis à l'arbre des roues;

r le rayon des roues à aubes compté jusqu'au centre de la partie des aubes plongée dans l'eau;

$\frac{1}{p}$ la pente du courant que l'on veut remonter;

v la vitesse de ce courant;

V la vitesse du bateau en sens contraire de celle du courant;

U la vitesse de rotation du centre de la partie des aubes plongée dans l'eau;

A l'aire de la section transversale du bateau;

a l'aire de la partie des aubes plongée dans l'eau;

K, k les valeurs qui doivent être données respectivement au coefficient K du n° 248 pour estimer les résistances que l'eau oppose au mouvement du bateau et des aubes;

Q le poids total du bateau, de sa charge et de l'appareil moteur;

ϖ le poids de l'unité de volume du mercure $=13568$ kil.;

g la vitesse imprimée aux corps pesants par la gravité dans l'unité de temps $=9^m,809$.

On aura d'abord, comme dans le n° 245, et en remarquant que les machines à vapeur employées sur les bateaux sont ordinairement à basse pression ou à haute pression avec condensation, les équations

$$P=\frac{1}{100}\varpi\Omega(0,6H-10), \qquad (a)$$

$$r=\frac{2\Omega c}{\theta}(0^k,59)\frac{H}{76}\cdot\frac{653+117H^{\frac{1}{6}}}{0,719+0,319H^{\frac{1}{6}}}. \qquad (b)$$

On remarquera ensuite que l'eau oppose au bateau la résistance $\Pi KA\frac{(V+v)^2}{2g}$, que les aubes exercent en sens contraire sur l'eau l'effort $\Pi KA\frac{(U-V-v)^2}{2g}$, et que l'effort résultant de l'action de la gravité est $\frac{Q}{p}$. L'équation qui exprime que le mouvement est uniforme est donc

$$\Pi ka\,\frac{(U-V-v)^2}{2g}=\Pi KA\,\frac{(v+V)^2}{2g}+\frac{Q}{p}. \qquad (c)$$

De plus, l'effort du piston devant faire équilibre à l'effort que les aubes exercent sur l'eau, on a, en supposant que les roues font un tour pour une oscillation du piston,

$$nP.2c=\Pi ka\,\frac{(U-V-v)^2}{2g}.2\pi r,$$

ou

$$\frac{1}{100}\,n\varpi\Omega c(0{,}6\,H-10)=\Pi ka\,\frac{(U-V-v)^2}{2g}\,\pi r, \qquad (d)$$

enfin, d'après la supposition précédente, on a la relation

$$U=\frac{2\pi r}{\theta}. \qquad (e)$$

257. Supposons d'abord que l'on se propose de faire l'établissement de l'appareil nécessaire pour imprimer à un bateau une vitesse déterminée. L'équation (c) donne, pour la vitesse des aubes,

$$U=V+v+\sqrt{\frac{KA}{ka}\,(V+v)^2+\frac{1}{p}\,\frac{Q.2g}{\Pi ka}} \qquad (f)$$

cette vitesse doit toujours surpasser la somme $V+v$ des vitesses du bateau et du courant, mais elle la surpasse d'autant moins que l'aire des aubes est plus grande. En ayant égard à l'équation (e), on déduit de l'équation (f), pour la durée d'une oscillation du piston,

$$\theta=\frac{2\Pi r}{V+v+\sqrt{\frac{KA}{ka}\,(V+v)^2+\frac{1}{p}\,\frac{Q.2g}{\Pi ka}}}. \qquad (g)$$

Les équations (c) et (d) donneront ensuite

$$H=\frac{1}{0{,}6}\left[10+100.\,\frac{\pi r}{n\varpi\Omega c}\left(\Pi KA\,\frac{(V+v)^2}{2g}+\frac{Q}{p}\right)\right] \qquad (h)$$

pour l'expression de la tension à laquelle la vapeur doit être formée. En résolvant cette dernière équation par rapport à Ωc, on connaîtrait le volume du cylindre de la machine à vapeur qui devrait avoir lieu pour une tension donnée.

Enfin la quantité d'action donnée dans l'unité de temps par la machine à vapeur aura pour expression

$$\frac{n\varpi\Omega(0{,}6\,\mathrm{H}-10)\,.\,2c}{100\,\theta}$$

$$=\left(\Pi\mathrm{KA}\,\frac{(\mathrm{V}+v)^2}{2g}+\frac{\mathrm{Q}}{p}\right)\left(\mathrm{V}+v+\sqrt{\frac{\mathrm{KA}}{ka}(\mathrm{V}+v)^2+\frac{1}{p}\,\frac{\mathrm{Q}\,.\,2g}{\Pi ka}}\right);\quad (i)$$

qui se réduit, lorsque l'on néglige la considération de la pente du courant, à

$$\frac{n\varpi\Omega(0{,}6\,\mathrm{H}-10)\,.\,2c}{100\,\theta}=\Pi\mathrm{KA}\,\frac{(\mathrm{V}+v)^3}{2g}\left(1+\sqrt{\frac{\mathrm{KA}}{ka}}\right).\quad (k)$$

En substituant dans l'équation (*b*) les valeurs précédentes de H et θ, on trouve

$$r=\frac{1}{0{,}6}\,\frac{1}{76}\,(0^{k}{,}59)\left[10\,\frac{\Omega c}{\pi r}+100\left(\Pi\mathrm{KA}\,\frac{(\mathrm{V}+v)^2}{2g}+\frac{\mathrm{Q}}{p}\right)\right]$$

$$\times\left[\mathrm{V}+v+\sqrt{\frac{\mathrm{KA}}{ka}(\mathrm{V}+v)^2+\frac{1}{p}\,\frac{\mathrm{Q}\,.\,2g}{\Pi ka}}\right].\,\frac{653+117\,\mathrm{H}^{\frac{1}{6}}}{0{,}719+0{,}319\,\mathrm{H}^{\frac{1}{6}}},\quad (l)$$

en conservant le dernier facteur, dont la valeur ne décroît que très-lentement à mesure que H augmente.

Dans les cas ordinaires où l'on peut négliger la considération de la pente du courant, on a simplement

$$r=\frac{1}{0{,}6}\,\frac{1}{76}\,(0^{k}{,}59)\left[10\,\frac{\Omega c}{\pi r}+100\,\Pi\mathrm{KA}\,\frac{(\mathrm{V}+v)^2}{2g}\right]$$

$$\times(\mathrm{V}+v)\left(1+\sqrt{\frac{\mathrm{KA}}{ka}}\right)\frac{653+117\,\mathrm{H}^{\frac{1}{6}}}{0{,}719+0{,}319\,\mathrm{H}^{\frac{1}{6}}};\quad (m)$$

ainsi, la quantité de chaleur qu'il est nécessaire de transmettre à la chaudière croît presque dans le rapport de la troisième puissance de $V+v$; elle diminue à mesure que le diamètre des roues et que la grandeur des aubes augmente.

258. D'après l'équation (k), la quantité d'action dépensée dans l'unité de temps est proportionnelle au cube de $V+v$; par conséquent, si l'on veut que la quantité d'action dépensée pour faire parcourir au bateau une distance donnée soit la moindre possible, il faudra déterminer V de manière à rendre un minimum la quantité

$$\frac{(V+v)^3}{V}.$$

Cette condition sera satisfaite quand on aura $V=\frac{v}{2}$; la vitesse du bateau doit être égale à la moitié de celle du courant qu'il remonte.

Dans le cas où le bateau descendrait le courant, ce qui suppose v négatif, la condition du minimum serait satisfaite en faisant $V=v$, c'est-à-dire que le bateau devrait descendre avec une vitesse égale à celle du courant; il n'y aurait alors aucune dépense de force.

259. Supposons maintenant que, l'appareil étant établi, on veuille connaître la vitesse que prendra le bateau. L'élimination de n entre les deux équations (g) et (h) donnera la valeur de V en fonction de H et θ. Lorsque l'on néglige la considération de la pente du fleuve, le résultat de cette élimination est

$$V=-v+\sqrt[3]{\frac{2g.n\varpi\Omega(0{,}6H-10).2c}{100\theta.\Pi KA\left(1+\sqrt{\frac{KA}{ka}}\right)}}. \qquad (n)$$

L'équation (f) donne, pour la vitesse des aubes,

$$U=\sqrt[3]{\frac{2g.n\varpi\Omega(0{,}6H-10).2c}{100\theta.\Pi KA}\left(1+\sqrt{\frac{KA}{ka}}\right)^2}. \qquad (o)$$

Dans ces formules, le facteur $\frac{\varpi\Omega(0,6\,H-10)\,2c}{100\,\theta}$ représente la quantité d'action fournie par l'action de la vapeur dans l'unité de temps.

260. En résolvant l'équation (h) par rapport à V, on a une autre expression qui ne contient pas θ, mais qui contient r et qui est

$$V=-\nu+\sqrt{\frac{2g}{\Pi KA}\left[n\,\frac{\Omega c(0,6\,H-10)}{100.\pi r}-\frac{1}{p}\,\frac{Q}{g}\right]}; \quad (p)$$

et quand on néglige l'effet de la pente du courant

$$V=-\nu+\sqrt{\frac{2gn\varpi\Omega c(0,6\,H-10)}{100.\pi r.\Pi KA}}. \quad (q)$$

La valeur de la vitesse des aubes est

$$U=\sqrt{\frac{2gn\varpi\Omega c(0,6\,H-10)}{100.\pi r.\Pi KA}}.\left(1+\sqrt{\frac{KA}{ka}}\right). \quad (r)$$

(Si, dans l'équation (q), on néglige 10 par rapport à 0,6 H, la valeur du radical sera proportionnelle à $\sqrt{\frac{n\Omega cH}{r.KA}}$. Les quantités Ω, c et H dépendent de la force de la machine; A dépend de la grandeur du bateau, r de la grandeur des roues; les nombres n et K dépendent de la perfection de l'appareil, et du degré de résistance que l'eau oppose au mouvement du bateau en raison de sa figure. Par conséquent, si l'on adopte pour la vitesse qu'un bateau peut prendre dans une eau sans courant l'expression

$$V=M\sqrt{\frac{Hcd^2}{BD}},$$

H et c ont les mêmes significations que ci-dessus;

d diamètre du piston de la machine à vapeur;

B surface du rectangle circonscrit au maître couple, ou produit de la largeur par le tirant d'eau;
D diamètre extérieur des roues à aubes;
M coefficient numérique;

le coefficient M, nommé par M. Marestier *multiplicateur* (voyez son *Mémoire sur les bateaux à vapeur des États-Unis d'Amérique*, 1824), devra présenter des valeurs peu différentes pour divers bateaux, et chaque valeur particulière de ce coefficient, déduite de l'observation de la vitesse du bateau, donnera une sorte de mesure de la perfection de l'appareil. D'après les observations de M. Marestier sur les principaux bateaux à vapeur des États-Unis, la valeur de M varie entre 20 et 25; la moyenne est 22).

(On peut aussi considérer que, dans le radical de l'équation (n) du n° 258, le facteur $\frac{\Omega(0,6\,H-10)\,.\,2\,c}{100\,\theta}$ représente la quantité d'action transmise par la machine à vapeur dans l'unité de temps; par conséquent, en regardant les quantités n et $1+\sqrt{\frac{KA}{ka}}$ comme dépendant de la perfection de l'appareil, et devant présenter des valeurs peu différentes pour divers bateaux, on exprimera la vitesse que peut prendre le bateau dans une eau sans courant par la formule

$$V=\mu\sqrt[3]{\frac{\nu\,.\,75^{k}\times^{m}}{B}},$$

d'où

$$\nu\,.\,75=B\left(\frac{V}{\mu}\right)^{3}.$$

B a la même signification que ci-dessus;
ν nombre de chevaux indiquant la force de la machine à vapeur évalués chacun à $75^{k}\times^{m}$ par seconde;
μ coefficient numérique.

La valeur de μ, d'après les observations de M. Marestier, est 1,94 environ).

261. D'après un tableau communiqué à M. Marestier par un artiste de New-York, les principaux éléments de l'établissement des bateaux à vapeur sont réglés de la manière suivante.

				Tonneaux.			
Dimensions des bateaux.	Port en tonneaux. . .	160	200	260	320	400	500
				Mètres.			
	Longueur sur le pont. .	22,5	27,0	33,0	37,5	40,5	42,0
	Largeur. . .	6,6	7,2	8,1	9,6	10,2	10,8
	Tirant d'eau.	1,2	1,5	1,8	2,1	2,4	2,55
Nombre de chevaux dont la force représente celle de la machine.		20	30	40	60	80	100
				Mètres.			
Dimensions du cylindre.	Diamètre. . .	0,60	0,75	0,90	1,00	1,10	1,20
	Hauteur. . . .	1,50	1,50	1,55	1,55	1,80	1,80
Dimensions de la chaudière.	Longueur. . .	4,80	6,00	6,00	6,60	6,60	7,20
	Largeur. . . .	2,40	2,55	2,70	3,00	3,15	3,60
	Hauteur. . . .	2,10	2,40	2,40	2,70	3,00	3,00
Diamètre des roues à aubes		4,80	5,10	5,40	5,40	5,70	6,00
Dimensions des aubes.	Longueur. . .	1,50	1,65	1,80	1,80	2,10	2,10
	Hauteur. . .	0,60	0,60	0,75	0,90	0,90	0,90
				Tonneaux.			
Poids de la machine. . . .		20	25	30	35	40	45
				Francs.			
Prix avec la chaudière en cuivre.		65,000	75,000	96,000	123,000	150,000	177,000

D'après MM. Tourasse et Mellet, le poids des appareils, y compris les roues à aubes, est ordinairement de 14 à 1500 kilogrammes par force de cheval. On ne peut espérer de le réduire à moins de 850 kilogrammes, même en employant des machines à haute pression. Les machines à basse pression consomment de 5 à 7 kilogrammes de charbon par heure et par cheval; les machines à haute pression et à détente en consomment de $3^k,3$ à $4^k,5$. Le plus grand bateau à vapeur qui ait été fait en Europe est du port de 1200 tonneaux, et a 72 mètres de longueur sur 9 mètres de largeur avec trois machines de 100 chevaux chacune. La vitesse des bateaux à vapeur, dans une eau sans courant, ne dépasse guère 4 mètres par seconde.

On terminera ici les *Résumés des Leçons* données sur cette dernière partie du cours; l'étendue de la matière est presque sans bornes, puisqu'elle comprend l'ensemble des arts; mais il faut s'arrêter, et l'on s'est attaché à présenter les objets dont l'étude a paru le plus nécessaire pour former l'instruction qui convient aux ingénieurs.

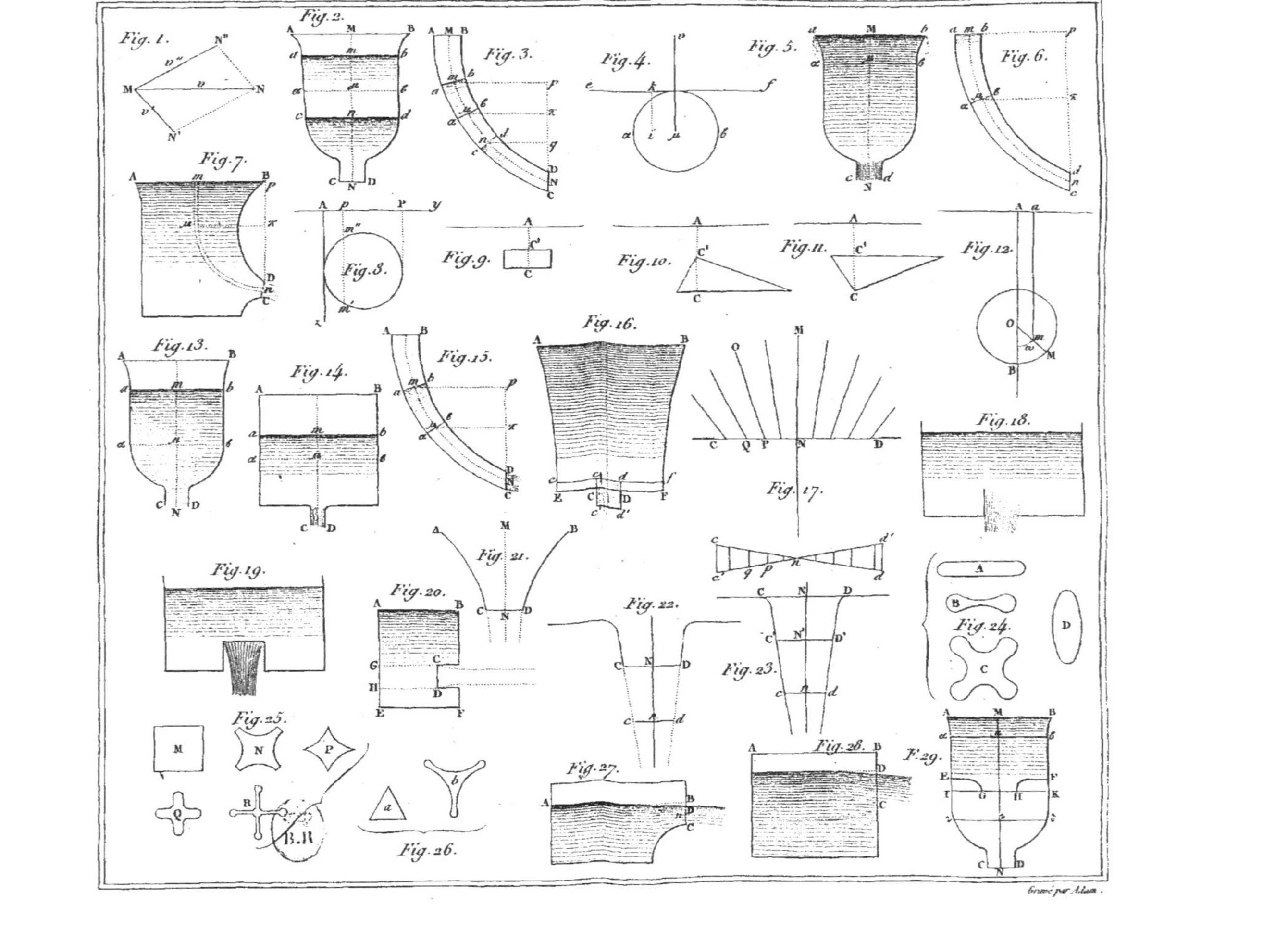

Gravé par Adam.

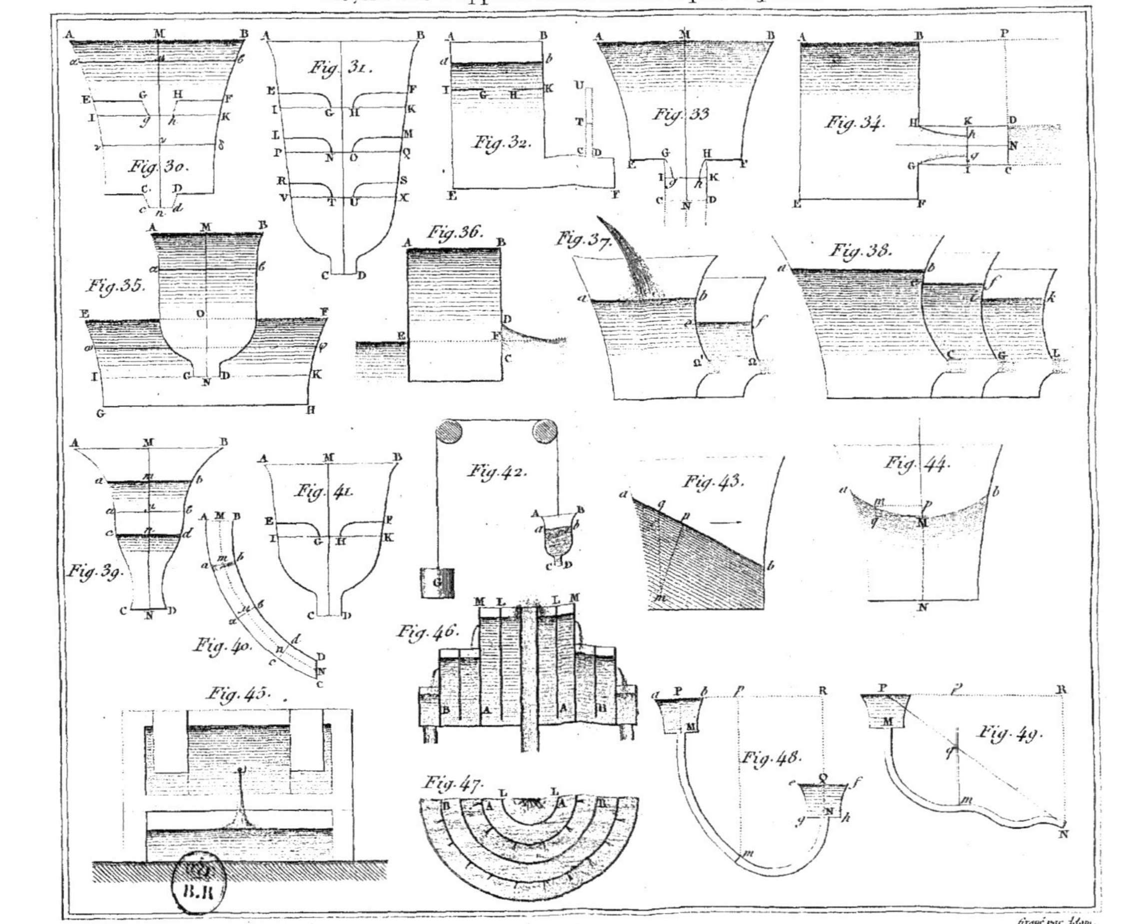

Gravé par Adam.

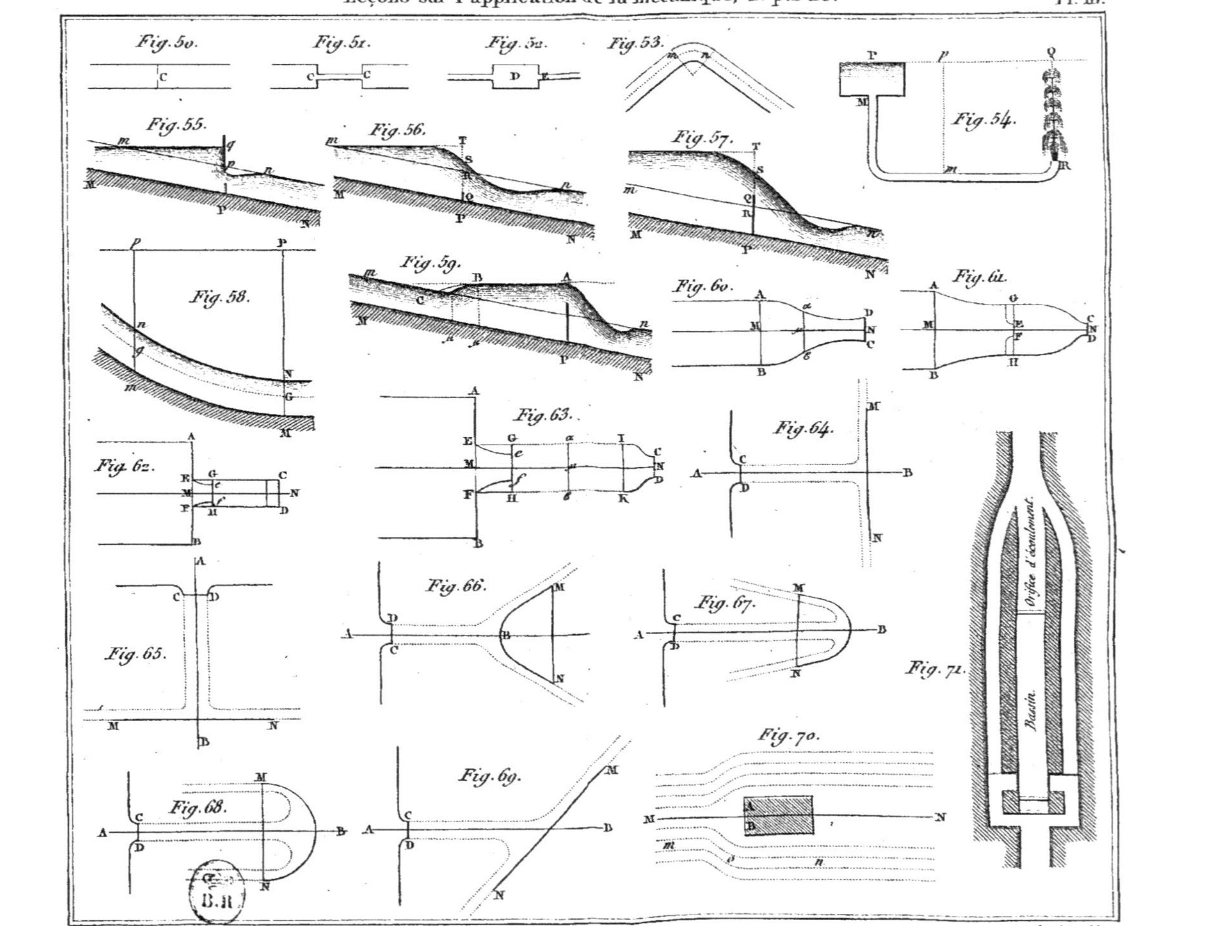

Gravé par Adam.

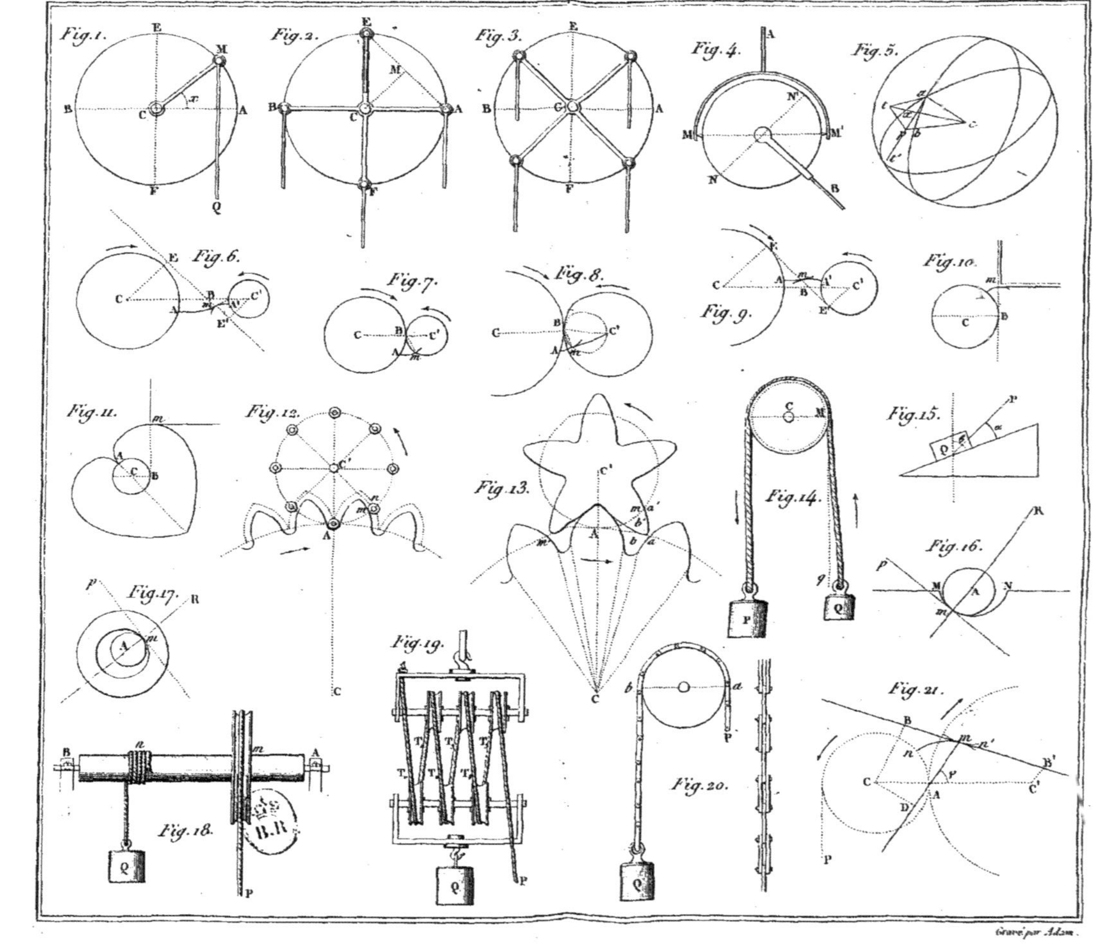

Gravé par Adam.

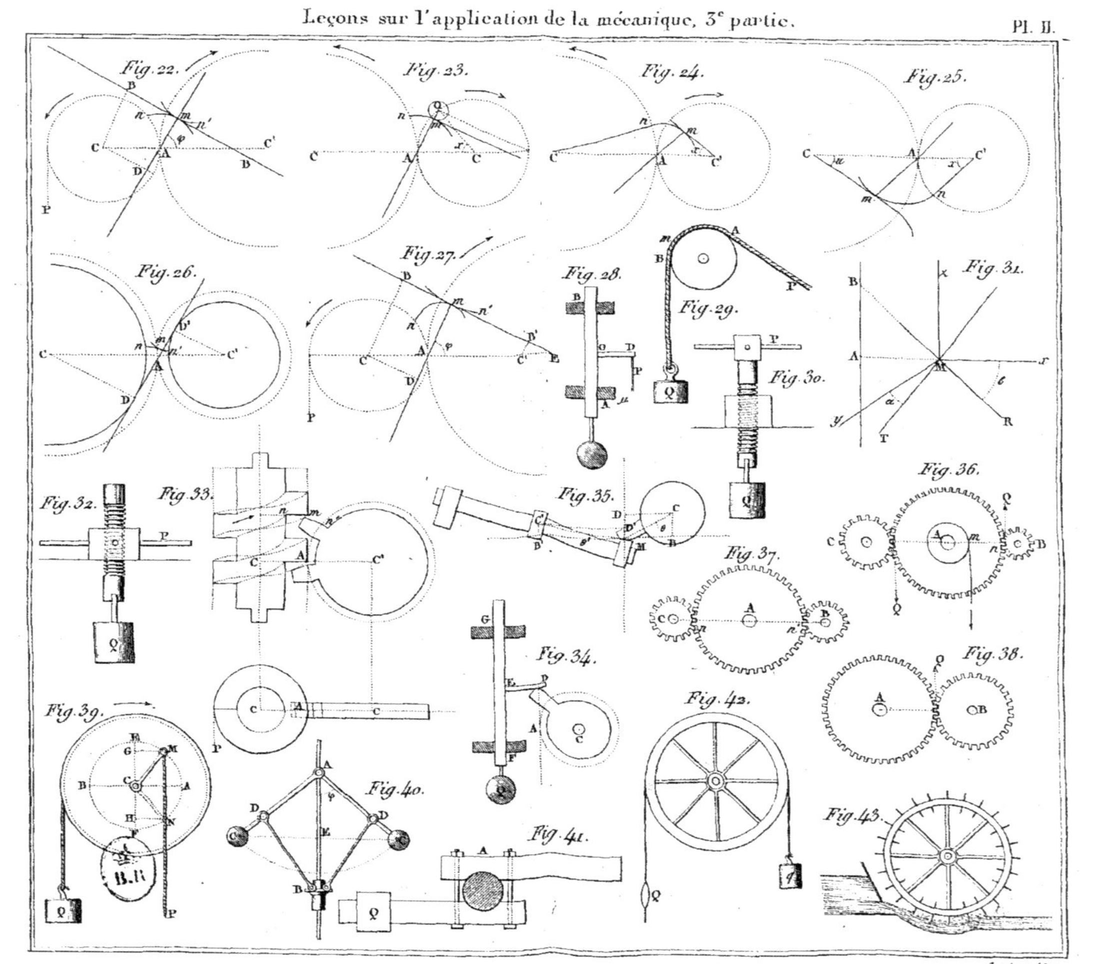

Gravé par Adam.

Leçons sur l'application de la mécanique, 3e partie. Pl. III.

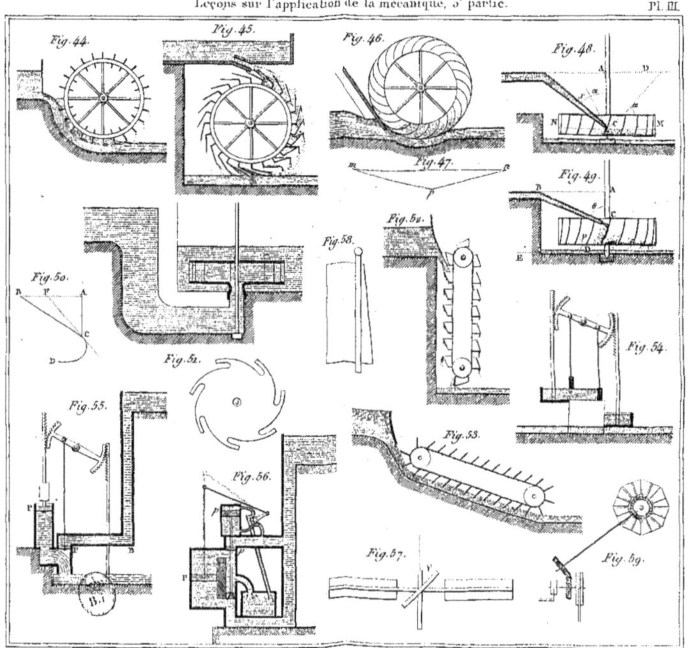

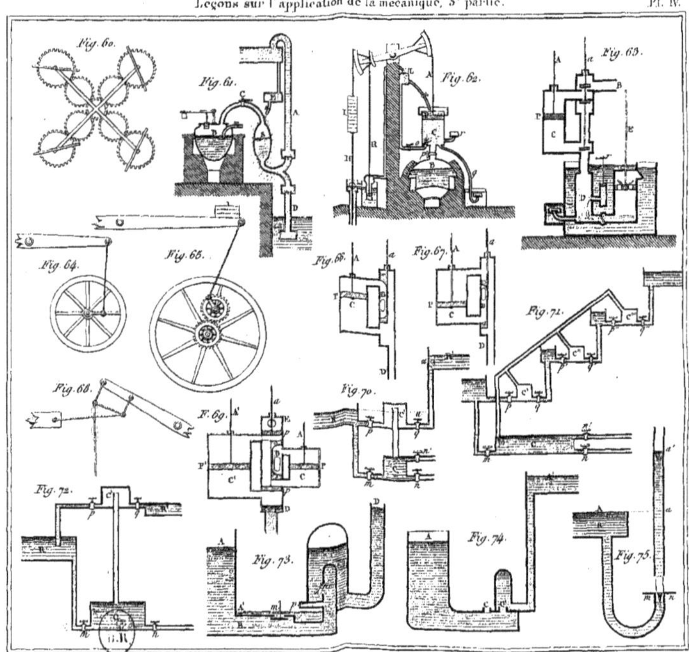

Gravé par Adam.

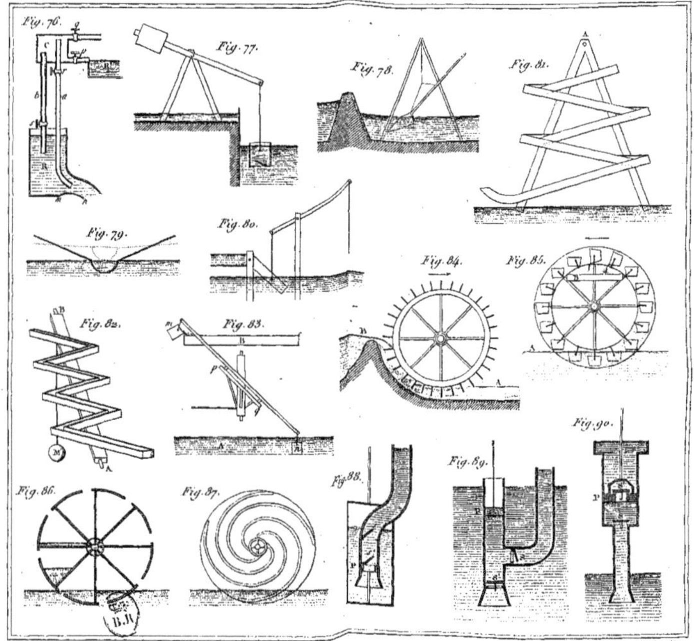

Fig. 76.
Fig. 77.
Fig. 78.
Fig. 81.
Fig. 79.
Fig. 80.
Fig. 84.
Fig. 85.
Fig. 82.
Fig. 83.
Fig. 86.
Fig. 87.
Fig. 88.
Fig. 89.
Fig. 90.

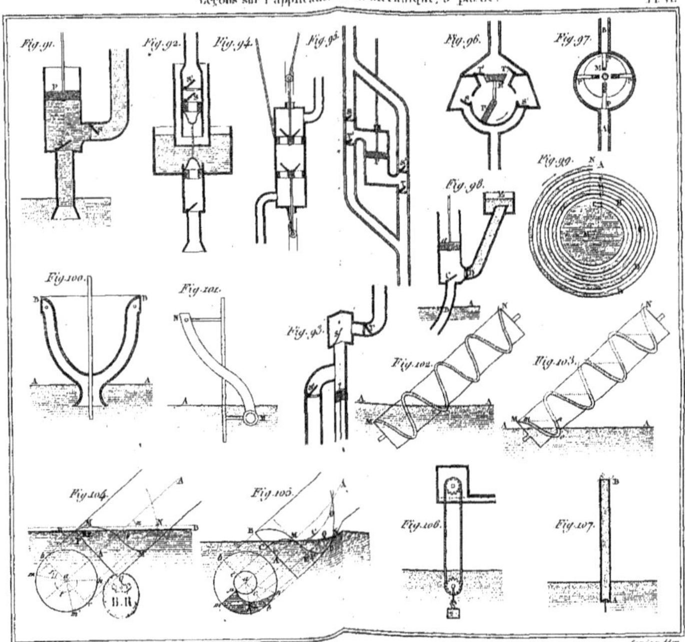

Gravé par Adam.

www.ingramcontent.com/pod-product-compliance
Ingram Content Group UK Ltd.
Pitfield, Milton Keynes, MK11 3LW, UK
UKHW022323190726
13856UKWH00001B/183

9 782013 415835